幾何学的変分問題

幾何学的変分問題

西川青季

岩波書店

まえがき

古代エジプトでナイル川がたびたび氾濫し，氾濫後の土地を復旧する必要から測量法が発達したという．幾何学(geometry)は，この測量法すなわち'地面を測ること'(geo=土地，metry=測ること)に語源をもつ数学である．このように実用上の目的から図形について研究することは古くから行われ，すでにギリシャ時代には三角形の合同条件を利用して間接測量をすることが知られていたという．また曲面上の2点を結ぶ最短線を測地線というが，この測地線をもとめる問題は微積分学の誕生にまでその起源をさかのぼることができる．

現代の幾何学の問題の多くがこの測地線の例のように，曲面あるいはその一般化としての多様体上の変分問題として定式化される．幾何学的変分問題とは，このような多様体の幾何学の研究にあらわれる変分問題を，大域解析学の立場から研究する分野であるということができる．たとえば，あたえられた針金の枠をはる面積最小の曲面をもとめる問題は石鹼膜の数学的モデルとして登場したが，幾何学的変分問題としても活発に研究され，最近はコンピューターグラフィックスの発達にともないまったく新しい研究の展開をみせている．

本書は，曲線の長さと写像のエネルギーに関する変分問題を題材に，このような幾何学的変分問題の基本的問題と結果について解説した入門書である．

前半の2つの章では，Riemann 多様体上の曲線の長さとエネルギーに関する変分問題を取り扱い，その解である測地線の存在と性質について解説した．とくに，この変分問題の第1変分公式から自然に Riemann 多様体の接続と共変微分の概念がみちびかれることと，第2変分公式から自然に曲率の概念がえられることに焦点をあてて解説し，微分幾何学への入門ともなるよう心がけた．

また後半の2つの章では，Riemann多様体の間の写像のエネルギーに関する変分問題とその解である調和写像について解説した．調和写像は測地線や極小部分多様体などを例に含む概念であり，その存在と性質は幾何学のいろいろな問題に応用されている．本書では，調和写像に対する存在定理のうち最も基本的なものといえるEells–Sampsonによる存在定理を，Banach空間における逆関数定理をもちいて証明し，できるだけself-containedに理解できるように努めた．

Riemann多様体上の共変微分と曲率に関する多少の予備知識があれば，本書の各章は独立して読むことができる．また前半の2つの章を読むことにより，Riemann多様体に関する最小限の知識がえられるのではないかと思う．本書を読むための予備知識として，多様体論と関数解析学からいくつかの基礎的事項を仮定した．それらについては巻末に付録としてまとめておいたが，とくに関数解析に関する部分はあまり細かいことを気にしないで読んでさしつかえない．また章末の問題はなるべく自力で解かれることを勧めるが，本文の補足となっているものも多いので必要に応じて解答を参照されるとよいと思う．

本書は，著者が東北大学とミネソタ大学IMA研究所のサマースクールで講義した内容をもとにまとめたものであり，もともとは岩波講座『現代数学の基礎』の1分冊として1998年に刊行された．前半の部分が学部3, 4年生向け，後半の部分が大学院1, 2年生向けといえよう．それぞれ大体1セメスター分の講義の分量である．実際の講義ではRiemann面の間の調和写像についても触れたが，紙数の関係で本書では割愛した．調和写像に興味をもたれた読者には，Riemann面の間の調和写像から勉強されることを勧めたい．

本書を読むことにより，多くの読者に幾何学的変分問題に興味をもっていただければ著者として望外の喜びである．

最後に，出版に当たりいろいろとお世話になった岩波書店編集部の方々に感謝したい．

2006年2月

西川青季

理論の概要と目標

幾何学的変分問題のなかでも，曲線の長さに関する極値問題の歴史は微積分学のそれと同様に古いといえる．本書の第1章では，まず多様体上の曲線の長さに関する変分問題について考察する．よく知られているように，平面上にあたえられた2点を結ぶ曲線の長さはその接ベクトルの大きさを積分することによってえられるが，一般の多様体上の曲線の場合にも Riemann 計量をもちいて接ベクトルの大きさを計ることにより，同様にしてその長さとエネルギーが定義される．

第1章では，曲線の長さとエネルギーを汎関数と考えたときの臨界点を特徴づける Euler の方程式を，曲線が1つの座標近傍に含まれている場合に計算し，測地線の方程式をみちびく．さらにこの測地線の方程式から，多様体上の接続と共変微分の概念が自然にみちびかれることをみる．共変微分は多様体上のベクトル場によるベクトル場の微分を定める操作であるが，多様体上の変分問題を考察するための必須の道具となるものである．

Riemann 計量があたえられた多様体，すなわち Riemann 多様体には Levi-Civita 接続とよばれる最も基本的な接続が一意的に定まり，この接続から接ベクトルの平行移動の概念が定義される．Riemann 多様体における平行移動の概念の発見(1917年)と，Einstein が一般相対性理論を展開するために4次元の不定値形式の計量にもとづく幾何学をもちいたこと(1916年)が，Riemann 幾何学の研究を大きく進展させたといえる．

測地線は Riemann 多様体上の直線にあたるものであり，局所的には2点間の最短線として特徴づけられる．しかもこの最短線をもちいて Riemann 多様体の各点のまわりに正規座標系とよばれる特別な局所座標系を定義することができる．Riemann 多様体上の平行移動と正規座標系は，あたえられた Riemann 多様体上の幾何とモデル空間(たとえば Euclid 空間)上の幾何を比較するのに，最も基本的な道具となるものである．

第2章では，まずRiemann多様体上の曲線のエネルギーに関する変分問題の第1変分公式(Eulerの方程式)を，共変微分を利用して，曲線の像がかならずしも1つの座標近傍に含まれない一般の場合について計算し，ついでその第2変分公式をもとめる．このとき，第1変分公式から接続の概念がみちびかれたように，第2変分公式はRiemann多様体の曲率の概念と密接に結びつくことがわかる．すなわち曲線のエネルギーに関する第2変分公式から，Riemann多様体の曲率テンソルと曲率の概念が自然にみちびかれる．

Riemann多様体上にあたえられた2点に対し，この2点を結ぶ区分的に滑らかな曲線の長さの下限としてその2点間の距離が定まる．この距離に関してRiemann多様体が完備な距離空間になるかどうかは重要な問題であるが，そのための条件がHopf–Rinowによりあきらかにされたのは比較的最近(1931年)のことである．このHopf–Rinowによる結果はRiemann多様体の完備性の概念を明確にするだけでなく，この完備性が任意にあたえられた2点を結ぶ最短測地線の存在を保証する条件でもあることを示していて重要である．

曲線のエネルギーの第2変分公式はRiemann多様体の曲率と密接に結びついているから，そのことを利用してRiemann多様体の曲率が位相構造にあたえる影響を調べることができる．そのような応用の典型的な例として，正曲率をもつコンパクトで連結なRiemann多様体の基本群がつねに有限群になるというMyersの定理と，コンパクトかつ向き付け可能で連結な偶数次元のRiemann多様体が正曲率をもてば単連結であるというSyngeの定理についてみてみる．測地線の存在問題とその性質を利用したRiemann多様体の研究は，現在でも活発に研究されている分野である．

第3章では，Riemann多様体上の曲線のエネルギーに関する変分問題の一般化として，写像のエネルギーと調和写像について考察する．すなわち，Riemann多様体間の滑らかな写像全体がなす写像空間上に写像のエネルギーとよばれる汎関数を定義し，その臨界点をあたえる調和写像について調べる．写像のエネルギーは曲線のエネルギーの自然な拡張であり，調和写像の例は微分幾何学のいろいろな局面にあらわれる．たとえば，調和関数や測地線をはじめとして極小部分多様体や等長写像，正則写像などをその例として含む．

写像に対するエネルギー汎関数の臨界点を特徴づける第1変分公式は，曲線の場合の第1変分公式と本質的に同じ方針でもとめられるが，その計算をRiemann 多様体の Levi-Civita 接続から自然に誘導される共変微分をもちいずに実行しようとすると，結果が局所的になるだけでなく計算が大変煩雑なものとなる．

そこでそのための準備として，Riemann 多様体上の接ベクトル束とそのテンソル積に Levi-Civita 接続から自然に誘導される共変微分の計算法則を発見的議論によりみちびくようにした．その方が遠回りであっても，公理的に定義と計算法則をあたえるよりも理解しやすいと考えたからである．とくに誘導接続の部分は最初はなじみにくいかもしれないが，実際に手を動かして計算すれば理解は容易であると思う．共変微分をもちいる計算は慣れることが，理解する一番の早道といえよう．写像に対するエネルギー汎関数の第1変分公式の計算から，写像の第2基本形式のトレースとしてテンション場とよばれるベクトル場がえられ，調和写像はテンション場が恒等的に0となる写像として特徴づけられることになる．

第4章では，コンパクトな Riemann 多様体間の調和写像の存在問題について考察する．閉測地線の存在問題の一般化として，あたえられた写像が調和写像へホモトープに変形できるかどうかは，幾何学的変分問題の最も基本的な問題といえる．この問題に対して，あたえられた写像を調和写像へ変形する有効な手段である‘熱流の方法’について説明した後，この方法をもちいて「コンパクトな Riemann 多様体 M から非正曲率をもつコンパクトな Riemann 多様体 N への任意の連続写像は，調和写像へ自由ホモトープに変形できる」ことを証明する．これは Eells–Sampson によって1964年に証明された定理である．

熱流の方法によってこの定理を証明するためには，まず放物的調和写像の方程式の初期値問題が，任意の初期写像に対して時間局所解をもつことを示す必要がある．原論文の証明は，熱方程式の基本解をもちいて積分方程式の問題に変換し，逐次近似により解を構成する方法をとっているが，ここではBanach空間における逆関数定理を利用して解を構成し，なるべく少ない予備知識で理解できるようにした．

時間局所解の存在はつねに保証されるが，放物的調和写像の方程式は非線形偏微分方程式系であるので，時間大域解の存在はかならずしも自明ではない．実際，時間大域解の存在を示すためには解の時間に関する増大度の評価が重要な課題となってくる．その際，方程式の非線形項からくる影響の評価にRiemann多様体Nの曲率が本質的役割を果たすことがわかる．時間大域解の存在と収束を保証するための評価式は，Nの曲率が非正であるという条件のもとで，熱作用素に対するWeitzenböckの公式を利用してえられる．

Weitzenböckの公式は，一般にRiemann多様体上のテンソル場に作用する自然な2階の偏微分作用素と，関数に作用するLaplace作用素あるいは熱作用素との間の関係をあたえる公式であるが，Riemann多様体の曲率テンソルとその間になりたつRicciの恒等式が，そのような偏微分作用素の解となるテンソル場が存在するための条件として本質的にかかわってくる．われわれの場合には，放物的調和写像の方程式の解のエネルギー密度と熱作用素に対してWeitzenböckの公式をもちいて，解の増大度に関するアプリオリ評価式がえられる．このようなアイディアはもともとBochnerによるものだが，いわゆる小平の消滅定理の証明などをはじめ最近のゲージ理論などにおいても有効な基本的テクニックである．

測地線の場合と同様に，調和写像の存在やその性質をもちいてRiemann多様体の構造を調べることができる．最後にそのような調和写像の応用の典型的な例として，コンパクトな負曲率多様体の基本群の自明でない可換な部分群がつねに無限巡回群になるというPreissmannの定理についてみてみる．調和写像の存在と性質を利用したRiemann多様体の研究は，これからますます盛んになるものと思われる．実際，最近たとえばSacks–Uhlenbeckによる調和球面の存在定理をもちいて「位相的球面定理」や「Frankel予想」が証明され，またEells–Sampsonによる存在定理をもちいて負曲率Kähler多様体の複素構造に関する「強剛性定理」がえられている．

目　次

1 曲線の長さと測地線

曲面上の2点を結ぶ最短線を測地線というが，この測地線をもとめることは「あたえられた2点を結ぶ曲線のなかで長さが最も短いものをもとめよ」という変分法の典型的な問題であり，微積分学の誕生にまでその起源をさかのぼることができる．

この章では，幾何学的変分問題への導入として，Riemann 多様体上の曲線の長さとエネルギーに関する変分問題を考察しよう．この変分問題の極値は Euler の方程式とよばれる微分方程式をみたすが，この方程式から自然に共変微分の概念がみちびかれる．曲線のエネルギーに関する第1変分公式を計算し，測地線がこの変分問題の極値をあたえる曲線として特徴づけられることをみよう．

§1.1 曲線の長さとエネルギー

曲面論を学ばれた読者は，曲面上に描かれた曲線の長さがどのように定義されるか，すでにご存じのことと思う．まずその定義を思い出してみよう．

M を3次元 Euclid 空間 $\mathbb{E}^3$ 内の曲面とし，c を M 上の滑らかな曲線としよう．曲線 c の助変数表示 $c=c(t)$ を $\mathbb{E}^3$ の座標をもちいて

$$c(t) = (x(t), y(t), z(t)), \quad a \leqq t \leqq b$$

とあらわすと，曲線 c の点 $c(t)$ における接ベクトル $c'(t)$ が

$$c'(t) = (x'(t), y'(t), z'(t))$$

であたえられる．曲線 c が曲面上を運動する動点 $c(t)$ の軌道をあらわしていると考えると，接ベクトル $c'(t)$ はこの動点の時間 t における速度ベクトルにほかならない．$c'(t)$ は $\mathbb{E}^3$ 内のベクトルであるから，$\mathbb{E}^3$ の Euclid 内積 $\langle\ ,\ \rangle$ をもちいて，その大きさ $|c'(t)|$ を計ることができる．実際，$|c'(t)|$ は

$$|c'(t)| = \langle c'(t), c'(t)\rangle^{1/2} = \sqrt{x'(t)^2 + y'(t)^2 + z'(t)^2}$$

であたえられ，動点 $c(t)$ の運動の速さをあらわすことになる．このとき，曲線 c の長さ $L(c)$ は接ベクトルの大きさ $|c'(t)|$ を t に関して積分して

$$L(c) = \int_a^b |c'(t)| dt$$

であたえられる．すなわち，c を動点 $c(t)$ の軌道と考えるとき，$L(c)$ は $c(t)$ が時間 $t=a$ から $t=b$ までの間に動いた曲面上の道のりにほかならないわけである．

さて，一般の C^∞ 級多様体上の滑らかな曲線の場合にも，接ベクトルの大きさが計れれば，同様にして曲線の長さを定義することができる．曲面上の曲線の場合には，曲面を含む Euclid 空間の内積をもちいて接ベクトルの大きさが計れたわけだが，一般の C^∞ 級多様体の場合に，この役割を果たすのが Riemann 計量とよばれるテンソル場である．そこで Riemann 計量の定義から話をはじめることにしよう．

M を m 次元 C^∞ 級多様体とする．M の点 x に対し，x を含む座標近傍 (U, ϕ) を1つとろう．すなわち，U は M の開集合で，ϕ は U から m 次元数空間 $\mathbb{R}^m$ 内の開集合 $\phi(U)$ への同相写像である．したがって $\phi(x)$ は $\mathbb{R}^m$ の座標をもちいて

$$\phi(x) = (x^1(x), x^2(x), \cdots, x^m(x)) \in \mathbb{R}^m$$

とあらわすことができる．$(x^1(x), x^2(x), \cdots, x^m(x))$ を (U, ϕ) における $x \in U$ の局所座標といい，U 上の関数の組 $(x^1, x^2, \cdots, x^m)$ を (U, ϕ) における局所座標系とよぶ．ϕ は U から $\phi(U)$ への同相写像であるから，ϕ によって U の点 x と $\mathbb{R}^m$ の点 $\phi(x)$ を同一視して，x の局所座標を以後

$$x = (x^1, x^2, \cdots, x^m) = (x^i), \quad 1 \leqq i \leqq m$$

とあらわそう．多様体の局所的考察に関するかぎり，いちいち U の点を ϕ で $\mathbb{R}^m$ にうつして考えるよりも，U と $\phi(U)$ を同一視して直接 $U \subset \mathbb{R}^m$ と思ったほうが便利であり，議論の本質も理解しやすいからである．この約束のもとに，たとえば $f: M \to \mathbb{R}$ を M 上の C^∞ 級関数とするとき，(U, ϕ) に関する f の局所座標表示 $f \circ \phi^{-1}: \phi(U) \to \mathbb{R}$ は，正確には

$$f(x) = f \circ \phi^{-1}(x^1(x), x^2(x), \cdots, x^m(x))$$

とあらわすべきだが，簡単に

$$f(x) = f(x^1, x^2, \cdots, x^m), \quad x \in U$$

とかくことができる．

点 x における M の接空間 T_xM を考えよう．x のまわりで定義された C^∞ 級関数 f と局所座標系の各座標関数 x^i に対して，x における f の x^i 方向への方向微分を

$$\left(\frac{\partial}{\partial x^i}\right)_x (f) = \frac{\partial f}{\partial x^i}(x), \quad 1 \leqq i \leqq m$$

であらわすと，接空間の定義(付録§A.1(b)参照)より $\left(\dfrac{\partial}{\partial x^i}\right)_x$ は x における M の接ベクトルとなり

$$\left\{\left(\frac{\partial}{\partial x^1}\right)_x, \left(\frac{\partial}{\partial x^2}\right)_x, \cdots, \left(\frac{\partial}{\partial x^m}\right)_x\right\} \tag{1.1}$$

は接空間 T_xM の基底をあたえる．よって，任意の $v \in T_xM$ はこれらの1次結合として一意的に

$$v = \sum_{i=1}^m \xi^i \left(\frac{\partial}{\partial x^i}\right)_x \tag{1.2}$$

とあらわされる．このとき $(\xi^1, \xi^2, \cdots, \xi^m)$ を局所座標系 $(x^1, x^2, \cdots, x^m)$ に関する v の**成分**という．v を各座標関数 x^i に作用させてみれば，ξ^i はじつは

$$\xi^i = v(x^i), \quad 1 \leqq i \leqq m$$

であたえられることがわかる．

一方，各座標関数 x^i の x における微分 $(dx^i)_x$ を考えると

$$(dx^i)_x\left(\left(\frac{\partial}{\partial x^j}\right)_x\right)=\left(\frac{\partial x^i}{\partial x^j}\right)(x)=\delta^i_j,\quad 1\leqq i,j\leqq m$$

がなりたつ．よって

$$\{(dx^1)_x,(dx^2)_x,\cdots,(dx^m)_x\} \tag{1.3}$$

は T_xM の双対空間 T_xM^* の基底をあたえることがわかる．(1.3)を T_xM の基底(1.1)に双対な基底とよぶ．

さて，m 次元 C^∞ 級多様体 M の各点 x の接空間 T_xM に内積 g_x があたえられているとしよう．すなわち，g_x は接空間 T_xM 上の双1次形式

$$g_x : T_xM\times T_xM\to\mathbb{R}$$

であって，(i)（対称性）任意の $v,w\in T_xM$ に対して $g_x(v,w)=g_x(w,v)$ であり，かつ (ii)（正値性）任意の0でない $v\in T_xM$ に対して $g_x(v,v)>0$ となるものである．

内積 g_x が各接空間 T_xM ごとにばらばらにあたえられているのではなく，つぎの意味で x について滑らかに連動しているとき，これらは M 上に Riemann 計量を定めるといわれる．すなわち

定義1.1　m 次元 C^∞ 級多様体 M の各点 x の接空間 T_xM に内積 g_x があたえられて，M の任意の座標近傍 U とその局所座標系 $(x^1,\cdots,x^m)$ に対して

$$g_{ij}(x)=g_x\left(\left(\frac{\partial}{\partial x^i}\right)_x,\left(\frac{\partial}{\partial x^j}\right)_x\right),\quad 1\leqq i,j\leqq m \tag{1.4}$$

により定義される関数がすべて U 上の C^∞ 級関数となるとき，内積の族 $g=\{g_x\}_{x\in M}$ を M の **Riemann 計量**(Riemannian metric)という．　□

C^∞ 級多様体 M に Riemann 計量 g が1つあたえられたとき，M と g の組 (M,g) を **Riemann 多様体**(Riemannian manifold)という．また関数 g_{ij} を局所座標系 $(x^1,\cdots,x^m)$ に関する g の**成分**とよぶ．これらの成分が定義する m 次の行列 (g_{ij}) を考えると，(g_{ij}) は U の各点 x で正値な対称行列をなす．実際，各 g_x の対称性より

$$g_{ij}(x)=g_x\left(\left(\frac{\partial}{\partial x^i}\right)_x,\left(\frac{\partial}{\partial x^j}\right)_x\right)=g_x\left(\left(\frac{\partial}{\partial x^j}\right)_x,\left(\frac{\partial}{\partial x^i}\right)_x\right)=g_{ji}(x)$$

がなりたち，また g_x の正値性は行列 $(g_{ij}(x))$ の正値性にほかならない．

ところで，容易にわかるように，ベクトル空間 T_xM 上の双1次形式全体のなす集合は自然に定義される和とスカラー積に関して $\mathbb{R}$ 上のベクトル空間をなす．このベクトル空間を $T_xM^* \otimes T_xM^*$ であらわそう．すなわち

$$T_xM^* \otimes T_xM^* = \{f : T_xM \times T_xM \to \mathbb{R} \mid f \text{ は双線形写像}\}$$

である．$T_xM^* \otimes T_xM^*$ は T_xM^* と T_xM^* の**テンソル積**とよばれる．T_xM^* の双対基底(1.3)に対し，T_xM 上の双1次形式 $(dx^i)_x \otimes (dx^j)_x$ を

$$(dx^i)_x \otimes (dx^j)_x(v, w) = (dx^i)_x(v)(dx^j)_x(w), \quad v, w \in T_xM$$

で定義しよう．このとき

$$\{(dx^i)_x \otimes (dx^j)_x \mid 1 \leqq i, j \leqq m\}$$

は $T_xM^* \otimes T_xM^*$ の基底をあたえることが簡単に確かめられる．したがって $T_xM^* \otimes T_xM^*$ の次元は m^2 である．

内積 g_x は T_xM 上の対称な双1次形式であるから，この基底をもちいて

$$g_x = \sum_{i,j=1}^{m} g_{ij}(x)(dx^i)_x \otimes (dx^j)_x$$

とかきあらわすことができる．g_x の対称性に注目すると

$$(dx^i)_x \cdot (dx^j)_x = \frac{1}{2}\{(dx^i)_x \otimes (dx^j)_x + (dx^j)_x \otimes (dx^i)_x\}$$

とおいて

$$g_x = \sum_{i,j=1}^{m} g_{ij}(x)(dx^i)_x \cdot (dx^j)_x$$

とかくこともできる．このことから Riemann 計量をあらわすのに

$$g = \sum_{i,j=1}^{m} g_{ij} dx^i dx^j$$

とかくことが多い(古典的記法)．

例 1.2 M が n 次元 Euclid 空間 $\mathbb{E}^n$ の部分多様体であるとすると，定義より C^∞ 級のうめこみ $\varphi: M \to \mathbb{E}^n$ が存在する．φ はうめこみだから，各 $x \in M$ において，φ の微分 $d\varphi_x$ は接空間 T_xM から $T_{\varphi(x)}\mathbb{E}^n$ への単射な線形写像である．そこで $\mathbb{E}^3$ 内の曲面の場合と同様にして，$\mathbb{E}^n$ の Euclid 内積 $\langle\ ,\ \rangle$ をもちいて

$$g_x(v,w) = \langle d\varphi_x(v), d\varphi_x(w)\rangle, \quad v,w \in T_xM$$

とおくと，$d\varphi_x$ の単射性から g_x は T_xM 上の内積となり，族 $g=\{g_x\}_{x\in M}$ は M の Riemann 計量を定義することが容易に確かめられる．このようにしてえられる Riemann 計量 g を Euclid 空間 $\mathbb{E}^n$ からの**誘導計量**という．

より一般に，(N,h) を Riemann 多様体とし，$\varphi\colon M\to N$ を C^∞ 級多様体 M から N への C^∞ 級のはめこみとするとき，各 $x\in M$ において

$$g_x(v,w) = h_{\varphi(x)}(d\varphi_x(v), d\varphi_x(w)), \quad v,w \in T_xM$$

と定めると，族 $g=\{g_x\}_{x\in M}$ は M の Riemann 計量を定義する．この g を φ による h からの**誘導計量**といい，$g=\varphi^*h$ とあらわす．　□

部分多様体とはかぎらない一般の C^∞ 級多様体 M についても，M の各座標近傍を Euclid 空間内の開集合と同一視すれば，それぞれの上には Euclid 内積が定義される．そこで1の分割をもちいてこれらをつなぎあわせれば，M の Riemann 計量がすくなくとも1つ(じつはいくらでもたくさん)構成できる(章末の演習問題1.2参照)．したがって，第2可算公理をみたす任意の C^∞ 級多様体は，Riemann 多様体と考えることができるわけである．

以後，M には Riemann 計量 g が1つあたえられているとし，m 次元 Riemann 多様体 (M,g) について考える．誤解のおそれのない場合には，Riemann 多様体 (M,g) を単に M であらわす．

M 上の曲線について考えよう．(a,b) $(-\infty\leqq a<b\leqq\infty)$ を実数直線 $\mathbb{R}^1$ の開区間とし，$\mathbb{R}^1$ を1次元の C^∞ 級多様体，(a,b) をその開部分多様体と考える．(a,b) から M への C^∞ 級写像 $c\colon (a,b)\to M$ を (a,b) で定義された M の **C^∞ 級曲線**あるいは**滑らかな曲線**という．(a,b) の座標関数 t を曲線 c の**助変数**あるいは**パラメーター**とよび，$c(t)=x$ であれば，曲線 c は t において M の点 x を通るという．われわれは曲線 c を (a,b) から M への写像として定義しているので，M での像が同じでも写像として異なっていれば，それぞれ別の曲線と考えることに注意しておこう．

$[a,b]$ $(-\infty<a<b<\infty)$ を閉区間とし，$(a-\epsilon,b+\epsilon)$ $(\epsilon>0)$ を $[a,b]$ を含む開区間とする．$(a-\epsilon,b+\epsilon)$ で定義された C^∞ 級曲線 $c\colon (a-\epsilon,b+\epsilon)\to M$ の $[a,b]$ への制限 $c\colon [a,b]\to M$ を，閉区間 $[a,b]$ で定義された M の C^∞ 級曲線

あるいは滑らかな曲線という．また，連続写像 $c\colon [a,b]\to M$ に対して，区間 $[a,b]$ の分割 $a=a_0<a_1<\cdots<a_r=b$ が存在して，c が各閉区間 $[a_{i-1},a_i]$ $(1\leqq i\leqq r)$ で C^∞ 級曲線になっているとき，c を $[a,b]$ で定義された M の**区分的に滑らかな曲線**とよぶ．

$c\colon (a,b)\to M$ を開区間 (a,b) で定義された M の C^∞ 級曲線とし，$t_0\in(a,b)$ とする．(a,b) を C^∞ 級多様体とみるとき，座標関数 t に関する方向微分から，t_0 における (a,b) の接ベクトル

$$\left(\frac{d}{dt}\right)_{t_0}\in T_{t_0}(a,b)$$

が定まる．このベクトルを曲線 c の t_0 における微分 $dc_{t_0}\colon T_{t_0}(a,b)\to T_{c(t_0)}M$ でうつすと，点 $c(t_0)$ における M の接ベクトル

$$dc_{t_0}\left(\left(\frac{d}{dt}\right)_{t_0}\right)\in T_{c(t_0)}M \tag{1.5}$$

がえられる．これを曲線 c の $t=t_0$ における**接ベクトル**とよび，$c'(t_0)$ であらわす．

$(x^1,\cdots,x^m)$ を $c(t_0)$ の近傍で定義された M の局所座標系とし，$c^i=x^i\circ c$ $(1\leqq i\leqq m)$ とおくと，点 $c(t_0)$ のまわりで曲線 c は

$$c(t)=(c^1(t),\cdots,c^m(t))$$

とあらわされる．このとき接ベクトル $c'(t_0)$ は

$$c'(t_0)=\sum_{i=1}^m\left(\frac{dc^i}{dt}\right)(t_0)\left(\frac{\partial}{\partial x^i}\right)_{c(t_0)} \tag{1.6}$$

であたえられるベクトルにほかならない．

c が閉区間 $[a,b]$ で定義された C^∞ 級曲線である場合にも，$[a,b]$ を含む開区間で定義された C^∞ 級曲線で c がその制限となっているものが存在するから，同様にして，各 $t_0\in[a,b]$ について $t=t_0$ における c の接ベクトル $c'(t)$ を定義することができる．すべての $t_0\in[a,b]$ において $c'(t_0)\neq 0$ であるとき，c を**正則**な C^∞ 級曲線とよぶ．

さて M は Riemann 多様体であるから，各接空間 $T_{c(t)}M$ に定義された内積 $g_{c(t)}$ をもちいて，接ベクトル $c'(t)$ の大きさ（ノルム）$|c'(t)|$ を計ることが

できる．実際，$|c'(t)|$ は

$$|c'(t)| = \sqrt{g_{c(t)}(c'(t), c'(t))}, \quad t \in [a, b]$$

であたえられ，t について連続関数となる．

定義 1.3　閉区間 $[a, b]$ $(-\infty < a < b < \infty)$ で定義された M の C^∞ 級曲線 $c\colon [a, b] \to M$ に対して，$|c'(t)|$ の積分

$$L(c) = \int_a^b |c'(t)| dt$$

を曲線 c の**長さ**(length)という．□

区分的に滑らかな曲線 c の場合には，c は閉区間で定義された C^∞ 級曲線の和に分割されるから，各々の C^∞ 級曲線の長さの和としてその長さ $L(c)$ が定義される．

ところで，われわれは曲線を写像としてとらえていたので，像をきめても定義域や助変数のえらび方には任意性があった．しかし，曲線の長さはこれらをとりかえても変わらない「幾何学的な量」であることがわかる．

補題 1.4　$c\colon [a, b] \to M$ を閉区間 $[a, b]$ で定義された M の C^∞ 級曲線とし，$\theta\colon [\alpha, \beta] \to [a, b]$ を微分同相写像とする．このとき，曲線 c と $c \circ \theta\colon [\alpha, \beta] \to M$ の長さについて

$$L(c) = L(c \circ \theta)$$

がなりたつ．

［証明］　(1.6)式より $(c \circ \theta)'(t) = c'(\theta(t)) \cdot (d\theta/dt)(t)$ がなりたつから

$$L(c \circ \theta) = \int_\alpha^\beta |(c \circ \theta)'(t)| dt = \int_\alpha^\beta |c'(\theta(t))| \left| \left(\frac{d\theta}{dt} \right)(t) \right| dt.$$

一方，θ は微分同相写像だから，$[\alpha, \beta]$ 上でつねに $d\theta/dt > 0$ または $d\theta/dt < 0$ がなりたつ．よって，$d\theta/dt > 0$ の場合は $\theta(\alpha) = a$ かつ $\theta(\beta) = b$ だから

$$L(c \circ \theta) = \int_\alpha^\beta |c'(\theta(t))| \frac{d\theta}{dt}(t) dt = \int_a^b |c'(t)| dt = L(c).$$

$d\theta/dt < 0$ の場合は $\theta(\alpha) = b$ かつ $\theta(\beta) = a$ だから

$$L(c\circ\theta) = -\int_\alpha^\beta |c'(\theta(t))|\frac{d\theta}{dt}(t)dt = -\int_b^a |c'(t)|dt = L(c)$$

となる. ∎

閉区間 $[a,b]$ で定義された M の C^∞ 級曲線 $c\colon [a,b]\to M$ に対して

$$s(t) = \int_a^t |c'(u)|du$$

で定義される関数 $s\colon [a,b]\to[0,L(c)]$ を曲線 c の**弧長**(arc length)とよぶ. とくに c が正則な曲線ならば, つねに $c'(u)\neq 0$ であるから, s は t について単調増加関数となり, 逆関数 $s^{-1}\colon [0,L(c)]\to[a,b]$ が存在する. このとき, $c\circ s^{-1}\colon [0,L(c)]\to M$ で定義される C^∞ 級曲線を, c を弧長で助変数表示した曲線という. c を弧長 s で助変数表示するとき

$$|(c\circ s^{-1})'(s)| = |c'(t)||c'(t)|^{-1} = 1$$

がなりたち, 接ベクトルの大きさはつねに1であることに注意しておこう.

定義 1.5 閉区間 $[a,b]$ $(-\infty<a<b<\infty)$ で定義された M の C^∞ 級曲線 $c\colon [a,b]\to M$ に対して, $|c'(t)|^2/2$ の積分

$$E(c) = \frac{1}{2}\int_a^b |c'(t)|^2 dt$$

を曲線 c の**エネルギー**(energy)あるいは**作用積分**(action integral)という. □

区分的に滑らかな曲線 c についても, 曲線の長さの場合と同様に c を C^∞ 級曲線の和に分割して, それぞれのエネルギーの和としてそのエネルギー $E(c)$ が定義される.

曲線の長さは助変数をとりかえても変わらない量であったが, 曲線のエネルギーはそうではない. 実際, 補題1.4と同じ状況のもとで, 一般に $E(c)\neq E(c\circ\theta)$ となることが定義から容易にわかる. しかし後の節でみるように, 曲線の長さに関する変分問題(極値問題)を調べる場合には, 汎関数として $L(c)$ を直接とりあつかうよりも, $E(c)$ について調べるほうが便利なことが多い.

$L(c)$ と $E(c)$ の関係については§2.1で考察する.

§1.2　Eulerの方程式

(M,g) を m 次元 Riemann 多様体とし，$c\colon [a,b]\to M$ を閉区間 $[a,b]$ で定義された M の C^∞ 級曲線としよう．曲線 c の接ベクトル $c'(t)$ に対し，その大きさが Riemann 計量 g をもちいて

$$|c'(t)| = \sqrt{g_{c(t)}(c'(t),c'(t))},\quad t\in[a,b]$$

であたえられ，c の長さ $L(c)$ とエネルギー $E(c)$ がそれぞれ

$$L(c)=\int_a^b |c'(t)|dt,\quad E(c)=\frac{1}{2}\int_a^b |c'(t)|^2 dt$$

で定義された．$c(t)$ の近傍で定義された M の局所座標系 $(x^i)=(x^1,\cdots,x^m)$ を1つとろう．このとき $c^i=x^i\circ c$ とおくと，$c(t)$ は

$$c(t)=(c^1(t),\cdots,c^m(t))$$

とあらわされ，$c'(t)$ は(1.6)式でみたように

$$c'(t)=\sum_{i=1}^m\left(\frac{dc^i}{dt}\right)(t)\left(\frac{\partial}{\partial x^i}\right)_{c(t)}\in T_{c(t)}M \tag{1.7}$$

であたえられた．よって (x^i) に関する g の成分を g_{ij} とするとき，$|c'(t)|$ は局所座標系 (x^i) に関して

$$|c'(t)|=\sqrt{\sum_{i,j=1}^m g_{ij}(c(t))\frac{dc^i}{dt}(t)\frac{dc^j}{dt}(t)}$$

とあらわされる．

いま，$(x^i)=(x^1,\cdots,x^m)$ と $(\bar{x}^i)=(\bar{x}^1,\cdots,\bar{x}^m)$ を $x=c(t)$ のまわりの2つの局所座標系とすると，接空間 T_xM の基底の間に変換式

$$\left(\frac{\partial}{\partial\bar{x}^i}\right)_x=\sum_{j=1}^m\frac{\partial x^j}{\partial\bar{x}^i}(x)\left(\frac{\partial}{\partial x^j}\right)_x$$

がなりたつ．したがって，(1.4)式より (x^i) と $(\bar{x}^i)$ に関する g の成分 g_{ij} と $\bar{g}_{ij}$ の間には変換式

$$(1.8) \qquad \bar{g}_{ij}(x) = \sum_{k,l=1}^{m} \left(\frac{\partial x^k}{\partial \bar{x}^i}\right)(x) \left(\frac{\partial x^l}{\partial \bar{x}^j}\right)(x)\, g_{kl}(x)$$

がなりたつ．一方，(1.7)式より接ベクトル $c'(t)$ の成分は

$$(1.9) \qquad \left(\frac{d\bar{c}^i}{dt}\right)(t) = \sum_{j=1}^{m} \frac{\partial \bar{x}^i}{\partial x^j}(c(t)) \left(\frac{dc^j}{dt}\right)(t)$$

という変換をうけることがわかる．よって(1.8)と(1.9)式より，$g_x(c'(t), c'(t))$ の (x^i) と $(\bar{x}^i)$ による局所座標表示の間に関係式

$$\sum_{i,j=1}^{m} \bar{g}_{ij}(x) \left(\frac{d\bar{c}^i}{dt}\right)(t) \left(\frac{d\bar{c}^j}{dt}\right)(t) = \sum_{k,l=1}^{m} g_{kl}(x) \left(\frac{dc^k}{dt}\right)(t) \left(\frac{dc^l}{dt}\right)(t)$$

がえられる．すなわち，定義から当然のことであるが，Riemann 計量 g による内積 $g_x(c'(t), c'(t))$ について，局所座標系による表示はそのえらび方によらずに同じ形をとることがわかる．

このことから，曲線 c の長さ $L(c)$ とエネルギー $E(c)$ の定義において被積分関数を局所座標系をもちいて表示し

$$L(c) = \int_a^b \sqrt{\sum_{i,j=1}^{m} g_{ij} \frac{dc^i}{dt} \frac{dc^j}{dt}}\, dt,$$

$$E(c) = \frac{1}{2} \int_a^b \sum_{i,j=1}^{m} g_{ij} \frac{dc^i}{dt} \frac{dc^j}{dt}\, dt$$

とかくことが多い．

さて，Riemann 多様体 M 上の C^∞ 級曲線 c について，$L(c)$ と $E(c)$ の極値問題を考えてみよう．すなわち，M の 2 点 $p = c(a)$ と $q = c(b)$ を結ぶ C^∞ 級曲線のなかで，どのような c に対してその長さ $L(c)$ やエネルギー $E(c)$ が極値をとるのか調べてみよう．

簡単のために，曲線 $c\colon [a,b] \to M$ は正則な C^∞ 級曲線であり，その像は M の 1 つの局所座標近傍 U に含まれているとして話をすすめよう．U の局所座標系を $(x^1, \cdots, x^m)$ とする．ここで，$2m$ 個の独立変数 $x^1, \cdots, x^m$, $\xi^1, \cdots, \xi^m$ の実数値関数 f をつぎのように定義しよう．すなわち，$x = (x^1, \cdots, x^m) \in U$, $\xi = (\xi^1, \cdots, \xi^m) \in \mathbb{R}^m$ として，$L(c)$ の場合は

$$f(x,\xi)=f(x^1,\cdots,x^m,\xi^1,\cdots,\xi^m)=\sqrt{\sum_{i,j=1}^{m}g_{ij}(x)\xi^i\xi^j},$$

$E(c)$ の場合は

$$f(x,\xi)=f(x^1,\cdots,x^m,\xi^1,\cdots,\xi^m)=\frac{1}{2}\sum_{i,j=1}^{m}g_{ij}(x)\xi^i\xi^j$$

と定める．このとき $L(c)$ と $E(c)$ はともに

$$F(c)=\int_a^b f\left(c^1(t),\cdots,c^m(t),\frac{dc^1}{dt}(t),\cdots,\frac{dc^m}{dt}(t)\right)dt \tag{1.10}$$

の形にあらわすことができる．

そこで一般に(1.10)式で定義される積分値 $F(c)$ が極値をとるための条件をもとめてみよう．そのために，$[a,b]$ を含む開区間上で定義された C^∞ 級関数 η で

$$\eta(a)=\eta(b)=0 \tag{1.11}$$

となるものを任意に1つえらぼう．この η をもちいて，各 $i=1,\cdots,m$ と十分小さい任意の実数 ϵ に対して

$$c^i(t;\epsilon)=c^i(t)+\epsilon\eta(t),\quad c^j(t;\epsilon)=c^j(t)\quad(j\neq i)$$

とおくと

$$c(i;\epsilon)(t)=(c^1(t;\epsilon),\cdots,c^m(t;\epsilon)),\quad t\in[a,b]$$

は U 内の C^∞ 級曲線の族 $\{c(i;\epsilon)\}$ をあたえる．定義から容易にわかるように，ϵ が十分小さければ各 $c(i;\epsilon)$ は $p=c(a)$ と $q=c(b)$ を結ぶ正則な曲線であり，$c(i;0)$ は c 自身である．これらの曲線に対して，$F(c(i;\epsilon))$ は

$$F(c(i;\epsilon))=\int_a^b f\left(c^1(t),\cdots,c^i(t)+\epsilon\eta(t),\cdots,c^m(t),\right.$$
$$\left.\frac{dc^1}{dt}(t),\cdots,\frac{dc^i}{dt}(t)+\epsilon\frac{d\eta}{dt}(t),\cdots,\frac{dc^m}{dt}(t)\right)dt$$

であたえられるから，これは ϵ について0の近傍で微分可能な関数であることがわかる．よって $F(c(i;\epsilon))$ が $\epsilon=0$ において極値をとるとすると，必要条件として

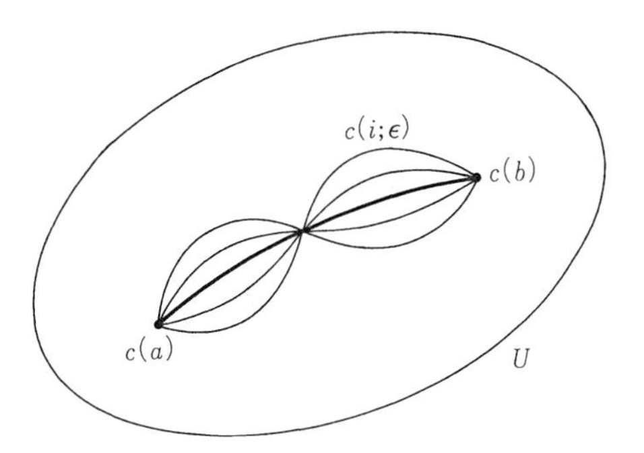

図 **1.1**　C^∞ 級曲線の族 $\{c(i;\epsilon)\}$

$$(1.12)\qquad \frac{d}{d\epsilon}F(c(i;\epsilon))\Big|_{\epsilon=0}=0,$$

すなわち

$$\int_a^b\left\{\left(\frac{\partial f}{\partial x^i}\right)(c(t),c'(t))\eta(t)+\left(\frac{\partial f}{\partial \xi^i}\right)(c(t),c'(t))\frac{d\eta}{dt}(t)\right\}dt=0$$

がえられる.

ここで左辺の第 2 項に部分積分を適用して，(1.11)に注意すると

$$\begin{aligned}\int_a^b\left(\frac{\partial f}{\partial \xi^i}\right)(c(t),c'(t))\frac{d\eta}{dt}(t)dt&=\left[\left(\frac{\partial f}{\partial \xi^i}\right)(c(t),c'(t))\eta(t)\right]_a^b\\&\quad-\int_a^b\frac{d}{dt}\left(\frac{\partial f}{\partial \xi^i}\right)(c(t),c'(t))\eta(t)dt\\&=-\int_a^b\frac{d}{dt}\left(\frac{\partial f}{\partial \xi^i}\right)(c(t),c'(t))\eta(t)dt\end{aligned}$$

となるから，上式は

$$(1.13)\qquad \int_a^b\left\{\left(\frac{\partial f}{\partial x^i}\right)(c(t),c'(t))-\frac{d}{dt}\left(\frac{\partial f}{\partial \xi^i}\right)(c(t),c'(t))\right\}\eta(t)dt=0$$

と同値である．(1.11)をみたす任意の η に対して(1.13)式がなりたつことに注意すると，結局

$$(1.14)\qquad \left(\frac{\partial f}{\partial x^i}\right)(c(t),c'(t))-\frac{d}{dt}\left(\frac{\partial f}{\partial \xi^i}\right)(c(t),c'(t))=0$$

でなければならないことがわかる．実際，ある $t_0\in[a,b]$ において(1.14)式の左辺が0でない，たとえば左辺>0であるとすると，連続性によって t_0 のある近傍 $I_0\subset[a,b]$ で左辺は正となるから，I_0 上で正でその外では恒等的に0である C^∞ 級関数 η をえらぶと，(1.13)式の左辺が正となってしまい仮定に反するからである(章末の演習問題1.3参照)．

以上のことから，曲線 c が $p=c(a)$ と $q=c(b)$ を結ぶ C^∞ 級曲線のなかで $F(c)$ の極値をとるならば，(1.14)式がすべての $i=1,\cdots,m$ についてなりたつことがわかった．(1.14)式を(1.10)に対する **Euler の方程式**という．$F(c)$ は曲線の族 $\{c(i;\epsilon)\}$ の上で定義された関数と考えることができるが，一般に関数や写像のなす空間の上で定義された関数を，'関数の関数' という意味で**汎関数**(functional)とよぶ．$F(c)$ を汎関数と考えたとき，(1.12)式を汎関数 $F(c)$ の変分問題に関する**第1変分公式**(first variation formula)とよぶことも多い．第1変分公式あるいはEulerの方程式の解は対応する汎関数の極値をあたえるが，一般にこの極値はかならずしも極大でも極小でもないので，これらを汎関数の**臨界点**(critical point)とよび，そのときの汎関数の値をその**臨界値**という．

さてEulerの方程式(1.14)を具体的に計算してみよう．汎関数 $L(c)$ と $E(c)$ を区別するために，$L(c)$ の場合の f を $f_1(x,\xi)$，$E(c)$ の場合の f を $f_2(x,\xi)$ とかこう．仮定より曲線 c は正則な C^∞ 級曲線であるから，弧長で助変数表示すると§1.1でみたように

$$|c'(t)|=f_1(c(t),c'(t))\equiv 1 \tag{1.15}$$

がなりたつ．また f_1 と f_2 の定義より

$$f_1(x,\xi)=\sqrt{2f_2(x,\xi)}$$

である．よって $L(c)$ に対する(1.14)式は

$$\left(\frac{1}{\sqrt{2f_2}}\frac{\partial f_2}{\partial x^i}\right)(c(t),c'(t))-\frac{d}{dt}\left(\frac{1}{\sqrt{2f_2}}\frac{\partial f_2}{\partial \xi^i}\right)(c(t),c'(t))=0$$

であたえられるが，(1.15)よりこれは

$$\left(\frac{\partial f_2}{\partial x^i}\right)(c(t),c'(t))-\frac{d}{dt}\left(\frac{\partial f_2}{\partial \xi^i}\right)(c(t),c'(t))=0 \tag{1.16}$$

と同等である．したがって，(1.15)の仮定のもとに，$L(c)$ と $E(c)$ の Euler の方程式はいずれの場合も

$$f_2(x,\xi) = f_2(x^1,\cdots,x^m,\xi^1,\cdots,\xi^m) = \frac{1}{2}\sum_{i,j=1}^{m} g_{ij}(x)\xi^i\xi^j$$

について(1.16)式を計算すればよいことになる．そこで各 $i=1,\cdots,m$ についてこれを計算しよう．まず，(g_{ij}) の対称性より

$$\frac{\partial f_2}{\partial \xi^i} = \frac{1}{2}\sum_{j=1}^{m} g_{ij}(x)\xi^j + \frac{1}{2}\sum_{j=1}^{m} g_{ji}(x)\xi^j = \sum_{j=1}^{m} g_{ij}(x)\xi^j,$$

$$\frac{\partial f_2}{\partial x^i} = \frac{1}{2}\sum_{j,k=1}^{m} \frac{\partial g_{jk}}{\partial x^i}(x)\xi^j\xi^k$$

をえるから，(1.16)式は

$$\frac{d}{dt}\left(\sum_{j=1}^{m} g_{ij}(c(t))\frac{dc^j}{dt}(t)\right) - \frac{1}{2}\sum_{j,k=1}^{m}\left(\frac{\partial g_{jk}}{\partial x^i}(c(t))\right)\frac{dc^j}{dt}(t)\frac{dc^k}{dt}(t) = 0$$

に等しいことがわかる．この式は

$$\sum_{j=1}^{m} g_{ij}(c(t))\frac{d^2c^j}{dt^2}(t) + \sum_{j,k=1}^{m}\left(\frac{\partial g_{ij}}{\partial x^k}\right)(c(t))\frac{dc^j}{dt}(t)\frac{dc^k}{dt}(t)$$
$$- \frac{1}{2}\sum_{j,k=1}^{m}\left(\frac{\partial g_{jk}}{\partial x^i}\right)(c(t))\frac{dc^j}{dt}(t)\frac{dc^k}{dt}(t) = 0$$

と変形できるから，第2項の対称性に注意して

$$\sum_{j=1}^{m} g_{ij}(c(t))\frac{d^2c^j}{dt^2}(t) + \frac{1}{2}\sum_{j,k=1}^{m}\left(\frac{\partial g_{ij}}{\partial x^k} + \frac{\partial g_{ik}}{\partial x^j} - \frac{\partial g_{jk}}{\partial x^i}\right)(c(t))\frac{dc^j}{dt}(t)\frac{dc^k}{dt}(t) = 0 \tag{1.17}$$

をえる．

ところで，U 上の各点 x において正値対称行列 $(g_{ij}(x))$ は逆行列をもつから，それを $(g^{ij}(x))$ であらわそう．すなわち，$(g^{ij}(x))$ を

$$\sum_{k=1}^{m} g_{ik}(x)g^{kj}(x) = \delta_i^j, \quad \sum_{k=1}^{m} g^{ik}(x)g_{kj}(x) = \delta_j^i, \quad 1 \leqq i,j \leqq m$$

によって定める．すると U 上の C^∞ 級関数を成分とする m 次対称行列 (g^{ij})

がえられるが，これをもちいて U 上の C^∞ 級関数の族 $\left\{ {i \atop jk} \right\}$ $(1 \leqq i, j, k \leqq m)$ を

$$\left\{ {i \atop jk} \right\} = \frac{1}{2} \sum_{l=1}^{m} g^{il} \left(\frac{\partial g_{lj}}{\partial x^k} + \frac{\partial g_{lk}}{\partial x^j} - \frac{\partial g_{jk}}{\partial x^l} \right) \tag{1.18}$$

で定義しよう．$\left\{ {i \atop jk} \right\}$ は **Christoffel の記号**(Christoffel symbols)とよばれる関数の族で Riemann 幾何学で重要な役割を果たすものである．ここでは $\left\{ {i \atop jk} \right\}$ が局所座標系 (x^i) に関する Riemann 計量 g の成分 g_{ij} だけできまり，曲線 c には無関係であることに注意しておこう．この Christoffel の記号をもちいると(1.17)式を簡潔にかきあらわすことができる．実際，(1.17)式において添字 i を l に変え，その両辺に g^{il} を掛けてえられる式を $l=1, \cdots, m$ について辺々加えると

$$\frac{d^2c^i}{dt^2}(t) + \sum_{j,k=1}^{m} \left\{ {i \atop jk} \right\} (c(t)) \frac{dc^j}{dt}(t) \frac{dc^k}{dt}(t) = 0, \quad 1 \leqq i \leqq m \tag{1.19}$$

がえられる．これが $L(c)$ と $E(c)$ に対する Euler の方程式を具体的に計算した式である．

一般に方程式(1.19)をみたす曲線は Riemann 多様体の測地線とよばれる．

定義 1.6　Riemann 多様体 M の C^∞ 級曲線 $c\colon [a,b] \to M$ が**測地線**(geodesic)であるとは，c が通る M の各座標近傍 U において

$$c(t) = (c^1(t), \cdots, c^m(t))$$

とあらわすとき，各 $c^i(t)$ $(1 \leqq i \leqq m)$ が方程式(1.19)をみたすことをいう．□

以上の考察から，座標近傍 U 内の 2 点 $p=c(a)$ と $q=c(b)$ を結ぶ C^∞ 級曲線 c のなかで，エネルギー $E(c)$ が極値をとるものや，長さ $L(c)$ が極値をとる曲線で弧長で助変数表示されたものは測地線であることがわかった．

ここでつぎの事実に注意しよう．$c\colon [a,b] \to M$ を M の C^∞ 級曲線とし，c が通る開集合 U 上に 2 つの局所座標系 $(x^i) = (x^1, \cdots, x^m)$，$(\bar{x}^i) = (\bar{x}^1, \cdots, \bar{x}^m)$ が定義されているとしよう．このとき (x^i) と $(\bar{x}^i)$ に関する Christoffel の記号 $\left\{ {i \atop jk} \right\}$ と $\overline{\left\{ {i \atop jk} \right\}}$ の間には関係式

$$\overline{\begin{Bmatrix} i \\ jk \end{Bmatrix}} = \sum_{p=1}^{m} \frac{\partial \bar{x}^i}{\partial x^p} \left(\frac{\partial^2 x^p}{\partial \bar{x}^j \partial \bar{x}^k} + \sum_{q,r=1}^{m} \begin{Bmatrix} p \\ qr \end{Bmatrix} \frac{\partial x^q}{\partial \bar{x}^j} \frac{\partial x^r}{\partial \bar{x}^k} \right)$$

がなりたつ(章末の演習問題1.4参照)．一方，c をそれぞれの局所座標系のもとで $c(t)=(c^1(t),\cdots,c^m(t))=(\bar{c}^1(t),\cdots,\bar{c}^m(t))$ とあらわすとき，接ベクトル $c'(t)$ の成分の間には(1.9)式がなりたつ．これらの変換式と U における座標変換の関係式

$$\sum_{k=1}^{m} \frac{\partial \bar{x}^i}{\partial x^k} \frac{\partial x^k}{\partial \bar{x}^j} = \delta^i_j$$

に注意すれば，簡単な計算により関係式

$$\begin{aligned} &\frac{d^2 \bar{c}^i}{dt^2}(t) + \sum_{j,k=1}^{m} \overline{\begin{Bmatrix} i \\ jk \end{Bmatrix}} (\bar{c}(t)) \frac{d\bar{c}^j}{dt}(t) \frac{d\bar{c}^k}{dt}(t) \\ &= \sum_{l=1}^{m} \left(\frac{\partial \bar{x}^i}{\partial x^l} \right)(c(t)) \left(\frac{d^2 c^l}{dt^2}(t) + \sum_{j,k=1}^{m} \begin{Bmatrix} l \\ jk \end{Bmatrix} (c(t)) \frac{dc^j}{dt}(t) \frac{dc^k}{dt}(t) \right) \end{aligned}$$

がみちびかれる．この式から，曲線 c が U において局所座標系 (x^i) について方程式(1.19)をみたせば，$(\bar{x}^i)$ についても(1.19)をみたすことがわかる．この事実は，じつは Riemann 多様体の測地線が局所座標系のえらび方とは無関係に幾何学的に定義できることを示唆している．

次節でこの問題をより一般的な見地から考えてみよう．

§1.3　接続と共変微分

(M,g) を m 次元 Riemann 多様体とし，$c\colon [a,b]\to M$ を閉区間 $[a,b]$ で定義された M の C^∞ 級曲線とする．前節では c の像が M の1つの座標近傍に含まれている場合に，長さとエネルギーに関する変分問題の第1変分公式から測地線の方程式がみちびかれることを確かめた．この節では，曲線 c が一般の場合に第1変分公式をもとめるための準備として，ベクトル場に関する微分法についてみてみよう．

以下しばらく M を単に C^∞ 級多様体とし，U を M の開集合とする．U の各点 x に x における M の接ベクトル $X(x)\in T_xM$ を対応させる対応 $X=$

$\{X(x)\}_{x\in U}$ を，U における M の**ベクトル場**(vector field)という．とくに $U=M$ のときは，X を単に M のベクトル場とよぶ．$(x^i)=(x^1,\cdots,x^m)$ を U と交わる任意の座標近傍 V における局所座標系とすると，$U\cap V$ の各点 x において $X(x)$ は

$$X(x)=\sum_{i=1}^{m}\xi^i(x)\left(\frac{\partial}{\partial x^i}\right)_x \tag{1.20}$$

と一意的にあらわすことができる．$U\cap V$ 上の m 個の関数 ξ^i $(1\leqq i\leqq m)$ を局所座標系 (x^i) に関する X の**成分**といい，これらがつねに C^∞ 級関数であるとき，X を U における M の **C^∞ 級ベクトル場**という．

たとえば U を座標近傍とし，U における局所座標系 (x^i) に対して

$$\left(\frac{\partial}{\partial x^i}\right)(x)=\left(\frac{\partial}{\partial x^i}\right)_x,\quad x\in U$$

とおくと，U における M の C^∞ 級ベクトル場

$$\frac{\partial}{\partial x^i}=\left\{\left(\frac{\partial}{\partial x^i}\right)_x\right\}_{x\in U},\quad 1\leqq i\leqq m$$

がえられる．このようにしてえられる C^∞ 級ベクトル場の組 $\{\partial/\partial x^i\,|\,1\leqq i\leqq m\}$ を U における**自然標構**(natural frame)という．

M の開集合 U に対し，U における M の C^∞ 級ベクトル場全体のなす集合を $\mathfrak{X}(U)$ であらわし，U 上の C^∞ 級実数値関数全体のなす集合を $C^\infty(U)$ であらわそう．$C^\infty(U)$ は関数の和と積について可換環をなしている．一方，$X,Y\in\mathfrak{X}(U)$ と $f\in C^\infty(U)$ に対して，X と Y の和 $X+Y$ および f と X の積 fX を

$$(X+Y)(x)=X(x)+Y(x),\quad (fX)(x)=f(x)X(x),\quad x\in U$$

で定義すると，容易にわかるように $X+Y,\ fX\in\mathfrak{X}(U)$ となる．$X,Y\in\mathfrak{X}(U)$ と $f,h\in C^\infty(U)$ について

$$f(X+Y)=fX+fY,\quad (f+h)X=fX+hX,\quad (fh)X=f(hX)$$

がなりたち，$\mathfrak{X}(U)$ は $C^\infty(U)$ 加群をなすことがわかる．

さて $X\in\mathfrak{X}(U)$ と $f\in C^\infty(U)$ に対して，U 上の関数 Xf を

$$(Xf)(x)=X(x)f,\quad x\in U$$

により定義することができる．(1.20)式より，局所座標系 (x^i) のもとで

$$(1.21)\qquad (Xf)(x) = \sum_{i=1}^{m} \xi^i(x)\frac{\partial f}{\partial x^i}(x), \quad x \in U \cap V$$

とあらわされるから，$Xf \in C^\infty(U)$ となる．Xf をベクトル場 X による f の微分とよぶ．(1.21)式から，とくに $X(x)=0$ ならば $(Xf)(x)=0$ であることがわかる．$X \in \mathfrak{X}(U)$ による $f \in C^\infty(U)$ の微分について，つぎの規則がなりたつことは定義からあきらかであろう．

(i)　$X(f+h) = Xf+Xh$,

(ii)　$(X+Y)f = Xf+Yf$,

(iii)　$X(fh) = (Xf)h+f(Xh)$.

そこで $X, Y \in \mathfrak{X}(U)$ と $f \in C^\infty(U)$ に対して

$$[X,Y](x)(f) = X(x)(Yf)-Y(x)(Xf), \quad x \in U$$

とおくと，容易にわかるように

$$[X,Y](x)(fh) = ([X,Y](x)f)h(x)+f(x)([X,Y](x)h)$$

がなりたつ．したがって $[X,Y](x) \in T_xM$ であり，$[X,Y]=\{[X,Y](x)\}_{x\in U}$ は U における M のベクトル場を定めることがわかる．局所座標系 (x^i) に関する X と Y の成分をそれぞれ ξ^i, η^i とするとき，

$$\left[\frac{\partial}{\partial x^i}, \frac{\partial}{\partial x^j}\right](x)f = \left(\frac{\partial^2 f}{\partial x^i \partial x^j} - \frac{\partial^2 f}{\partial x^j \partial x^i}\right)(x) = 0, \quad 1 \leqq i, j \leqq m$$

に注意すれば，$[X,Y]$ の成分は

$$[X,Y](x) = \sum_{j=1}^{m}\left(\sum_{i=1}^{m}\left(\xi^i\frac{\partial \eta^j}{\partial x^i} - \eta^i\frac{\partial \xi^j}{\partial x^i}\right)(x)\right)\left(\frac{\partial}{\partial x^j}\right)_x$$

であたえられることが簡単な計算により確かめられる．よって $[X,Y] \in \mathfrak{X}(U)$ となる．

ベクトル場 $[X,Y]$ は X と Y の**交換子積**あるいは**かっこ積**とよばれ，つぎの性質をもつことがわかる(章末の演習問題1.5参照)．すなわち，$X, Y, Z \in \mathfrak{X}(U)$ と $f, h \in C^\infty(U)$ に対して

(i)　$[X, Y+Z] = [X,Y]+[X,Z], \quad [X+Y, Z] = [X,Z]+[Y,Z]$,

(ii)　$[X,Y] = -[Y,X]$,

(iii)　$[fX, hY] = fh[X,Y]+f(Xh)Y-h(Yf)X$,

(iv)　$[X,[Y,Z]]+[Y,[Z,X]]+[Z,[X,Y]] = 0$　　　　(Jacobi の恒等式)

がなりたつ．これらの性質は $\mathfrak{X}(U)$ が $\mathbb{R}$ 上の Lie 代数をなすことを意味している．

ベクトル場による関数の微分に対し，ベクトル場によるベクトル場の微分を定めるのが‘共変微分’とよばれる操作で，つぎのように定義される．

定義 1.7　M を C^∞ 級多様体とし，$\mathfrak{X}(M)$ を M 上の C^∞ 級ベクトル場全体のなす $C^\infty(M)$ 加群とする．このとき，つぎの条件(i),(ii)をみたす双線形写像

$$\nabla : \mathfrak{X}(M)\times\mathfrak{X}(M) \to \mathfrak{X}(M)$$

を M の**線形接続**(linear connection)あるいは**アフィン接続**という．

(i)　$\nabla(fX,Y) = f\nabla(X,Y)$,

(ii)　$\nabla(X,fY) = (Xf)Y+f\nabla(X,Y)$.

ここに $X,Y\in\mathfrak{X}(M)$, $f\in C^\infty(M)$ である．線形接続 ∇ に対し，$\nabla(X,Y)$ を $\nabla_X Y$ とあらわし，これを Y の X による**共変微分**(covariant derivative)とよぶ．　□

定義より共変微分 $\nabla_X Y$ はつぎの規則で特徴づけられることに注意しておこう．

(i)　$\nabla_X(Y+Z) = \nabla_X Y+\nabla_X Z$,

(ii)　$\nabla_X(fY) = (Xf)Y+f\nabla_X Y$,

(iii)　$\nabla_{X+Y}Z = \nabla_X Z+\nabla_Y Z$,

(iv)　$\nabla_{fX}Y = f\nabla_X Y$.

たとえば M が m 次元 Euclid 空間 $\mathbb{E}^m$ の場合には，定義より M の C^∞ 級ベクトル場 Y は M 上の $\mathbb{R}^m$ 値 C^∞ 級関数とみなせる．したがって $Y=(f^1,\cdots,f^m)$ とあらわし，ベクトル場による関数の微分をもちいて $\nabla_X Y=(Xf^1,\cdots,Xf^m)$ とおくと，容易にわかるように $\nabla_X Y$ はこれらの条件をみたし，Y の X による共変微分を定義する．このようにしてえられる線形接続 ∇ を $\mathbb{E}^m$ の**標準接続**という．

共変微分の性質(ii),(iv)より，つぎがなりたつことがわかる．

補題 1.8　$X, Y \in \mathfrak{X}(M)$ と開集合 U に対して，$X|U \equiv 0$ あるいは $Y|U \equiv 0$ ならば $\nabla_X Y|U \equiv 0$ である．

［証明］　$Y|U \equiv 0$ とする．$x \in U$ に対して，$f \in C^\infty(M)$ を $f(x)=0$ かつ U の外で $f \equiv 1$ であるようにえらぶと，$fY \equiv Y$ である．したがって x において

$$(\nabla_X Y)(x) = (\nabla_X fY)(x) = (Xf)(x)Y(x) + f(x)(\nabla_X Y)(x) = 0$$

となる．x は任意でよいから結局 $\nabla_X Y|U \equiv 0$ をえる．$X|U \equiv 0$ の場合の証明も同様である．∎

系 1.9　M の線形接続 ∇ から U 上に線形接続

$$\nabla_U : \mathfrak{X}(U) \times \mathfrak{X}(U) \to \mathfrak{X}(U)$$

が自然に誘導される．

［証明］　$X, Y \in \mathfrak{X}(U)$ に対して共変微分 $(\nabla_U)_X Y$ をきめればよい．$x \in U$ に対し，x の開近傍 V をその閉包 $\overline{V}$ が $\overline{V} \subset U$ となるようにとる．$f \in C^\infty(M)$ を V 上で $f \equiv 1$ かつ U の外で $f \equiv 0$ であるようにえらび，$\widetilde{X}, \widetilde{Y} \in \mathfrak{X}(M)$ を U 上で $\widetilde{X} = fX$, $\widetilde{Y} = fY$ かつ U の外で $\widetilde{X} = 0$, $\widetilde{Y} = 0$ と定義すると，V 上で $\widetilde{X} = X$, $\widetilde{Y} = Y$ となる．そこで $x \in V$ に対して

$$((\nabla_U)_X Y)(x) = (\nabla_{\widetilde{X}} \widetilde{Y})(x)$$

とおくと，補題 1.8 と ∇ の線形性より，右辺は X と Y の拡張 $\widetilde{X}, \widetilde{Y}$ のとり方によらずに定まることがわかる．$(\nabla_U)_X Y$ が共変微分であることは $\nabla_{\widetilde{X}} \widetilde{Y}$ が共変微分であることよりあきらかである．∎

以後，簡単のために ∇_U も ∇ であらわそう．

U を M の座標近傍とし，(x^i) を U における局所座標系とする．このとき自然標構 $\{\partial/\partial x^i\}$ をもちいて，U 上の C^∞ 級関数の族 $\{\Gamma^i_{jk} \mid 1 \leqq i, j, k \leqq m\}$ が

$$\nabla_{\frac{\partial}{\partial x^i}} \frac{\partial}{\partial x^j} = \sum_{k=1}^m \Gamma^k_{ij} \frac{\partial}{\partial x^k} \tag{1.22}$$

で定義できる．この $\{\Gamma^i_{jk}\}$ を (x^i) に関する線形接続 ∇ の**接続係数**という:

$X, Y \in \mathfrak{X}(U)$ を自然標構に関して

$$X=\sum_{i=1}^{m}\xi^i\frac{\partial}{\partial x^i},\quad Y=\sum_{i=1}^{m}\eta^i\frac{\partial}{\partial x^i}$$

と成分表示して，共変微分 $\nabla_X Y$ を計算すると

$$\begin{aligned}\nabla_X Y&=\sum_{i=1}^{m}\xi^i\nabla_{\frac{\partial}{\partial x^i}}\left(\sum_{j=1}^{m}\eta^j\frac{\partial}{\partial x^j}\right)\\&=\sum_{i,j=1}^{m}\xi^i\frac{\partial\eta^j}{\partial x^i}\frac{\partial}{\partial x^j}+\sum_{i,j,k=1}^{m}\xi^i\eta^j\Gamma_{ij}^k\frac{\partial}{\partial x^k},\end{aligned}$$

すなわち

$$\nabla_X Y=\sum_{k=1}^{m}\left\{\sum_{i=1}^{m}\xi^i\left(\frac{\partial\eta^k}{\partial x^i}+\sum_{j=1}^{m}\Gamma_{ij}^k\eta^j\right)\right\}\frac{\partial}{\partial x^k}\tag{1.23}$$

がえられる．したがって各 $x\in U$ に対し，とくに $X(x)=0$ ならば $(\nabla_X Y)(x)=0$ であることがわかる．よって $v\in T_xM$ と $Y\in\mathfrak{X}(M)$ に対して，$X(x)=v$ となる $X\in\mathfrak{X}(M)$ を1つえらび

$$\nabla_v Y=(\nabla_X Y)(x)\in T_xM$$

とおけば，系1.9と同様にして右辺は v の拡張 X のとり方によらずに定まることがわかる．これを $Y\in\mathfrak{X}(M)$ の $v\in T_xM$ **方向への共変微分**という．

じつはさらにつよく，微分されるベクトル場 Y に関してもつぎがなりたつ．すなわち，$X,Y\in\mathfrak{X}(M)$, $x\in M$ とし，C^∞ 級曲線 $c\colon[0,\epsilon]\to M$ を $c(0)=x$ かつ $c'(0)=X(x)$ となるようにえらぶとき，$(\nabla_X Y)(x)$ は $X(x)\in T_xM$ と $\{Y_{c(t)}\mid 0\leqq t<\epsilon\}$ だけに依存して定まることがわかる．実際，(x^i) を x のまわりの局所座標系とするとき，$c'(0)=X(x)$ より $\xi^i(x)=(dc^i/dt)(0)$ であるから，(1.23)式の右辺の第1項について

$$\left(\sum_{i=1}^{m}\xi^i\frac{\partial\eta^k}{\partial x^i}\right)(x)=\sum_{i=1}^{m}\frac{dc^i}{dt}(0)\frac{\partial\eta^k}{\partial x^i}(c(0))=\frac{d(\eta^k\circ c)}{dt}(0)$$

がなりたつからである．

M の C^∞ 級曲線 $c\colon(a,b)\to M$ に対して，各 $t\in(a,b)$ に点 $c(t)$ における M の接ベクトル $X(t)\in T_{c(t)}M$ を対応させる対応 $X=\{X(t)\}_{t\in(a,b)}$ を，c に**沿ったベクトル場**という．各 $t_0\in(a,b)$ について，$c(t_0)$ のまわりの M の局所座標系 (x^i) をもちいて

$$X(t)=\sum_{i=1}^{m}\xi^i(t)\left(\frac{\partial}{\partial x^i}\right)_{c(t)}$$

とあらわしたとき，ξ^i $(1\leqq i\leqq m)$ は t_0 の近傍で定義された関数であるが，これらがつねに C^∞ 級関数になるとき X は c に沿った C^∞ 級ベクトル場といわれる．

また $[a,b]$ を閉区間とし，$(a-\epsilon,b+\epsilon)$ $(\epsilon>0)$ を $[a,b]$ を含む開区間とするとき，C^∞ 級曲線 $c\colon(a-\epsilon,b+\epsilon)\to M$ に沿った C^∞ 級ベクトル場 $X=\{X(t)\}_{t\in(a-\epsilon,b+\epsilon)}$ の $[a,b]$ への制限 $X=\{X(t)\}_{t\in[a,b]}$ を，C^∞ 級曲線 $c\colon[a,b]\to M$ に沿った C^∞ 級ベクトル場という．

たとえば，C^∞ 級曲線 c の接ベクトル $c'(t)$ から c に沿った C^∞ 級ベクトル場 $c'=\{c'(t)\}_{t\in[a,b]}$ がえられる．これを c の**接ベクトル場**という．また M の C^∞ 級ベクトル場 X に対して，$X(t)=X(c(t))$ とおいてえられるベクトル場 $X\circ c=\{X(c(t))\}_{t\in[a,b]}$ は c に沿った C^∞ 級ベクトル場を定義する．これを X を c に制限してえられるベクトル場という．

C^∞ 級曲線 $c\colon[a,b]\to M$ に沿った C^∞ 級ベクトル場全体のなす集合を $\mathfrak{X}(c)$ であらわそう．このとき，$X,Y\in\mathfrak{X}(c)$ と $f\in C^\infty([a,b])$ に対して

$$(X+Y)(t)=X(t)+Y(t),\quad (fX)(t)=f(t)X(t),\quad t\in[a,b]$$

とおいて定義される $X+Y$, fX も c に沿った C^∞ 級ベクトル場であり，この演算のもとに $\mathfrak{X}(c)$ は $C^\infty([a,b])$ 加群をなす．

命題 1.10　∇ を C^∞ 級多様体 M の線形接続とする．このとき，つぎの条件(i), (ii)をみたす線形写像

$$\frac{D}{dt}:\mathfrak{X}(c)\to\mathfrak{X}(c)$$

が一意的に定まる．

（i）　$X,Y\in\mathfrak{X}(c)$ と $f\in C^\infty([a,b])$ に対して

$$\frac{D}{dt}(X+Y)=\frac{DX}{dt}+\frac{DY}{dt},\quad \frac{D}{dt}(fX)=\frac{df}{dt}X+f\frac{DX}{dt}.$$

（ii）　$X\in\mathfrak{X}(c)$ が $X\in\mathfrak{X}(M)$ を c に制限してえられるベクトル場ならば

$$\frac{DX}{dt}(t) = \nabla_{c'(t)}X, \quad t \in [a,b].$$

［証明］　まず一意性を確かめよう．$t_0 \in [a,b]$ とし，(x^i) を $c(t_0)$ のまわりの M の局所座標系とする．(x^i) に関して c を $c(t) = (c^1(t), \cdots, c^m(t))$ とあらわし，$X \in \mathfrak{X}(c)$ を

$$X(t) = \sum_{i=1}^{m} \xi^i(t) \left(\frac{\partial}{\partial x^i} \right)_{c(t)}$$

とあらわすと，条件(i),(ii)と(1.7)式から

$$(1.24) \qquad \frac{DX}{dt} = \sum_{j=1}^{m} \left(\frac{d\xi^j}{dt} \frac{\partial}{\partial x^j} + \xi^j \nabla_{c'} \frac{\partial}{\partial x^j} \right) = \sum_{k=1}^{m} \left(\frac{d\xi^k}{dt} + \sum_{i,j=1}^{m} \Gamma_{ij}^k(c) \frac{dc^i}{dt} \xi^j \right) \frac{\partial}{\partial x^k}$$

がなりたつ．よって $\dfrac{DX}{dt}(t_0)$ は一意的に定まる．

逆に，$c([a,b])$ と交わる各座標近傍 U 上で(1.24)式によって DX/dt を定義すると，これが条件(i),(ii)をみたすことは容易に確かめられる．したがって $U \cap V \cap c([a,b]) \neq \varnothing$ のとき，U と V でそれぞれ定義された DX/dt は一意性により $U \cap V$ 上で一致する．よって $\dfrac{D}{dt} : \mathfrak{X}(c) \to \mathfrak{X}(c)$ は矛盾なく定義されることがわかる．∎

$X \in \mathfrak{X}(c)$ に対し，命題 1.10 で定まる $DX/dt \in \mathfrak{X}(c)$ を X の **c に沿っての共変微分**という．とくに $DX/dt = 0$ のとき，$X \in \mathfrak{X}(c)$ は **c に沿って平行**(parallel)なベクトル場であるとよばれる．

このときつぎがなりたつ．

命題 1.11　∇ を C^∞ 級多様体 M の線形接続とし，$c: [a,b] \to M$ を M の C^∞ 級曲線とする．$c(a)$ における任意の接ベクトル $v \in T_{c(a)}M$ に対して，c に沿って平行なベクトル場 $X \in \mathfrak{X}(c)$ で $X(a) = v$ となるものが一意的に存在する．

［証明］　まず $c([a,b])$ が M の1つの座標近傍 U に含まれる場合に，命題を証明しよう．(x^i) を U における局所座標系とし，(x^i) に関して c と v をそ

れぞれ $c(t)=(c^1(t),\cdots,c^m(t))$，$v=\sum_{i=1}^m v^i(\partial/\partial x^i)_{c(a)}$ とあらわす．もとめるベクトル場 $X\in\mathfrak{X}(c)$ を $X(t)=\sum_{i=1}^m \xi^i(t)(\partial/\partial x^i)_{c(t)}$ とおくとき，(1.24)より

$$\frac{DX}{dt}(t)=\sum_{k=1}^m\left(\frac{d\xi^k}{dt}(t)+\sum_{i,j=1}^m \Gamma_{ij}^k(c(t))\frac{dc^i}{dt}(t)\xi^j(t)\right)\left(\frac{\partial}{\partial x^k}\right)_{c(t)}$$

であるから，$DX/dt=0$ となるためには各 $\xi^k(t)$ がつぎの微分方程式

$$(1.25)\qquad \frac{d\xi^k}{dt}(t)+\sum_{i,j=1}^m \Gamma_{ij}^k(c(t))\frac{dc^i}{dt}(t)\xi^j(t)=0,\quad 1\leqq k\leqq m$$

をみたせばよい．これは1階の線形常微分方程式系であるから，連立線形常微分方程式の解の存在と一意性に関する基本定理(高橋陽一郎[31]参照)より，任意の初期値 $(v^1,\cdots,v^m)$ に対して $[a,b]$ 上で定義された(1.25)の解 $(\xi^1(t),\cdots,\xi^m(t))$ で $\xi^i(a)=v^i$ $(1\leqq i\leqq m)$ となるものが一意的に存在する．よって命題がなりたつ．

つぎに一般の場合については，$c([a,b])$ は M のコンパクト部分集合であるから，命題がなりたつような有限個の座標近傍をえらんで $c([a,b])$ を覆うことができる．このとき，それぞれの座標近傍上での(1.25)の解は，解の一意性からその共通部分でつながりあって，$[a,b]$ 全体で定義されたもとめる解をあたえることが容易に確かめられる． ■

命題1.11の状況において，点 $c(b)$ における M の接ベクトル $X(b)$ を $v=X(a)$ を c に沿って**平行移動**したベクトルという．また $X(a)$ に $X(b)$ を対応させることにより，接空間の間の写像 $P_c: T_{c(a)}M\to T_{c(b)}M$ がえられる．これを c に沿っての**平行移動**(parallel displacement)という．

連立線形常微分方程式系(1.25)に関する解の存在と一意性より，c に沿っての平行移動 $P_c: T_{c(a)}M\to T_{c(b)}M$ は $T_{c(a)}M$ から $T_{c(b)}M$ への線形同型写像であることが容易にわかる．

さて Riemann 多様体 (M,g) の場合に話をもどそう．つぎの結果は Riemann 幾何学の基本補題ともよばれ，Riemann 幾何学の出発点となる定理である．

定理 1.12 (Levi-Civita)　(M,g) を Riemann 多様体とする．このとき M

の線形接続 ∇ で，任意の $X, Y, Z \in \mathfrak{X}(M)$ に対して

（i）　$Xg(Y,Z) = g(\nabla_X Y, Z) + g(Y, \nabla_X Z)$,

（ii）　$\nabla_X Y - \nabla_Y X = [X,Y]$

をみたすものが一意的に存在する．

［証明］　まず一意性を示そう．∇ が存在したとすれば，(i)より

$$\begin{aligned} Xg(Y,Z) &= g(\nabla_X Y, Z) + g(Y, \nabla_X Z), \\ Yg(X,Z) &= g(\nabla_Y X, Z) + g(X, \nabla_Y Z), \\ -Zg(X,Y) &= -g(\nabla_Z X, Y) - g(X, \nabla_Z Y) \end{aligned}$$

をえる．これらを辺々加えて，(ii) をもちいると

$$\begin{aligned} &Xg(Y,Z) + Yg(X,Z) - Zg(X,Y) \\ &\quad = g(\nabla_X Y, Z) + g(\nabla_Y X, Z) \\ &\qquad + g(X, \nabla_Y Z - \nabla_Z Y) + g(Y, \nabla_X Z - \nabla_Z X) \\ &\quad = 2g(\nabla_X Y, Z) + g([Y,X], Z) + g(X, [Y,Z]) + g(Y, [X,Z]). \end{aligned}$$

すなわち

$$\begin{aligned} (1.26) \quad 2g(\nabla_X Y, Z) = {} & Xg(Y,Z) + Yg(X,Z) - Zg(X,Y) \\ & - g(X, [Y,Z]) - g(Y, [X,Z]) + g(Z, [X,Y]) \end{aligned}$$

がえられる．ここで，Riemann 計量 g は各接空間 $T_x M$ 上に非退化な内積 g_x を定めていることに注意すれば，(1.26)式より $\nabla_X Y$ は g とベクトル場の交換子積をもちいて一意的にあらわされることがわかる．よって ∇ が存在すれば一意的である．

つぎに存在を示そう．$X, Y \in \mathfrak{X}(M)$ に対して，(1.26)式によって $\nabla_X Y$ を定義する．このとき，$\nabla_X Y$ は共変微分を定義することが，定義式と交換子積の性質から簡単な計算により確かめられる．$\nabla_X Y$ が定理の条件(i),(ii)をみたすことは(1.26)式からすぐにわかる．∎

定義 1.13　Riemann 多様体 (M,g) に対し，定理 1.12 の線形接続 ∇ を (M,g) の **Levi-Civita 接続**(Levi-Civita connection)あるいは **Riemann 接続**(Riemannian connection)という．また一般に，線形接続 ∇ が定理の条件(i)をみたすとき ∇ は Riemann 計量 g と**両立する**といい，条件(ii)をみたす

とき ∇ は**対称**であるという. □

以後，Riemann 多様体 (M,g) に対する線形接続 ∇ は，とくに断らないかぎり Levi-Civita 接続を考えるものとする.

(x^i) を M の局所座標系とし，$\{\Gamma^i_{jk}\}$ を (x^i) に関する Levi-Civita 接続 ∇ の接続係数とすると，(1.22)と(1.26)式より

$$\sum_{k=1}^{m}\Gamma^k_{ij}g_{kl}=\frac{1}{2}\left(\frac{\partial g_{jl}}{\partial x^i}+\frac{\partial g_{il}}{\partial x^j}-\frac{\partial g_{ij}}{\partial x^l}\right)$$

がなりたつ. ここで添字 k を h に変え，その両辺に (g_{ij}) の逆行列 (g^{ij}) の成分 g^{lk} を掛けて l について和をとると

$$\Gamma^k_{ij}=\frac{1}{2}\sum_{l=1}^{m}g^{kl}\left(\frac{\partial g_{jl}}{\partial x^i}+\frac{\partial g_{il}}{\partial x^j}-\frac{\partial g_{ij}}{\partial x^l}\right) \tag{1.27}$$

をえる. したがって，Levi-Civita 接続 ∇ の接続係数 Γ^k_{ij} は，(1.18)で定義した Christoffel の記号 $\left\{\begin{matrix}k\\ij\end{matrix}\right\}$ にほかならないことがわかる.

例 1.14　M が Euclid 空間 $\mathbb{E}^m$ の場合には，$\mathbb{R}^m$ の座標関数 (x^i) から定まる自然標構に関して $g_{ij}=\delta_{ij}$ であるから

$$\Gamma^k_{ij}=0,\quad 1\leqq i,j,k\leqq m$$

となる. よって(1.23)より，$\mathbb{E}^m$ の Levi-Civita 接続 ∇ は標準接続にほかならないことがわかる. また(1.24)より，$X\in\mathfrak{X}(c)$ が曲線 c に沿って平行なベクトル場ならばその各成分は定数となり，Euclid 幾何でのベクトルの平行性と一致することがわかる. □

(1.22)と定理 1.12 の (ii) から容易にわかるように，線形接続 ∇ が対称であることは，接続係数 $\{\Gamma^k_{ij}\}$ が添字 i,j について対称であること，すなわち

$$\Gamma^k_{ij}=\Gamma^k_{ji},\quad 1\leqq i,j,k\leqq m$$

がなりたつことにほかならない. 一方，∇ が Riemann 計量 g と両立するということはつぎを意味している.

命題 1.15　∇ を Riemann 計量 g と両立する M の線形接続とし，$c\colon[a,b]\to M$ を M の C^∞ 級曲線とするとき，つぎがなりたつ.

(1)　任意の $X,Y\in\mathfrak{X}(c)$ に対して

$$\frac{d}{dt}g(X,Y) = g\Big(\frac{DX}{dt}, Y\Big) + g\Big(X, \frac{DY}{dt}\Big).$$

（2） c に沿っての平行移動 $P_c\colon T_{c(a)}M \to T_{c(b)}M$ は線形等長写像である．すなわち P_c は g から定まる内積を保つ．

［証明］（1） これは定理 1.12 の(i)をかきなおしたものにほかならない．

（2） $v, w \in T_{c(a)}M$ に対して，$X, Y \in \mathfrak{X}(c)$ を $X(a)=v$, $Y(a)=w$ をみたす平行なベクトル場とする．このとき(1)より

$$\frac{d}{dt}g_{c(t)}(X(t), Y(t)) = g_{c(t)}\Big(\frac{DX}{dt}(t), Y(t)\Big) + g_{c(t)}\Big(X(t), \frac{DY}{dt}(t)\Big) = 0$$

であるから，$g_{c(t)}(X(t), Y(t))$ は定数となる．よって

$$g_{c(b)}(P_c(v), P_c(w)) = g_{c(a)}(v, w)$$

がなりたつ． ▮

さて C^∞ 級曲線 $c\colon [a,b] \to M$ の接ベクトル場 $c' \in \mathfrak{X}(c)$ に対して，c' の c に沿っての共変微分 Dc'/dt をもとめよう．c が通る座標近傍 U において $c(t) = (c^1(t), \cdots, c^m(t))$ とあらわすとき

$$c'(t) = \sum_{i=1}^m \frac{dc^i}{dt}(t)\Big(\frac{\partial}{\partial x^i}\Big)_{c(t)}$$

であるから，(1.24)より Dc'/dt は

$$\frac{Dc'}{dt} = \sum_{k=1}^m \Big(\frac{d^2c^k}{dt^2} + \sum_{i,j=1}^m \Gamma_{ij}^k(c)\frac{dc^i}{dt}\frac{dc^j}{dt}\Big)\frac{\partial}{\partial x^k}$$

であたえられることが容易にわかる．したがって c が測地線であること，すなわち c が通る各座標近傍 U において測地線の方程式

$$\frac{d^2c^k}{dt^2} + \sum_{i,j=1}^m \Gamma_{ij}^k(c)\frac{dc^i}{dt}\frac{dc^j}{dt} = 0, \quad 1 \leqq k \leqq m$$

をみたすことと，$Dc'/dt=0$ となること，すなわち c の接ベクトル場 c' が平行なベクトル場となることとが同値であることがわかる．よって測地線の定義をつぎのようにいいかえることができる．

定義 1.16　Riemann 多様体 (M, g) の C^∞ 級曲線 $c\colon [a,b] \to M$ が測地線

であるとは，c の接ベクトル場 $c' \in \mathfrak{X}(c)$ が c に沿って平行であるとき，すなわち

$$\frac{Dc'}{dt}(t) = 0, \quad t \in [a, b]$$

がなりたつときをいう． □

つぎは命題 1.15 よりあきらかであろう．

命題 1.17 Riemann 多様体 (M, g) の測地線 c の接ベクトルの大きさは一定である．すなわち，$g(c'(t), c'(t)) =$ 一定 となる． □

§1.4 測地線

(M, g) を m 次元 Riemann 多様体とし，C^∞ 級曲線 $c\colon [a, b] \to M$ を M の測地線とする．前節でみたように，測地線 c の接ベクトル場 $c' \in \mathfrak{X}(c)$ は c に沿って平行であるから

$$(1.28) \qquad \frac{Dc'}{dt}(t) = \nabla_{c'(t)} c' = 0, \quad t \in [a, b]$$

がなりたち，c' の大きさ $|c'(t)|$ は一定となる．以下，$|c'(t)| = c_0 \neq 0$ としよう．すなわち像が 1 点になってしまうような測地線は考えないことにする．このとき，c の弧長は

$$s(t) = \int_a^t |c'(u)| du = c_0(t-a)$$

であたえられるから，測地線の助変数 t は弧長 s に比例していることがわかる．一般に t を測地線の**アフィンパラメーター**といい，とくに $c_0 = 1$ すなわち $|c'(t)| \equiv 1$ のとき，c を**正規測地線**とよぶ．

さて，c が通る座標近傍 U において $c(t) = (c^1(t), \cdots, c^m(t))$ とあらわすとき，U 上で(1.28)式は

$$(1.29) \qquad \frac{d^2 c^k}{dt^2} + \sum_{i,j=1}^m \Gamma_{ij}^k (c^1, \cdots, c^m) \frac{dc^i}{dt} \frac{dc^j}{dt} = 0, \quad 1 \leqq k \leqq m$$

と同値であった．この方程式は 2 階の非線形常微分方程式系であるが，あた

らしい変数 $\xi^i=\dfrac{dc^i}{dt}$ $(1\leqq i\leqq m)$ を導入することにより，容易に1階の正規形線形常微分方程式系

$$\begin{cases} \dfrac{dc^k}{dt}=\xi^k \\ \dfrac{d\xi^k}{dt}=-\sum_{i,j=1}^{m}\Gamma_{ij}^k(c^1,\cdots,c^m)\xi^i\xi^j, \quad 1\leqq k\leqq m \end{cases} \tag{1.30}$$

にかきなおすことができる．したがって，(1.30)式に1階連立常微分方程式の解の存在と一意性に関する基本定理(高橋陽一郎[31]参照)を適用することにより，つぎの命題がえられる．

命題1.18　M の各点 p に対して，p の近傍 V と正数 $\epsilon_1,\epsilon_2>0$ が存在して，つぎがなりたつ．すなわち，任意の $q\in V$ と点 q における接ベクトル $v\in T_qM$ で $|v|<\epsilon_1$ であるものについて，$|t|<\epsilon_2$ で定義された測地線

$$c_v:(-\epsilon_2,\epsilon_2)\to M$$

で初期条件

$$c_v(0)=q, \quad c_v'(0)=v$$

をみたすものが一意的に存在する．　□

この命題における測地線の一意性から，測地線の初期ベクトルと存在区間はつぎの意味で斉次性をもつこともわかる．

補題1.19　$c_v:(-\epsilon_2,\epsilon_2)\to M$ が $v\in T_qM$ を初期ベクトルとする測地線ならば，任意の正数 $a>0$ に対して $av\in T_qM$ を初期ベクトルとする測地線 $c_{av}:(-\epsilon_2/a,\epsilon_2/a)\to M$ が存在して

$$c_v(at)=c_{av}(t), \quad t\in(-\epsilon_2/a,\epsilon_2/a)$$

がなりたつ．

［証明］　実際，C^∞ 級曲線 $c:(-\epsilon_2/a,\epsilon_2/a)\to M$ を

$$c(t)=c_v(at), \quad t\in(-\epsilon_2/a,\epsilon_2/a)$$

で定義するとき，$c'(t)=ac_v'(at)$ であるから

$$c(0)=q, \quad c'(0)=av, \quad \frac{Dc'}{dt}=\nabla_{c'}c'=a^2\nabla_{c_v'}c_v'=0$$

がなりたち，c は av を初期ベクトルとする測地線となる．したがって命題1.18における一意性により，$c=c_{av}$，すなわち $c_v(at)=c_{av}(t)$ が $t\in(-\epsilon_2/a, \epsilon_2/a)$ においてなりたつ． ∎

補題1.19より，命題1.18において測地線の存在区間を M の各点 p のまわりで一様に大きくえらべることがわかる．すなわちつぎがなりたつ．

定理1.20 M の各点 p に対して，p の近傍 V と正数 $\epsilon>0$ が存在して，つぎがなりたつ．すなわち，任意の $q\in V$ と点 q における接ベクトル $v\in T_qM$ で $|v|<\epsilon$ であるものについて，初期条件

$$c_v(0)=q, \quad c_v'(0)=v$$

をみたす測地線

$$c_v : (-2,2)\to M$$

が一意的に存在する．

[証明] 命題1.18により，$|v|<\epsilon_1$ である $v\in T_qM$ と $|t|<\epsilon_2$ に対して測地線 $c_v(t)$ が存在する．このとき，補題1.19により，$|t|<2$ に対して測地線 $c_{\epsilon_2 v/2}(t)$ が定義できる．したがって，$\epsilon>0$ を $\epsilon<\epsilon_1\epsilon_2/2$ となるようにとれば，$|v|<\epsilon$ となる任意の $v\in T_qM$ に対して $|t|<2$ の範囲で測地線 $c_v(t)$ が定義される． ∎

ここで，この定理や命題1.18の証明において，測地線の方程式(1.29)を1階の常微分方程式系(1.30)にかきなおすことがポイントであったことに注意しよう．すなわち，(1.29)式は M の座標近傍 U 上の m 個の未知関数 $c^i(t)$ に関する2階連立常微分方程式であるが，あたらしい変数 $\xi^i(t)=c^{i\prime}(t)$ を導入することにより，$2m$ 個の未知関数 $c^i(t), \xi^i(t)$ に関する1階連立常微分方程式(1.30)に帰着することができたわけである．いいかえると，方程式(1.29)は未知関数 $c(t)=(c^i(t))$ に関しては2階の方程式であるが，$c(t)=(c^i(t))$ と $c'(t)=(c^{i\prime}(t))$ の組 $(c(t),c'(t))$ を未知関数と考えれば，1階の方程式(1.30)にかきかえられるわけである．このことは，じつは測地線の方程式は M 上の2階の方程式と考えるよりも，M の接ベクトル束 TM 上で定義された1階の方程式と理解すべきであることを示唆している．この間の事情をもうすこし詳しくみてみよう．

一般に C^∞ 級多様体 M に対して，M の各点 p における接空間 T_pM の全体のなす集合

$$TM = \bigcup_{p\in M} T_pM = \{(p,v) \mid p\in M,\ v\in T_pM\}$$

を M の**接ベクトル束**(tangent bundle)といい，

$$\pi(p,v) = p, \quad (p,v) \in TM$$

で定義される写像 $\pi\colon TM \to M$ を TM から M への**射影**という．また $\pi^{-1}(p) = T_pM$ を接ベクトル束 TM の p 上の**ファイバー**とよぶ．

$(x^1, \cdots, x^m)$ を p のまわりの座標近傍 U における局所座標系とするとき，$q\in U$ における接ベクトル $v\in T_qM$ は一意的に

$$(1.31) \qquad v = \sum_{i=1}^{m} \xi^i \left(\frac{\partial}{\partial x^i}\right)_q$$

とあらわされ，逆に，任意の m 個の実数 $(\xi^1, \cdots, \xi^m)$ に対して，(1.31)式により接ベクトル $v\in T_qM$ が定まる．よって，$TM|U = \bigcup_{p\in U} T_pM$ の各元 (q,v) と $2m$ 個の実数

$$(x^1(q), \cdots, x^m(q), \xi^1, \cdots, \xi^m) \in U \times \mathbb{R}^m$$

が1対1に対応する．すなわち，$TM|U = \pi^{-1}(U)$ 上の $2m$ 個の関数の組

$$(1.32) \qquad (x^1, \cdots, x^m, \xi^1, \cdots, \xi^m)$$

は $TM|U$ から直積集合 $U\times\mathbb{R}^m$ への全単射をあたえる．

そこで M の各座標近傍 U に対して，$TM|U = \pi^{-1}(U)$ における TM の局所座標系を(1.32)で定めると，これらが定義する座標近傍系のもとで TM は自然に $2m$ 次元の C^∞ 級多様体になり，射影 π は TM から M への C^∞ 級写像となることが容易に確かめられる(付録§A.1(e)参照)．いいかえると，M の接ベクトル束 TM には，各 $TM|U$ が開部分多様体として積多様体 $U\times\mathbb{R}^m$ と C^∞ 級微分同相になるような C^∞ 級多様体の構造が自然に定義されるわけである．以下，TM にはこのような C^∞ 級多様体の構造があたえられているものとする．とくに (M,g) が Riemann 多様体ならば，TM の各ファイバー $\pi^{-1}(p)$ には内積 g_p が定義されていることに注意しておこう．

さて，$c\colon [a,b] \to M$ を M の C^∞ 級曲線とするとき，各 $t\in[a,b]$ に対して

$(c(t), c'(t)) \in TM$ であるから，$\boldsymbol{c}(t) = (c(t), c'(t))$ とおいて TM の C^∞ 級曲線

$$\boldsymbol{c} : [a, b] \to TM$$

がえられる．すなわち，c の接ベクトル場 $c' \in \mathfrak{X}(c)$ は TM の C^∞ 級曲線 $\boldsymbol{c} = (c, c')$ を定義する．とくに c が測地線ならば，c が通る座標近傍 U において $c(t) = (c^i(t))$ とあらわし $\xi^i(t) = c^{i\prime}(t)$ とおけば，$TM|U$ 上で $\boldsymbol{c}(t)$ は(1.30)式の解となることが容易に確かめられる．すなわち(1.30)式は，M の測地線 c が定める TM の C^∞ 級曲線 $\boldsymbol{c} = (c, c')$ の接ベクトル場 $\boldsymbol{c}' \in \mathfrak{X}(\boldsymbol{c})$ を定義する方程式にほかならない．これが接ベクトル束 TM の立場からみた(1.30)式の幾何学的意味である(章末の演習問題 1.7 参照)．

話をもとにもどそう．定理 1.20 における $p \in M$ の近傍 $V \subset U$ に対して，接ベクトル束 TM の部分集合 $\mathcal{U}$ を

$$\mathcal{U} = \{(q, v) \mid q \in V,\ v \in T_qM,\ |v| < \epsilon\}$$

と定義すると，$\mathcal{U}$ は TM の開集合であり $(p, 0)$ の近傍をなす．このとき定理 1.20 により，任意の $(q, v) \in \mathcal{U}$ に対して初期条件 $c_v(0) = q$，$c_v'(0) = v$ をみたす測地線 $c_v : (-2, 2) \to M$ が(1.30)式の解として一意的に存在するから，

$$\varphi(t, q, v) = c_v(t), \quad t \in (-2, 2), \qquad (q, v) \in \mathcal{U}$$

とおいて，写像

$$\varphi : (-2, 2) \times \mathcal{U} \to M$$

がえられる．ここで，1 階連立常微分方程式(1.30)の解は初期条件に C^∞ 級に依存する(高橋陽一郎[31]参照)ことに注意すると，φ は $(-2, 2) \times \mathcal{U}$ から M への C^∞ 級写像であることが容易に確かめられる．いいかえると，$c_v(t)$ は助変数 t に関しても初期条件 (q, v) に関しても C^∞ 級に依存していることがわかる．

以上の考察のもとに，$(q, v) \in \mathcal{U}$ に対して

$$\exp(q, v) = \varphi(1, q, v) \tag{1.33}$$

とおいて定義される写像

$$\exp : \mathcal{U} \to M$$

を $\mathcal{U}$ における**指数写像**(exponential map)という．φ が C^∞ 級写像であるから，$\exp$ も C^∞ 級写像である．

とくに各 $q\in V$ に対して，exp を q における M の接空間 T_qM に制限した写像，すなわち $\exp_q(v)=\exp(q,v)$ とおいて定義される写像

$$\exp_q:\ B_\epsilon(0)\subset T_qM\to M$$

を点 q における**指数写像**という．ここに，$B_\epsilon(0)$ は T_qM における原点 0 の ϵ 近傍，すなわち

$$B_\epsilon(0)=\{v\mid v\in T_qM,\ |v|<\epsilon\}$$

をあらわす．定義式(1.33)より，$\exp_q(v)$ は点 q において v を初期ベクトルとする測地線に沿って q から時間 1 だけ進んだ点にほかならない．あきらかに $\exp_q$ も C^∞ 級写像であり，$\exp_q(0)=q$ となる．

例 1.21　M を m 次元 Euclid 空間 $\mathbb{E}^m$ とすると，例 1.14 でみたように，$\mathbb{R}^m$ の座標関数 (x^i) から定まる自然標構に関して

$$\Gamma_{ij}^k=0,\quad 1\leqq i,j,k\leqq m$$

であるから，測地線の方程式は

$$\frac{d^2c^k}{dt^2}=0,\quad 1\leqq k\leqq m$$

となる．したがって $\mathbb{E}^m$ の測地線は直線にほかならない．よって，$p\in\mathbb{E}^m$ における接空間を平行移動により $\mathbb{E}^m$ と同一視するとき，指数写像 $\exp_p:\mathbb{E}^m\to\mathbb{E}^m$ は恒等写像である．　□

例 1.22　M を $\mathbb{E}^{m+1}$ 内の単位球面

$$S^m=\left\{(x^1,\cdots,x^{m+1})\ \middle|\ \sum_{i=1}^{m+1}(x^i)^2=1\right\}$$

とし，S^m の Riemann 計量 g として $\mathbb{E}^{m+1}$ からの誘導計量を考えよう．

$$U=\{(x^1,\cdots,x^{m+1})\in S^m\mid x^{m+1}>0\}$$

とおき，写像 $\phi: U\to\mathbb{R}^m$ を

$$\phi(x^1,\cdots,x^{m+1})=(x^1,\cdots,x^m)$$

と定義すれば，(U,ϕ) は S^m の座標近傍をあたえる．このとき

$$\phi^{-1}(x^1,\cdots,x^m)=\left(x^1,\cdots,x^m,\sqrt{1-\sum_{i=1}^m(x^i)^2}\right)$$

が U において S^m から $\mathbb{E}^{m+1}$ へのうめこみをあらわす写像であることに注意

すれば，局所座標系 $(x^1, \cdots, x^m)$ に関する g の成分 g_{ij} および g^{ij} と接続係数 Γ_{ij}^k は簡単な計算によりそれぞれ

$$g_{ij} = \delta_{ij} + \frac{x^i x^j}{(x^{m+1})^2}, \quad g^{ij} = \delta^{ij} - x^i x^j,$$

$$\Gamma_{ij}^k = x^k g_{ij}, \qquad 1 \leqq i, j, k \leqq m$$

であたえられることがわかる．したがって測地線の方程式は

$$\frac{d^2 c^k}{dt^2} + \sum_{i,j=1}^m c^k g_{ij} \frac{dc^i}{dt} \frac{dc^j}{dt} = 0, \quad 1 \leqq k \leqq m$$

とかけるが，c を正規測地線とすれば

$$\sum_{i,j=1}^m g_{ij} \frac{dc^i}{dt} \frac{dc^j}{dt} = 1$$

であるから，結局，2 階の定数係数線形常微分方程式系

$$\frac{d^2 c^k}{dt^2} + c^k = 0, \quad 1 \leqq k \leqq m \tag{1.34}$$

となる．

方程式(1.34)は容易に解くことができる．たとえば $p = (0, \cdots, 0, 1) \in S^m$ において $v = (v^1, \cdots, v^m, 0) \in T_pS^m \subset T_p\mathbb{E}^{m+1} \cong \mathbb{E}^{m+1}$ を $|v| = 1$ である接ベクトルとするとき，初期条件 $c(0) = p$，$c'(0) = v$ をみたす測地線 c は，$\mathbb{E}^{m+1}$ の曲線として

$$c^i(t) = \sin t \cdot v^i, \quad c^{m+1}(t) = \cos t, \quad 1 \leqq i \leqq m$$

であたえられることがわかる．したがってこのような測地線 c は，$\mathbb{E}^{m+1}$ の位置ベクトル $(0, \cdots, 0, 1)$ と $(v^1, \cdots, v^m, 0)$ が張る平面と S^m の交わりとしてえられる大円(またはその一部分)にほかならない．

このことから，指数写像 $\exp_p$ は接空間 T_pS^m 全体で定義され，$B_\pi(0) \subset T_pM$ から $S^m \setminus \{q\}$ (q は p の対心点)へは単射であり，かつ $B_\pi(0)$ の境界点をすべて q へ写すことがわかる． □

例 1.23 M を m 次元数空間 $\mathbb{R}^m$ の上半部分

$$H^m = \{(x^1, \cdots, x^m) \mid x^m > 0\}$$

とし，H^m の Riemann 計量 g を $\mathbb{R}^m$ の座標関数 (x^i) に関して

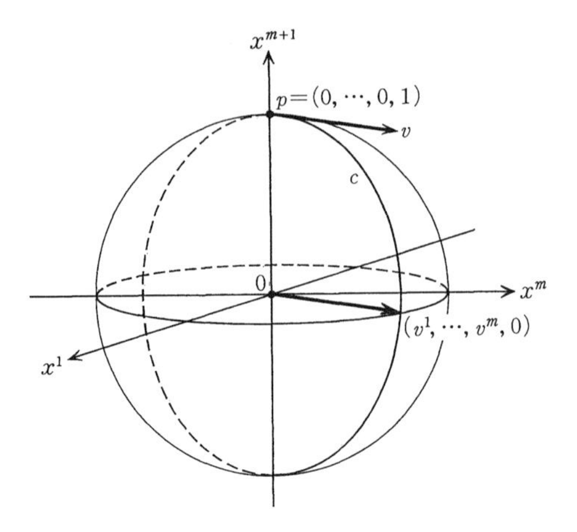

図 1.2 S^m の測地線

$$g = \frac{1}{(x^m)^2} \sum_{i=1}^{m} (dx^i)^2$$

で定義しよう．このようにしてえられる Riemann 多様体 (H^m, g) は m 次元**実双曲型空間**あるいは **Poincaré の上半空間**とよばれる．

さて，定義より座標関数 (x^i) に関する g の成分 g_{ij} と g^{ij} は

$$g_{ij} = (x^m)^{-2}\delta_{ij}, \quad g^{ij} = (x^m)^2\delta^{ij}$$

となるから，簡単な計算により

$$\begin{aligned} &\Gamma_{im}^i = \Gamma_{mi}^i = -(x^m)^{-1}, \quad && \Gamma_{ii}^m = (x^m)^{-1}, \\ &\Gamma_{mm}^m = -(x^m)^{-1}, && 1 \leqq i \leqq m-1 \end{aligned}$$

以外の接続係数 Γ_{jk}^i はすべて 0 であることがわかる．したがって測地線の方程式は

$$\begin{cases} \dfrac{d^2c^i}{dt^2} - \dfrac{2}{c^m}\dfrac{dc^i}{dt}\dfrac{dc^m}{dt} = 0, \quad 1 \leqq i \leqq m-1 \\ \dfrac{d^2c^m}{dt^2} + \dfrac{1}{c^m}\left(\displaystyle\sum_{i=1}^{m-1}\left(\dfrac{dc^i}{dt}\right)^2 - \left(\dfrac{dc^m}{dt}\right)^2\right) = 0 \end{cases}$$

とかけるが，c を正規測地線とすれば

$$\frac{1}{(c^m)^2}\sum_{i=1}^{m}\left(\frac{dc^i}{dt}\right)^2 = 1$$

であるから，結局

$$(1.35)\qquad \begin{cases} \dfrac{d^2c^i}{dt^2} - \dfrac{2}{c^m}\dfrac{dc^i}{dt}\dfrac{dc^m}{dt} = 0, & 1 \leqq i \leqq m-1 \\ \dfrac{d^2c^m}{dt^2} - \dfrac{2}{c^m}\left(\dfrac{dc^m}{dt}\right)^2 + c^m = 0 \end{cases}$$

となる．

方程式(1.35)の一般解は，$v=(v^1,\cdots,v^{m-1},0)$ と $w=(w^1,\cdots,w^{m-1},0)$ を $\mathbb{R}^{m-1}\subset\mathbb{R}^m$ のベクトルとし，$|v|=1$ ($\mathbb{E}^m$ のベクトルとして)とするとき，$a>0$ と b を定数として

$$c^i(t) = a\tanh(t+b)\cdot v^i + w^i, \quad c^m(t) = a\,\mathrm{sech}(t+b)$$

または

$$c^i(t) = w^i, \quad c^m(t) = e^{t+b}, \quad 1 \leqq i \leqq m-1$$

であたえられることが容易に確かめられる．これらの解があらわす曲線は，第1の場合は，w を中心とし $\mathbb{R}^{m-1}$ に直交する半径 a の半円の上を動き，第2の場合は，w を通り x^m 軸に平行な半直線の上を動くことがわかる．これらが (H^m, g) の測地線である．

したがって，任意の $p\in H^m$ に対して指数写像 $\exp_p$ は接空間 T_pH^m 全体

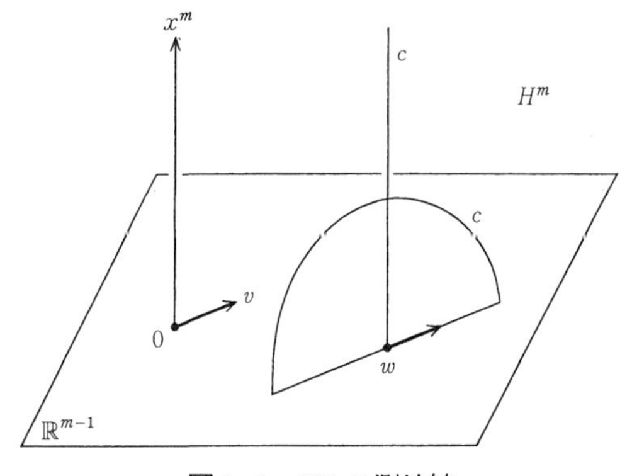

図1.3 H^m の測地線

で定義され，$\exp_p : T_pH^m \to H^m$ は $T_pH^m \cong \mathbb{R}^m$ から H^m への C^∞ 級微分同相写像をあたえることがわかる． □

一般に，指数写像は局所的にはつねに C^∞ 級微分同相写像となる．すなわちつぎがなりたつ．

定理 1.24　M の各点 p に対して，正数 $\epsilon>0$ が存在して，点 p における指数写像

$$\exp_p : B_\epsilon(0) \subset T_pM \to M$$

は $B_\epsilon(0)$ から M の開集合 $\exp_p(B_\epsilon(0))$ への C^∞ 級微分同相写像をあたえる．

［証明］　$0\in T_pM$ における $\exp_p$ の微分 $d(\exp_p)_0$ を計算しよう．$T_0(T_pM)$ を T_pM と同一視するとき，任意の $v\in T_pM$ に対して

$$\begin{aligned} d(\exp_p)_0(v) &= \frac{d}{dt}(\exp_p(tv))\bigg|_{t=0} = \frac{d}{dt}(\varphi(1,p,tv))\bigg|_{t=0} \\ &= \frac{d}{dt}(\varphi(t,p,v))\bigg|_{t=0} = v \end{aligned}$$

であるから，$d(\exp_p)_0$ は T_pM の恒等写像であることがわかる．したがって逆写像定理より，ある $\epsilon>0$ が存在して，$\exp_p$ は $B_\epsilon(0)$ から $\exp_p(B_\epsilon(0))$ への C^∞ 級微分同相写像となることがわかる． ■

線形同型 $T_pM \cong \mathbb{R}^m$ により $B_\epsilon(0)$ を $\mathbb{R}^m$ の開集合とみなすとき，定理 1.24 から指数写像 $\exp_p$ は点 p のまわりの座標近傍 $(\exp_p(B_\epsilon(0)), (\exp_p|B_\epsilon(0))^{-1})$ を定義していることがわかる．すなわち，Riemann 多様体 M の各点 p のまわりには測地線をもちいて標準的な局所座標系が定義できることがわかる．

一般に，$0\in T_pM$ の近傍 V に対して，指数写像 $\exp_p|V$ が V から $U=\exp_p(V)$ への C^∞ 級微分同相写像となるとき，U と $\phi=(\exp_p|V)^{-1}$ の組 (U,ϕ) あるいは単に U を p の**正規座標近傍**(normal coordinate neighborhood)とよぶ．また，正規座標近傍 (U,ϕ) に対して，たとえば接空間 T_pM の正規直交基底 $\{e_1,\cdots,e_m\}$ をえらび

$$\phi(q) = \sum_{i=1}^m x^i(q)e_i \in V, \quad q\in U$$

と $(x^1(q),\cdots,x^m(q))\in\mathbb{R}^m$ を同一視することにより定義される局所座標系 (x^i)

を，p のまわりの($\{e_i\}$ に関する)**正規座標系**とよぶ．

さて定理 1.24 はつぎのように精密化することができる．

定理 1.25 M の各点 p に対して，p の近傍 W と正数 $\delta>0$ が存在して，つぎがなりたつ．すなわち，任意の $q\in W$ に対して，点 q における指数写像 $\exp_q$ は $B_\delta(0)\subset T_qM$ から $\exp_q(B_\delta(0))\supset W$ への C^∞ 級微分同相写像である．したがって W は W の各点のまわりの正規座標近傍となる．

[証明] あたえられた $p\in M$ に対して，定理 1.20 における $\epsilon>0$ と p の近傍 V をとり，M の接ベクトル束 TM における $(p,0)$ の近傍

$$\mathcal{U}=\{(q,v)\mid q\in V,\ v\in T_qM,\ |v|<\epsilon\}$$

において，写像 $F:\mathcal{U}\to M\times M$ を

$$F(q,v)=(q,\exp_q v),\quad (q,v)\in\mathcal{U}$$

で定義する．$F(p,0)=(p,p)$ である．

定理 1.24 の証明でみたように，$d(\exp_p)_0=I$，すなわち $0\in T_pM$ における $\exp_p$ の微分 $d(\exp_p)_0$ は恒等写像であるから，点 $(p,0)\in TM$ における F の微分 $dF_{(p,0)}:T_{(p,0)}TM\to T_pM\times T_pM$ は同型写像となる．実際 F の定義から容易に，$dF_{(p,0)}$ の行列表示が

$$\begin{pmatrix} I & I \\ 0 & I \end{pmatrix}$$

であたえられることがわかる．したがって逆写像定理より，TM における $(p,0)$ の近傍 $\mathcal{U}'\subset\mathcal{U}$ と $M\times M$ における (p,p) の近傍 W' が存在して，F は $\mathcal{U}'$ から W' への C^∞ 級微分同相写像となる．ここで $\mathcal{U}'$ は，p の近傍 $V'\subset V$ と $0<\delta<\epsilon$ に対して

$$\mathcal{U}'=\{(q,v)\mid q\in V',\ v\in T_qM,\ |v|<\delta\}$$

なる形をしているとしてよい．そこで p の近傍 W を $W\times W\subset W'$ となるようにえらぶ．この W と δ がもとめるものである．

実際，F は $\mathcal{U}'$ から $W'=F(\mathcal{U}')$ への微分同相写像であるから，$q\in W$ と $B_\delta(0)\subset T_qM$ に対して

$$F(\{q\}\times B_\delta(0))\supset\{q\}\times W$$

がなりたつ．F の定義より，これは $\exp_q(B_\delta(0))\supset W$ を意味する． ∎

§1.5　測地線の最短性

例1.21でみたように，Euclid空間$\mathbb{E}^m$の測地線は直線にほかならなかった．ところで，Euclid空間の直線はその上の2点を結ぶ曲線のなかで長さが最も短い．またこの性質で直線を特徴づけることもできる．一般のRiemann多様体Mの測地線についても，局所的にはこのような最短性がなりたつことをみてみよう．

まず準備としてつぎのことに注意しよう．(M,g)をm次元Riemann多様体とし，$u\colon O\to M$を$\mathbb{R}^2$の開集合$O\subset\mathbb{R}^2$で定義されたMへのC^∞級写像とする．§1.3で定義した曲線に沿ったベクトル場の概念を一般化して，Oの各点$p\in O$に点$u(p)$におけるMの接ベクトル$V(p)\in T_{u(p)}M$を対応させる対応$V=\{V(p)\}_{p\in O}$を，写像u**に沿ったベクトル場**という．このとき，$\mathbb{R}^2$の座標関数(x,y)とMの$u(x,y)$のまわりの局所座標系(x^i)をもちいてVを

$$V(x,y)=\sum_{i=1}^m v^i(x,y)\left(\frac{\partial}{\partial x^i}\right)_{u(x,y)} \tag{1.36}$$

とあらわすことができるが，各$v^i(x,y)$がつねに(x,y)のC^∞級関数になるものをuに沿ったC^∞級ベクトル場という．したがって，Mの接ベクトル束TMをもちいていいかえれば，C^∞級写像$u\colon O\to M$に沿ったC^∞級ベクトル場Vとは，Oから接ベクトル束TMへのC^∞級写像$V\colon O\to TM$であって，TMの射影$\pi\colon TM\to M$に関して

$$\pi\circ V(p)=u(p),\quad p\in O$$

となるものにほかならない．

uに沿ったC^∞級ベクトル場Vに対して，Vを曲線$u(x,\cdot)$および$u(\cdot,y)$に制限すれば，それぞれの曲線に沿ったC^∞級ベクトル場がえられる．したがって，これらの曲線に沿ったVの共変微分を考えることができる．そこでこの2つを区別するため，曲線$u(x,\cdot)$に沿ったVの共変微分を$\dfrac{DV}{\partial y}$であらわし，曲線$u(\cdot,y)$に沿ったVの共変微分を$\dfrac{DV}{\partial x}$であらわすことにしよう．

さて各$(x_0,y_0)\in O$に対して，$x\mapsto u(x,y_0)$で定義される写像は$O\cap\{y=$

$y_0\}$ の各連結成分から M への C^∞ 級曲線 $u(\cdot, y_0)$ を定める．この C^∞ 級曲線 $u(\cdot, y_0)$ の接ベクトル

$$du_{(x,y_0)}\left(\left(\frac{\partial}{\partial x}\right)_{(x,y_0)}\right) \in T_{u(x,y_0)}M \tag{1.37}$$

が定義する $u(\cdot, y_0)$ に沿っての C^∞ 級ベクトル場を $\dfrac{\partial u}{\partial x}$ であらわそう．(1.37) 式より，接ベクトル $\dfrac{\partial u}{\partial x}(x,y)$ はすべての $(x,y)\in O$ に対して定義され，$\dfrac{\partial u}{\partial x}$ は u に沿った C^∞ 級ベクトル場をあたえることがわかる．同様にして，曲線 $u(x,\cdot)$ の接ベクトル場として $\dfrac{\partial u}{\partial y}$ が定義され，u に沿った C^∞ 級ベクトル場をあたえる．

このときつぎがなりたつ．

補題 1.26　$\mathbb{R}^2$ の開集合 O から M への C^∞ 級写像 $u\colon O\subset\mathbb{R}^2\to M$ に対して

$$\frac{D}{\partial y}\frac{\partial u}{\partial x} = \frac{D}{\partial x}\frac{\partial u}{\partial y}$$

となる．

［証明］　M の局所座標系 (x^i) に関して $u(x,y)$ を

$$u(x,y) = (u^1(x,y), \cdots, u^m(x,y))$$

とあらわせば，定義より

$$\frac{D}{\partial y}\frac{\partial u}{\partial x} = \sum_{k=1}^{m}\left(\frac{\partial^2 u^k}{\partial y\partial x} + \sum_{i,j=1}^{m}\Gamma_{ij}^k(u)\frac{\partial u^i}{\partial y}\frac{\partial u^j}{\partial x}\right)\frac{\partial}{\partial x^k}.$$

ここで Levi-Civita 接続の対称性より $\Gamma_{ij}^k=\Gamma_{ji}^k$ であるから，右辺は x,y に関して対称．よって $\dfrac{D}{\partial y}\dfrac{\partial u}{\partial x}=\dfrac{D}{\partial x}\dfrac{\partial u}{\partial y}$ となる．∎

点 $p\in M$ における指数写像 $\exp_p\colon T_pM\to M$ が $0\in T_pM$ の近傍 V 上で C^∞ 級微分同相写像であるとき，原点 0 の ϵ 近傍 $B_\epsilon(0)\subset V$ の $\exp_p$ による像 $B_\epsilon(p)=\exp_p B_\epsilon(0)$ を点 p における M の半径 ϵ の**測地球体**といい，$B_\epsilon(0)$ の境界

$$S_\epsilon(0) = \{v \mid v\in T_pM,\ |v|=\epsilon\}$$

の像 $S_\epsilon(p)=\exp_p S_\epsilon(0)$ を点 p における M の半径 ϵ の**測地球面**という．定義からあきらかなように，$S_\epsilon(p)$ は $m-1$ 次元球面 $S^{m-1}\subset\mathbb{R}^m$ と C^∞ 級微分同

相な M の部分多様体(超曲面)をなす．

つぎの **Gaussの補題**より，点 p からでる任意の測地線は測地球面 $S_\epsilon(p)$ と直交していることがわかる．

補題 1.27 (Gauss)　$v\in T_pM$ に対して $\exp_p v$ が定義されているとする．このとき，各 $w\in T_pM\cong T_v(T_pM)$ について

$$g_{\exp_p v}((d\exp_p)_v(v),(d\exp_p)_v(w))=g_p(v,w)$$

がなりたつ．

［証明］　まず，同一視 $T_pM\cong T_v(T_pM)$ は，各 $w\in T_pM$ と直線 $c_w(t)=v+tw$ の接ベクトル $c_w'(0)\in T_v(T_pM)$ を対応させてえられることに注意しておこう．

さて $\exp_p$ が定義される範囲において，$(t,s)\in\mathbb{R}^2$ に対して

$$u(t,s)=\exp_p(t(v+sw))$$

とおいて，$\mathbb{R}^2$ の原点の適当な近傍 O から M への C^∞ 級写像 $u:O\subset\mathbb{R}^2\to M$ がえられる．定義より，同一視 $T_v(T_pM)\cong T_pM$ のもとで

$$\frac{\partial u}{\partial t}(1,0)=(d\exp_p)_v(v),\quad \frac{\partial u}{\partial s}(1,0)=(d\exp_p)_v(w)$$

がなりたつから，補題を示すには

$$g\Big(\frac{\partial u}{\partial t},\frac{\partial u}{\partial s}\Big)(1,0)=g_p(v,w)$$

がいえればよい．

ところで各 s に対して，曲線 $t\mapsto u(t,s)$ は $v+sw$ を初期ベクトルとする測地線であるから $\dfrac{D}{\partial t}\dfrac{\partial u}{\partial t}=0$，かつ命題 1.17 より

$$g\Big(\frac{\partial u}{\partial t},\frac{\partial u}{\partial t}\Big)(t,s)=g_p(v+sw,v+sw)$$

となる．一方，補題 1.26 より $\dfrac{D}{\partial s}\dfrac{\partial u}{\partial t}=\dfrac{D}{\partial t}\dfrac{\partial u}{\partial s}$ であるから

$$\begin{aligned}\frac{\partial}{\partial t}g\Big(\frac{\partial u}{\partial t},\frac{\partial u}{\partial s}\Big)&=g\Big(\frac{\partial u}{\partial t},\frac{D}{\partial t}\frac{\partial u}{\partial s}\Big)=g\Big(\frac{\partial u}{\partial t},\frac{D}{\partial s}\frac{\partial u}{\partial t}\Big)\\&=\frac{1}{2}\frac{\partial}{\partial s}g\Big(\frac{\partial u}{\partial t},\frac{\partial u}{\partial t}\Big).\end{aligned}$$

これと上の関係式より，任意の t に対して

$$\frac{\partial}{\partial t} g\left(\frac{\partial u}{\partial t}, \frac{\partial u}{\partial s}\right)(t,0) = g_p(v,w)$$

がわかる．しかるに任意の s に対して $u(0,s)=\exp_p(0)=p$ であるから

$$g\left(\frac{\partial u}{\partial t}, \frac{\partial u}{\partial s}\right)(0,0) = 0.$$

したがって $g\left(\frac{\partial u}{\partial t}, \frac{\partial u}{\partial s}\right)(t,0)=tg_p(v,w)$ がなりたつ．$t=1$ のときがもとめる結果である．∎

以上の準備のもとに，測地線は局所的には最短線であることをみてみよう．

定理 1.28　U を $p \in M$ の正規座標近傍とし，$B \subset U$ を p における測地球体とする．$c\colon [0,1] \to B$ を p からでる B 内の測地線とする．このとき，$c(0)=p$ と $c(1)$ を結ぶ任意の区分的に滑らかな曲線 $\omega\colon [0,1] \to M$ に対して

$$L(c) \leqq L(\omega)$$

がなりたつ．また等号がなりたつのは，$c([0,1])=\omega([0,1])$ となるときにかぎる．

［証明］　まず $\omega([0,1]) \subset B$ である場合について考えよう．各 $t \in (0,1]$ に対して $\omega(t) \neq p$ とする．もしそうでなければ区間 $[0,t)$ を無視して以下の議論を適用すればよい．

$\exp_p$ は U 上への C^∞ 級微分同相写像であるから，曲線 ω は $t \neq 0$ のとき一意的に $\omega(t)=\exp_p(r(t)\cdot v(t))$ とあらわすことができる．ここに $v\colon (0,1] \to T_pM$ は $S_1(0) \subset T_pM$ 内の区分的に滑らかな曲線であり，$r\colon (0,1] \to \mathbb{R}$ は区分的に滑らかな正値関数である．$f(r,t)=\exp_p(rv(t))$ とおくと，$\omega(t)=f(r(t),t)$ であり，有限個の t を除いて

$$\omega'(t) = \frac{\partial f}{\partial r}(r(t),t)\,r'(t) + \frac{\partial f}{\partial t}(r(t),t)$$

がなりたつ．ここで補題 1.27 と $|v(t)|=1$ より

$$g\left(\frac{\partial f}{\partial r}, \frac{\partial f}{\partial t}\right)(r,t) = 0, \quad \left|\frac{\partial f}{\partial r}\right|(r,t) = 1$$

であるから

$$(1.38)\qquad |\omega'(t)|^2 = |r'(t)|^2 + \left|\frac{\partial f}{\partial t}\right|^2 (r(t), t) \geqq |r'(t)|^2$$

となる．したがって

$$(1.39)\qquad \int_\epsilon^1 |\omega'(t)|dt \geqq \int_\epsilon^1 |r'(t)|dt \geqq \int_\epsilon^1 r'(t)dt = r(1) - r(\epsilon)$$

となり，$r(1) = L(c)$ であるから，$\epsilon \to 0$ として $L(\omega) \geqq L(c)$ をえる．

$L(\omega) = L(c)$ とすると，(1.38)と(1.39)式において等号がなりたつから，すべての t について $|\partial f/\partial t|(r(t), t) = 0$ かつ $|r'(t)| = r'(t) \geqq 0$ でなければならない．したがって $v'(t) = 0$ すなわち $v(t)$ は定ベクトルであり，ω は c のパラメーターを単調にとりかえたものにほかならない．よって $\omega([0,1]) = c([0,1])$ となる．

$\omega([0,1]) \not\subset B$ である場合には，ある $t_1 \in (0,1)$ に対して $\omega(t_1)$ は B の境界と交わるから，B の半径を ρ とするとき

$$L(\omega) \geqq L(\omega\,|\,[0, t_1]) \geqq \rho > L(c)$$

となる． ∎

定理1.28は局所的な定理であり，測地線の長さがある程度長くなるとかならずしも最短線でなくなることに注意しておこう．実際，たとえば例1.22における単位球面 S^m の測地線の場合，点 $p \in S^m$ からでる任意の測地線 c は p の対心点を越え $L(c) > \pi$ となるとき，もはや最短線でないことはあきらかであろう．

一方，最短線である区分的に滑らかな曲線はじつは測地線であることがわかる．すなわちつぎがなりたつ．

定理1.29　$c\colon [a,b] \to M$ を弧長に比例したパラメーターで助変数表示された区分的に滑らかな曲線とする．$c(a)$ と $c(b)$ を結ぶ任意の区分的に滑らかな曲線 ω に対して $L(c) \leqq L(\omega)$ ならば，c は測地線である．

［証明］　$t \in [a,b]$ とし，$c(t)$ の近傍として定理1.25における W をとる．W に対し $t \in I$ となる閉区間 $I \subset [a,b]$ を十分小さくえらべば，$c(I) \subset W$ かつ $c|I\colon I \to W$ はある測地球体内の2点を結ぶ区分的に滑らかな曲線となるようにできる．そのとき仮定と定理1.28の前半より，$c|I$ の長さはこの2点

を結ぶ測地線の長さに等しい．よって $c|I$ のパラメーターが弧長に比例していることと定理 1.28 の後半より，$c|I$ は測地線であることがわかる．$t\in[a,b]$ は任意だから，結局 c は測地線である． ∎

Riemann 多様体 M 上の 2 点 p,q に対し，p と q を結ぶすべての区分的に滑らかな曲線 ω を考え，その長さ $L(\omega)$ の下限を $d(p,q)$ であらわし，p と q の**距離**という．すなわち，p と q の距離を

$$d(p,q)=\inf\{L(\omega)\mid \omega \text{ は } p \text{ と } q \text{ を結ぶ区分的に滑らかな曲線}\}$$

と定める．M が連結ならば，任意の $p,q\in M$ に対して p と q を結ぶ区分的に滑らかな曲線が存在するから(章末の演習問題 1.9 参照)，距離 $d(p,q)$ が定義できる．このとき，$(p,q)\in M\times M$ に $d(p,q)$ を対応させる関数 $d\colon M\times M\to\mathbb{R}$ は M 上の距離関数となる．

実際，定義より $d(p,q)\geqq 0$ であり，対称性 $d(p,q)=d(q,p)$ もあきらかになりたつ．また，$p,q,r\in M$ に対して，三角不等式

$$d(p,r)\leqq d(p,q)+d(q,r)$$

がなりたつことも，定義と下限の性質よりあきらかであろう．よって $d(p,q)=0$ となるのは，$p=q$ の場合にかぎることを示せばよいが，$p=q$ ならば $d(p,q)=0$ となることはあきらかであるから，結局 $p\neq q$ ならば $d(p,q)>0$ であることをみればよい．そこで，$p\neq q$ のとき，点 p のまわりに測地球体 $B_\epsilon(p)$ をとると，$q\in B_\epsilon(p)$ ならば，定理 1.28 より $d(p,q)>0$ であることがわかる．また $q\notin B_\epsilon(p)$ ならば，p と q を結ぶ任意の区分的に滑らかな曲線 ω は測地球面 $S_\epsilon(p)$ と交わるから，やはり定理 1.28 より $d(p,q)\geqq\epsilon>0$ がわかる．いずれにせよ，$p\neq q$ ならば $d(p,q)>0$ となる．

以上の議論から，$p\in M$ に対して十分小さい $\epsilon>0$ をとるとき，点 p における半径 ϵ の測地球体 $B_\epsilon(p)$ および測地球面 $S_\epsilon(p)$ は，それぞれ距離 d に関して

$$B_\epsilon(p)=\{q\in M\mid d(p,q)<\epsilon\},$$
$$S_\epsilon(p)=\{q\in M\mid d(p,q)=\epsilon\}$$

で定義される集合であることもわかる．これより，M 上の距離関数 d が定義する M の距離空間としての位相は M の多様体としての位相と一致するこ

とが容易に確かめられる(章末の演習問題1.10参照).

《要約》

1.1　Riemann多様体 M 上の曲線 c の長さ $L(c)$ とエネルギー $E(c)$ の定義.

1.2　変分問題の臨界点をあたえる第1変分公式とEulerの方程式.

1.3　Riemann多様体 M には対称かつRiemann計量と両立する線形接続 ∇ が一意的に定まり，Levi-Civita接続とよばれる．∇ は M の接ベクトルの曲線に沿っての平行移動を定義する.

1.4　Riemann多様体 M の測地線は指数写像 $\exp_p$ を定義し，$\exp_p$ は p のまわりに正規座標系を定める.

1.5　測地線は局所的にはRiemann多様体 M 上の最短線である.

演習問題

1.1　$(x^i)=(x^1,\cdots,x^m)$ と $(\bar{x}^i)=(\bar{x}^1,\cdots,\bar{x}^m)$ を m 次元 C^∞ 級多様体 M の点 x のまわりの2つの局所座標系とするとき，つぎを示せ.

(1)　接空間 T_xM の基底の間に変換式

$$\left(\frac{\partial}{\partial \bar{x}^i}\right)_x=\sum_{j=1}^m \frac{\partial x^j}{\partial \bar{x}^i}(x)\left(\frac{\partial}{\partial x^j}\right)_x,$$

$$\left(\frac{\partial}{\partial x^i}\right)_x=\sum_{j=1}^m \frac{\partial \bar{x}^j}{\partial x^i}(x)\left(\frac{\partial}{\partial \bar{x}^j}\right)_x$$

がなりたつ.

(2)　接ベクトル $v\in T_xM$ の (x^i), $(\bar{x}^i)$ に関する成分をそれぞれ (ξ^i), $(\bar{\xi}^i)$ とするとき，変換式

$$\bar{\xi}^i=\sum_{j=1}^m \frac{\partial \bar{x}^i}{\partial x^j}(x)\xi^j,\quad \xi^i=\sum_{j=1}^m \frac{\partial x^i}{\partial \bar{x}^j}(x)\bar{\xi}^j$$

がなりたつ.

1.2　第2可算公理をみたす任意の C^∞ 級多様体 M はRiemann計量をもつことを証明せよ.

1.3 **(変分学の基本補題)** 閉区間 $[a,b]$ 上の連続関数 $f\colon [a,b]\to\mathbb{R}$ について，コンパクトな台をもつ任意の C^∞ 級関数 $\eta\colon [a,b]\to\mathbb{R}$ に対して

$$\int_a^b f(t)\eta(t)dt = 0$$

であるならば，$f\equiv 0$ であることを証明せよ．

1.4 C^∞ 級多様体 M の線形接続 ∇ について，つぎを示せ．

（1） (x^i) と $(\bar{x}^i)$ を $x\in M$ のまわりの 2 つの局所座標系とするとき，それぞれに関する ∇ の接続係数 $\{\Gamma^i_{jk}\}$ と $\{\overline{\Gamma}^i_{jk}\}$ の間にはつぎの変換則がなりたつ．

$$\overline{\Gamma}^i_{jk} = \sum_{p=1}^m \frac{\partial\bar{x}^i}{\partial x^p}\left(\frac{\partial^2 x^p}{\partial\bar{x}^j\partial\bar{x}^k} + \sum_{q,r=1}^m \Gamma^p_{qr}\frac{\partial x^q}{\partial\bar{x}^j}\frac{\partial x^r}{\partial\bar{x}^k}\right),\quad 1\leqq i,j,k\leqq m$$

（2） 逆に，M の各座標近傍上に C^∞ 級関数の族 $\{\Gamma^i_{jk}\}$ が(1)の変換則をみたすようにあたえられているとき，$\{\Gamma^i_{jk}\}$ を接続係数とするような M の線形接続 ∇ が一意的に存在する．

1.5 （1） $X,Y,Z\in\mathfrak{X}(M)$ と $f,h\in C^\infty(M)$ に対して，つぎを示せ．

（i） $[fX,hY] = fh[X,Y]+f(Xh)Y-h(Yf)X$.

（ii） $[X,[Y,Z]]+[Y,[Z,X]]+[Z,[X,Y]] = 0$.

（2） $X,Y\in\mathfrak{X}(M)$ に対して，$L_XY\in\mathfrak{X}(M)$ を $L_XY=[X,Y]$ で定義し，これを Y の X による **Lie 微分**とよぶ．Lie 微分 L_XY と共変微分 ∇_XY の違いは何か？

1.6 C^∞ 級多様体 M の線形接続 ∇ について，つぎを証明せよ．

$v\in T_xM$ に対し，C^∞ 級曲線 $c\colon [0,l]\to M$ を $c(0)=x$ かつ $c'(0)=v$ となるようにえらび，$t\in[0,l]$ に対して $c\,|\,[0,t]$ に沿っての平行移動を $P_t\colon T_xM\to T_{c(t)}M$ であらわす．このとき，$Y\in\mathfrak{X}(c)$ の v 方向への共変微分 ∇_vY について

$$\nabla_vY = \lim_{t\to 0}\frac{1}{t}(P_t^{-1}Y_{c(t)}-Y_x)$$

がなりたつ．

1.7 Riemann 多様体 M の接ベクトル束 TM に対して，TM の C^∞ 級ベクトル場 Φ でつぎの条件をみたすものが一意的に存在することを証明せよ．

$(p,v)\in TM$ を通る Φ の積分曲線 $\varphi(t)$ は，p において v を接ベクトルとする測地線を $c=c(t)$ とするとき，$\varphi(t)=(c(t),c'(t))$ であたえられる．

このようなベクトル場 Φ を M の**測地スプレー**とよび，Φ が生成する TM 上の局所 1 助変数変換群 φ_t を M の**測地流**という．

1.8　M を Riemann 多様体とし，$(x^1, \cdots, x^m)$ を点 $p \in M$ のまわりの局所座標系とするとき，つぎを証明せよ．

（1）　(x^i) が正規座標系であるための必要十分条件は，p を通る任意の測地線が1次式

$$c^i(t) = v^i t, \quad -\epsilon < t < \epsilon, \quad 1 \leqq i \leqq m$$

であらわされることである．

（2）　(x^i) を正規座標系とするとき，接続係数 Γ_{ij}^k について

$$\Gamma_{ij}^k(p) = 0, \quad 1 \leqq i, j, k \leqq m$$

がなりたつ．

1.9　連結な C^∞ 級多様体 M の任意の2点 $p, q \in M$ に対して，p と q を結ぶ区分的に滑らかな曲線が存在することを証明せよ．

1.10　連結な Riemann 多様体 M に対して，M 上の距離関数 d が定める位相は M の多様体としての位相と一致することを証明せよ．

2

第1変分公式と第2変分公式

第1章では，Riemann 多様体上の曲線のエネルギーに関する第1変分公式を曲線の像が1つの座標近傍に含まれている場合に計算し，測地線がエネルギー汎関数の臨界点をあたえる写像として特徴づけられることをみた．

この章では，まずこの第1変分公式を一般の場合に計算し，ついで第2変分公式をもとめよう．第1変分公式から自然に共変微分の概念がみちびかれたように，第2変分公式は自然に曲率の概念と結びつくことがわかる．このことを利用して，Riemann 多様体の曲率がその位相構造にあたえる影響について調べることができる．

§2.1 第1変分公式

(M,g) を m 次元 Riemann 多様体とし，$c\colon [0,a]\to M$ を閉区間 $[0,a]$ $(a>0)$ で定義された M の区分的に滑らかな曲線とする．§1.2 では曲線の長さとエネルギーに関する変分問題について，第1変分公式を c がとくに M の C^∞ 級曲線でその像が1つの座標近傍に含まれている場合に計算した．この節では §1.3 で定義した共変微分をもちいて，より一般に M の区分的に滑らかな曲線 c に対して，c の像がかならずしも1つの座標近傍に含まれない場合についてこれをもとめよう．

まず，曲線の長さやエネルギーを比較するための曲線の族をつぎのように定める.

定義 2.1　区分的に滑らかな曲線 $c\colon [0,a]\to M$ に対して，連続写像 $f\colon [0,a]\times(-\epsilon,\epsilon)\to M$ $(\epsilon>0)$ がつぎの条件(i),(ii),(iii)をみたすとき，f を c の**区分的に滑らかな変分**という.

（i）　$f(t,0)=c(t),\quad t\in[0,a]$.

（ii）　区間 $[0,a]$ の分割 $0=t_0<t_1<\cdots<t_{k+1}=a$ が存在して，f は各定義域 $[t_i,t_{i+1}]\times(-\epsilon,\epsilon)$，$i=0,1,2,\cdots,k$ 上で C^∞ 級である.

（iii）　$f(0,s)=c(0),\quad f(a,s)=c(a),\quad s\in(-\epsilon,\epsilon)$.

とくに f が C^∞ 級写像のときは，f を C^∞ **級変分**あるいは**滑らかな変分**という.（このとき，定義より c は C^∞ 級曲線である.）　□

$f\colon [0,a]\times(-\epsilon,\epsilon)\to M$ を c の区分的に滑らかな変分としよう．このとき，各 $s\in(-\epsilon,\epsilon)$ に対し

$$f_s(t)=f(t,s),\quad t\in[0,a]$$

とおくと，条件(ii)より $f_s\colon [0,a]\to M$ は区分的に滑らかな曲線となり，条件(i)より $f_0=c$，また条件(iii)より $f_s(0)=c(0)$ かつ $f_s(a)=c(a)$ となることがわかる．したがって，このようにしてえられる区分的に滑らかな曲線の族 $\{f_s\,|\,|s|<\epsilon\}$ は曲線 c の両端点 $c(0)$, $c(a)$ を止めた‘変形’を定義していると考えられる.

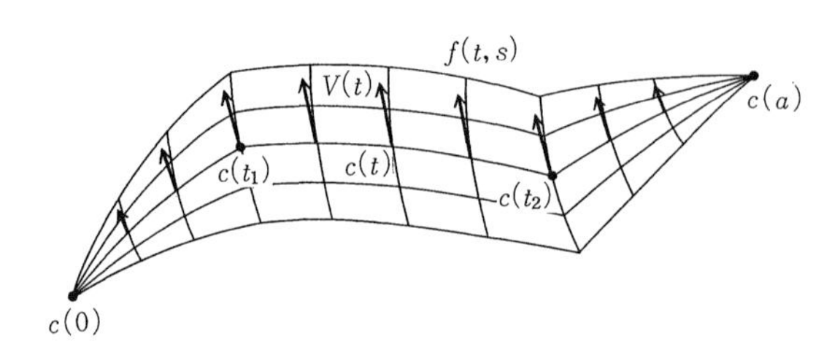

図 2.1　区分的に滑らかな変分

また各 $t\in[0,a]$ に対し

$$f_t(s)=f(t,s),\quad s\in(-\epsilon,\epsilon)$$

とおくと，$s=0$ において点 $c(t)$ を通る C^∞ 級曲線 $f_t\colon (-\epsilon,\epsilon)\to M$ がえられ，これらの曲線の $s=0$ における接ベクトルの全体

$$V(t)=\frac{\partial f}{\partial s}(t,0),\quad t\in[0,a]$$

は曲線 c に沿って定義された区分的に滑らかなベクトル場 V を定義する．このV を f に対する**変分ベクトル場**という．条件(iii)より，$V(0)=V(a)=0$ となることはあきらかであろう．逆につぎがなりたつ．

命題2.2　$c\colon[0,a]\to M$ を区分的に滑らかな曲線とし，V を c に沿って定義された区分的に滑らかなベクトル場で $V(0)=V(a)=0$ となるものとする．このとき，c の区分的に滑らかな変分 $f\colon[0,a]\times(-\epsilon,\epsilon)\to M$ が存在して，V は f に対する変分ベクトル場となる．

［証明］　曲線 c の像 $c([0,a])$ は M のコンパクト集合であるから，正数 $\delta>0$ が存在して，点 $c(t)$ における指数写像 $\exp_{c(t)}$ がすべての $t\in[0,a]$ に対して，$|v|<\delta$ である任意の接ベクトル $v\in T_{c(t)}M$ について定義される．実際，各 $c(t)$ に対して定理1.25で証明した正規座標近傍 W_t と正数 $\delta_t>0$ をとると，コンパクト集合 $c([0,a])$ の開被覆 $\{W_t\}_{t\in[0,a]}$ がえられる．そこで有限個の $W_i,\ i=1,\cdots,l$ を $\bigcup_i W_i\supset c([0,a])$ となるようにえらび，対応する正数 $\delta_i>0$ に関して $\delta=\min(\delta_1,\cdots,\delta_l)$ と定めればよい．

そこで $N=\max_{t\in[0,a]}|V(t)|$ とおき，正数 $\epsilon>0$ を $\epsilon<\delta/N$ となるようにえらべば，写像 $f\colon[0,a]\times(-\epsilon,\epsilon)\to M$ を

$$f(t,s)=\exp(c(t),sV(t))=\exp_{c(t)}sV(t)$$

により定義することができる．定義よりあきらかに，$f(t,0)=c(t)$ であり，$V(0)=V(a)=0$ であるから $f(0,s)=c(0),\ f(a,s)=c(a)$ がなりたつ．

この f が題意の変分である．実際，指数写像の定義より，$\exp(c(t),sV(t))$ は $(c(t),sV(t))$ に C^∞ 級に依存するから(§1.4参照)，f は c の区分的に滑らかな変分を定義することがわかる．また指数写像の微分の性質より，f に対する変分ベクトル場は

$$\frac{\partial f}{\partial s}(t,0)=\frac{d}{ds}\left(\exp_{c(t)}sV(t)\right)\Big|_{s=0}=(d\exp_{c(t)})_0V(t)=V(t)$$

であたえられる．　■

区分的に滑らかな曲線 $c\colon[0,a]\to M$ の区分的に滑らかな変分 $f\colon[0,a]\times$

$(-\epsilon,\epsilon)\to M$ に対して，関数 $L\colon(-\epsilon,\epsilon)\to\mathbb{R}$ と $E\colon(-\epsilon,\epsilon)\to\mathbb{R}$ を

$$
(2.1)\quad
\begin{aligned}
L(s) &= \int_0^a\left|\frac{\partial f}{\partial t}(t,s)\right|dt = \sum_{i=0}^{k}\int_{t_i}^{t_{i+1}}\left|\frac{\partial f}{\partial t}(t,s)\right|dt,\\
E(s) &= \frac{1}{2}\int_0^a\left|\frac{\partial f}{\partial t}(t,s)\right|^2 dt = \frac{1}{2}\sum_{i=0}^{k}\int_{t_i}^{t_{i+1}}\left|\frac{\partial f}{\partial t}(t,s)\right|^2 dt
\end{aligned}
$$

で定義する．定義より，L と E は各 $s\in(-\epsilon,\epsilon)$ に対して c の‘変形’としてえられる曲線 f_s の長さ $L(f_s)$ とエネルギー $E(f_s)$ をそれぞれ対応させる関数にほかならない．変分の条件(ii)より，L と E は C^∞ 級関数となることに注意しよう．

ここで，曲線の長さとエネルギーの間になりたつ関係についてみておこう．一般に $c\colon[a,b]\to M$ を M の C^∞ 級曲線とするとき，c の長さとエネルギーはそれぞれ

$$
L(c) = \int_a^b|c'(t)|dt,\quad E(c) = \frac{1}{2}\int_a^b|c'(t)|^2dt
$$

で定義されるから，Schwarz の不等式

$$
\left(\int_a^b h_1h_2dt\right)^2 \leqq \int_a^b h_1^2dt\cdot\int_a^b h_2^2dt
$$

において $h_1(t)=1$ および $h_2(t)=|c'(t)|$ とおくことにより，関係式

$$
L(c)^2 \leqq 2(b-a)E(c)
$$

がえられる．しかも，ここで等号がなりたつのは h_2 が $h_1\equiv 1$ と比例するとき，すなわち曲線 c のパラメーター t が弧長に比例するときにかぎることがわかる．c が区分的に滑らかな曲線である場合にも，C^∞ 級曲線の和に分割して考察することにより同様の結果がなりたつことがわかる．

この関係式から，曲線の長さの最短性とエネルギーの最小性について，つぎの補題がえられる．

補題 2.3　$p,q\in M$ とし，$c\colon[0,a]\to M$ を p と q を結ぶ測地線とする．このとき，p と q を結ぶ任意の区分的に滑らかな曲線 $\omega\colon[0,a]\to M$ に対して $L(c)\leqq L(\omega)$ がなりたつならば

$$
E(c) \leqq E(\omega)
$$

もなりたつ．また等号がなりたつのは，ω も最短な測地線であるときにかぎる．

［証明］　c は長さを最短にする測地線であるから，上の関係式より

$$2aE(c) = L(c)^2 \leqq L(\omega)^2 \leqq 2aE(\omega)$$

がなりたつ．よって $E(c) \leqq E(\omega)$ をえる．ここで等号がなりたてば，$L(\omega)^2 = 2aE(\omega)$ であるから，ω のパラメーターは弧長に比例していることがわかる．一方，$L(c) = L(\omega)$ でもあるから，定理1.29より ω は最短な測地線であることがわかる．逆は自明であろう．∎

補題2.3より，エネルギーを最小にする曲線 c は弧長に比例したパラメーターで助変数表示されていることがわかる．このことから，曲線の長さに関する変分問題を調べる場合にも，汎関数として L を直接とりあつかうよりも E について考察するほうが便利であることがわかる．

そこで以下，エネルギー汎関数 E について第1変分公式を計算することにしよう．

定理2.4（第1変分公式）　$c\colon [0,a] \to M$ を区分的に滑らかな曲線とし，$f\colon [0,a] \times (-\epsilon, \epsilon) \to M$ を c の区分的に滑らかな変分とする．このとき，エネルギーを対応させる関数 $E\colon (-\epsilon,\epsilon) \to \mathbb{R}$ に関してつぎがなりたつ．

$$\begin{aligned} E'(0) = &-\int_0^a g\left(V, \frac{Dc'}{dt}\right)dt \\ &-\sum_{i=1}^{k} g\left(V(t_i), \frac{dc}{dt}(t_i^+) - \frac{dc}{dt}(t_i^-)\right). \end{aligned} \tag{2.2}$$

ここに V は f に対する変分ベクトル場であり，$\dfrac{dc}{dt}(t_i^+)$，$\dfrac{dc}{dt}(t_i^-)$ は

$$\frac{dc}{dt}(t_i^+) = \lim_{\substack{t\to t_i \\ t>t_i}} \frac{dc}{dt}(t), \quad \frac{dc}{dt}(t_i^-) = \lim_{\substack{t\to t_i \\ t<t_i}} \frac{dc}{dt}(t)$$

であたえられる．

［証明］　定義式(2.1)より

$$\frac{dE}{ds} = \frac{1}{2}\sum_{i=0}^{k} \frac{d}{ds}\int_{t_i}^{t_{i+1}} g\left(\frac{\partial f}{\partial t}, \frac{\partial f}{\partial t}\right)dt$$

を計算すればよい．

各定義域 $[t_i, t_{i+1}]\times(-\epsilon,\epsilon)$ 上で，$\dfrac{\partial f}{\partial t}$，$\dfrac{\partial f}{\partial s}$ は曲線 f_s, f_t に沿った C^∞ 級ベクトル場を定めるから，命題1.15と補題1.26より

$$\frac{d}{ds}g\left(\frac{\partial f}{\partial t},\frac{\partial f}{\partial t}\right)=2g\left(\frac{D}{\partial s}\frac{\partial f}{\partial t},\frac{\partial f}{\partial t}\right),\qquad \frac{D}{\partial s}\frac{\partial f}{\partial t}=\frac{D}{\partial t}\frac{\partial f}{\partial s}$$

がなりたつ．よって各 $[t_i, t_{i+1}]$ について

$$\begin{aligned}\frac{d}{ds}\int_{t_i}^{t_{i+1}}g\left(\frac{\partial f}{\partial t},\frac{\partial f}{\partial t}\right)dt&=\int_{t_i}^{t_{i+1}}2g\left(\frac{D}{\partial s}\frac{\partial f}{\partial t},\frac{\partial f}{\partial t}\right)dt\\&=2\int_{t_i}^{t_{i+1}}g\left(\frac{D}{\partial t}\frac{\partial f}{\partial s},\frac{\partial f}{\partial t}\right)dt\end{aligned}$$

となることがわかる．ここで，命題1.15より

$$\frac{d}{dt}g\left(\frac{\partial f}{\partial s},\frac{\partial f}{\partial t}\right)=g\left(\frac{D}{\partial t}\frac{\partial f}{\partial s},\frac{\partial f}{\partial t}\right)+g\left(\frac{\partial f}{\partial s},\frac{D}{\partial t}\frac{\partial f}{\partial t}\right)$$

がなりたつことに注意して部分積分をおこなうと，各 $[t_i, t_{i+1}]$ について

$$\begin{aligned}&\int_{t_i}^{t_{i+1}}g\left(\frac{D}{\partial t}\frac{\partial f}{\partial s},\frac{\partial f}{\partial t}\right)dt\\&\qquad=g\left(\frac{\partial f}{\partial s},\frac{\partial f}{\partial t}\right)\bigg|_{t_i}^{t_{i+1}}-\int_{t_i}^{t_{i+1}}g\left(\frac{\partial f}{\partial s},\frac{D}{\partial t}\frac{\partial f}{\partial t}\right)dt\end{aligned}$$

をえる．したがって結局

$$\frac{dE}{ds}=\sum_{i=0}^{k}g\left(\frac{\partial f}{\partial s},\frac{\partial f}{\partial t}\right)\bigg|_{t_i}^{t_{i+1}}-\int_0^a g\left(\frac{\partial f}{\partial s},\frac{D}{\partial t}\frac{\partial f}{\partial t}\right)dt \tag{2.3}$$

となることがわかる．

ここで $s=0$ とおき，$c(t)=f(t,0)$, $V(t)=\dfrac{\partial f}{\partial s}(t,0)$ および $V(a)=V(0)=0$ に注意すれば，$\dfrac{dc}{dt}(t_i^+)$，$\dfrac{dc}{dt}(t_i^-)$ の定義より(2.2)がえられる． ∎

定理2.4の第1変分公式より，容易につぎがわかる．

系2.5　区分的に滑らかな曲線 $c\colon[0,a]\to M$ が測地線であるための必要十分条件は，c の任意の区分的に滑らかな変分 f に対して $E'(0)=0$ となることである．

［証明］　c が M の測地線ならば，定義より $Dc'/dt=0$ かつ

$$\frac{dc}{dt}(t_i^+) = \frac{dc}{dt}(t_i^-), \quad 1 \leqq i \leqq k$$

であるから，(2.2)より任意の f に対して $E'(0)=0$ となる．よって必要性はあきらか．

十分性をみるために，c の任意の区分的に滑らかな変分 f に対して $E'(0)=0$ がなりたつと仮定しよう．区分的に滑らかな関数 $h\colon [0,a]\to\mathbb{R}$ を各 t_i $(0\leqq i\leqq k+1)$ において $h(t_i)=0$ かつ $t\neq t_i$ に対して $h(t)>0$ となるようにえらび，c に沿った区分的に滑らかなベクトル場

$$V(t) = h(t)\frac{Dc'}{dt}$$

を考える．このとき V を変分ベクトル場とする区分的に滑らかな変分に対して(命題2.2参照)，(2.2)より

$$E'(0) = -\int_0^a h(t)\left|\frac{Dc'}{dt}\right|^2 dt = 0$$

がなりたつから，各開区間 (t_i, t_{i+1}) 上で $Dc'/dt=0$ となることがわかる．c は区分的に滑らかな曲線であるから，これより結局 $[t_i, t_{i+1}]$ 上で $Dc'/dt=0$ がなりたち，各 $c\,|\,[t_i, t_{i+1}]$ は測地線であることがわかる．

つぎに各 t_i における様子をみるために，$\overline{V}(0)=\overline{V}(a)=0$ かつ各 t_i $(1\leqq i\leqq k)$ において

$$\overline{V}(t_i) = \frac{dc}{dt}(t_i^+) - \frac{dc}{dt}(t_i^-)$$

となる変分ベクトル場 $\overline{V}$ をもつ変分を考える．このとき各 $c\,|\,[t_i, t_{i+1}]$ が測地線であることと，(2.2)より

$$E'(0) = -\sum_{i=1}^{k}\left|\frac{dc}{dt}(t_i^+) - \frac{dc}{dt}(t_i^-)\right|^2 = 0$$

がなりたつから，c は各 t_i において C^1 級であることがわかる．一方，各 $[t_i, t_{i+1}]$ 上で $Dc'/dt=0$ であったから，結局 c は $[0,a]$ 上で測地線の方程式をみたすことが確かめられる．よって測地線の方程式の解の一意性より，c は $[0,a]$ 上で C^∞ 級，かつ測地線であることが結論される． ∎

系 2.5 は，Riemann 多様体の測地線が一般に曲線のエネルギー E に関する変分問題の臨界点をあたえる曲線として特徴づけられることを意味している．

注意　Riemann 多様体 M の 2 点 $p,q\in M$ に対し，p と q を結ぶ区分的に滑らかな曲線全体のなす集合 $\Omega(M;p,q)$ を '多様体' のごとくみなせば，エネルギー汎関数 $E\colon \Omega(M;p,q)\to\mathbb{R}$ はこの多様体上の '関数' と考えられる．また $c\in\Omega(M;p,q)$ に対し，c の区分的に滑らかな変分 $f=\{f_s\,|\,|s|<\epsilon\}$ は $s=0$ において点 $c=f_0$ を通る $\Omega(M;p,q)$ 内の '曲線' を定めていると考えることができ，f に対する変分ベクトル場 V のなす集合が $\Omega(M;p,q)$ の点 c における '接空間' を定義しているとみなすことができる．このとき，E に関する第 1 変分公式は関数 E の V 方向への '微分' を定義していると考えられるから，結局，p と q を結ぶ測地線はこの関数の臨界点として特徴づけられることになる．

しかしながら，一般に $\Omega(M;p,q)$ の点 c における接空間，すなわち c に沿って定義された区分的に滑らかなベクトル場のなす空間は有限次元とはならず，したがって $\Omega(M;p,q)$ を多様体とみなすためには，じつは '無限次元多様体' の概念が必要になる．実際，$\Omega(M;p,q)$ を適当に完備化した集合には Hilbert 空間をモデルにした無限次元多様体の構造を定義することができ，そのもとでエネルギー汎関数 E の変分問題を 'Morse 理論' の立場から論じることができる．このような無限次元多様体上の Morse 理論の展開については，たとえば Palais [17]，Smale [21]，Palais–Smale [18] や Schwarz [22]，長野[29] などをみるとよい(巻末の「現代数学への展望」の章参照)．　□

§2.2　曲率テンソル

この節では，次節で曲線のエネルギーの変分問題に関する第 2 変分公式をもとめるための準備として，Riemann 多様体の曲率テンソルと各種の曲率についてみておこう．

以下，しばらく M を単に m 次元 C^∞ 級多様体とする．まずベクトル場の一般化として，M 上のテンソル場を定義しよう．$x\in M$ とし，T_xM を点 x における M の接空間とし T_xM^* をその双対空間とする．§1.1において，T_xM 上の双1次形式全体のなす $\mathbb{R}$ 上のベクトル空間として，テンソル積 $T_xM^*\otimes T_xM^*$ を定義した．この定義を一般化し，s 個の T_xM と r 個の T_xM^* の直積集合上の $(s+r)$ 重線形写像

$$T:\ \underbrace{T_xM\times\cdots\times T_xM}_{s\text{回}}\times\underbrace{T_xM^*\times\cdots\times T_xM^*}_{r\text{回}}\to\mathbb{R}$$

全体のなす集合として，テンソル積

$$\mathbf{T}_s{}^r(x)=\underbrace{T_xM^*\otimes\cdots\otimes T_xM^*}_{s\text{回}}\otimes\underbrace{T_xM\otimes\cdots\otimes T_xM}_{r\text{回}}$$

を定義し，その各元を T_xM 上の (r,s) **型テンソル**という．容易にわかるように，自然に定義される和とスカラー積に関して $\mathbf{T}_s{}^r(x)$ は $\mathbb{R}$ 上のベクトル空間をなす．とくに $r=1$, $s=0$ のとき $\mathbf{T}_0{}^1(x)$ は T_xM と同一視でき，また $r=0$, $s=1$ のとき $\mathbf{T}_1{}^0(x)$ は T_xM^* と同一視できることに注意しよう．

(x^i) を点 x のまわりの M の局所座標系とすると，T_xM の基底と T_xM^* の双対基底がそれぞれ $\{(\partial/\partial x^i)_x\}$ と $\{(dx^i)_x\}$ であたえられるから，$T\in\mathbf{T}_s{}^r(x)$ は

$$(2.4)\qquad T\left(\left(\frac{\partial}{\partial x^{i_1}}\right)_x,\cdots,\left(\frac{\partial}{\partial x^{i_s}}\right)_x,(dx^{j_1})_x,\cdots,(dx^{j_r})_x\right),$$
$$1\leqq i_1,\cdots,i_s,j_1,\cdots,j_r\leqq m$$

の値によって一意的に定まる．この値を $T_{i_1\cdots i_s}{}^{j_1\cdots j_r}$ であらわし (x^i) に関する T の**成分**とよぶ．

いま T_xM 上の (r,s) 型テンソル

$$K=(dx^{i_1})_x\otimes\cdots\otimes(dx^{i_s})_x\otimes\left(\frac{\partial}{\partial x^{j_1}}\right)_x\otimes\cdots\otimes\left(\frac{\partial}{\partial x^{j_r}}\right)_x$$

を，$v_1,\cdots,v_s\in T_xM$, $\omega_1,\cdots,\omega_r\in T_xM^*$ に対して

$$K(v_1,\cdots,v_s,\omega_1,\cdots,\omega_r)$$
$$=dx_x^{i_1}(v_1)\cdots dx_x^{i_s}(v_s)\,\omega_1\left(\left(\frac{\partial}{\partial x^{j_1}}\right)_x\right)\cdots\omega_r\left(\left(\frac{\partial}{\partial x^{j_r}}\right)_x\right)$$

で定義すると，これらの m^{r+s} 個のテンソルが $\mathbf{T}_s{}^r(x)$ の基底をなすことが容易にわかる．したがって $\mathbf{T}_s{}^r(x)$ の次元は m^{r+s} であり，任意の $T\in\mathbf{T}_s{}^r(x)$ は(2.4)であたえられるその成分 $T_{i_1\cdots i_s}{}^{j_1\cdots j_r}$ をもちいて

$$
T=\sum_{\substack{i_1,\cdots,i_s\\ j_1,\cdots,j_r}} T_{i_1\cdots i_s}{}^{j_1\cdots j_r}(dx^{i_1})_x\otimes\cdots\otimes(dx^{i_s})_x \otimes\left(\frac{\partial}{\partial x^{j_1}}\right)_x\otimes\cdots\otimes\left(\frac{\partial}{\partial x^{j_r}}\right)_x \tag{2.5}
$$

の形にかきあらわすことができる．

さて U を M の開集合とするとき，U の各点 x に T_xM 上の (r,s) 型テンソル $T(x)\in\mathbf{T}_s{}^r(x)$ を対応させる対応 $T=\{T(x)\}_{x\in U}$ を，U における M の (r,s) **型テンソル場**(tensor field)という．とくに $U=M$ のときは，T を単に M の (r,s) 型テンソル場とよぶ．また，(x^i) を $x\in U$ のまわりの M の局所座標系とし，$T(x)\in\mathbf{T}_s{}^r(x)$ を(2.5)のようにかきあらわすとき，その成分 $T_{i_1\cdots i_s}{}^{j_1\cdots j_r}$ $(1\leqq i_1,\cdots,i_s,j_1,\cdots,j_r\leqq m)$ がつねに (x^i) の C^∞ 級関数となるものを，U における M の (r,s) 型 C^∞ **級テンソル場**という．たとえば，定義1.1における C^∞ 級多様体 M の Riemann 計量は M の $(0,2)$ 型 C^∞ 級テンソル場にほかならない．

M の開集合 U に対し，U における M の (r,s) 型 C^∞ 級テンソル場全体のなす集合を $\mathbf{T}_s{}^r(U)$ であらわそう．定義より $\mathbf{T}_0{}^1(U)$ は U における M の C^∞ 級ベクトル場全体のなす集合 $\mathfrak{X}(U)$ と同一視できる．また，$\mathfrak{X}(U)$ の場合と同様に $T,S\in\mathbf{T}_s{}^r(U)$ と $f\in C^\infty(U)$ に対して，T と S の和 $T+S$ および f と T の積 fT を

$$
(T+S)(x)=T(x)+S(x),\quad (fT)(x)=f(x)T(x),\qquad x\in U
$$

で定義すれば，$\mathbf{T}_s{}^r(U)$ は $C^\infty(U)$ 加群をなすことが容易に確かめられる．

命題 2.6　$(0,s)$ 型テンソル場 $T\in\mathbf{T}_s{}^0(M)$ は，s 重線形写像 $T\colon\mathfrak{X}(M)\times\cdots\times\mathfrak{X}(M)\to C^\infty(M)$ で任意の $f_i\in C^\infty(M)$ と $X_i\in\mathfrak{X}(M)$ に対して

$$
T(f_1X_1,\cdots,f_sX_s)=f_1\cdots f_sT(X_1,\cdots,X_s) \tag{2.6}
$$

をみたすものと1対1に対応する．

また，$(1,s)$ 型テンソル場 $T\in\mathbf{T}_s{}^1(M)$ は，s 重線形写像 $T\colon\mathfrak{X}(M)\times\cdots\times$

$\mathfrak{X}(M)\to\mathfrak{X}(M)$ で任意の $f_i\in C^\infty(M)$ と $X_i\in\mathfrak{X}(M)$ に対して(2.6)をみたすものと1対1に対応する.

［証明］ まず前半を示す. M の $(0,s)$ 型 C^∞ 級テンソル場 $T=\{T(x)\}_{x\in M}$ と $X_1,\cdots,X_s\in\mathfrak{X}(M)$ に対し

$$T(X_1,\cdots,X_s)(x)=T(x)((X_1)_x,\cdots,(X_s)_x),\quad x\in M$$

と定義すると, $T(X_1,\cdots,X_s)$ は M 上の C^∞ 級関数を定める. 実際, M の局所座標系 (x^i) について X_i を

$$X_i=\sum_{k=1}^m {\xi_i}^k\frac{\partial}{\partial x^k},\quad 1\leqq i\leqq s$$

とあらわし, $T_{i_1\cdots i_s}$ を $T(x)$ の (x^i) に関する成分とするとき

$$T(X_1,\cdots,X_s)(x)=\sum_{i_1,\cdots,i_s=1}^m {\xi_1}^{i_1}(x)\cdots{\xi_s}^{i_s}(x)\,T_{i_1\cdots i_s}(x)$$

となるから, $T(X_1,\cdots,X_s)$ は (x^i) の C^∞ 級関数である. このようにしてえられる写像

$$T:\mathfrak{X}(M)\times\cdots\times\mathfrak{X}(M)\to C^\infty(M)$$

が(2.6)をみたすことは $T(x)$ の s 重線形性よりあきらかである.

逆に, $T:\mathfrak{X}(M)\times\cdots\times\mathfrak{X}(M)\to C^\infty(M)$ を(2.6)をみたす s 重線形写像としよう. このときつぎの補題より, $X_1,\cdots,X_s\in\mathfrak{X}(M)$ に対し $T(X_1,\cdots,X_s)$ の点 $x\in M$ における値 $T(X_1,\cdots,X_s)(x)$ は $(X_1)_x,\cdots,(X_s)_x$ の値のみで定まることがわかる. よって $v_1,\cdots,v_s\in T_xM$ に対して, $(X_i)_x=v_i$ となる $X_1,\cdots,X_s\in\mathfrak{X}(M)$ をえらび

$$T(x)(v_1,\cdots,v_s)=T(X_1,\cdots,X_s)(x)$$

とおくことにより, s 重線形写像

$$T(x):T_xM\times\cdots\times T_xM\to\mathbb{R}$$

がえられ, これにより M の $(0,s)$ 型テンソル場 $T=\{T(x)\}_{x\in M}$ が定義される. この T が C^∞ 級テンソル場であることは, 上の v_i として M の局所座標系 (x^i) から定まる T_xM の基底 $\{(\partial/\partial x^i)_x\}$ の各ベクトルをとれば, 定義より容易に確かめられる.

つぎに後半については, 章末の演習問題2.2より, T_xM 上の $(1,s)$ 型テン

ソル $T(x)\in \mathbf{T}_s{}^1(x)$ は s 重線形写像 $T(x): T_xM\times\cdots\times T_xM\to T_xM$ と1対1に対応することに注意すれば，前半と同様にして示すことができる．∎

補題 2.7　$T: \mathfrak{X}(M)\times\cdots\times\mathfrak{X}(M)\to C^\infty(M)$ または $T: \mathfrak{X}(M)\times\cdots\times\mathfrak{X}(M)\to\mathfrak{X}(M)$ を(2.6)をみたす s 重線形写像とし，$x\in M$ とする．このとき，$X_1,\cdots,X_s,Y_1,\cdots,Y_s\in\mathfrak{X}(M)$ に対し $X_i(x)=Y_i(x)$ $(1\leqq i\leqq s)$ ならば

$$T(X_1,\cdots,X_s)(x)=T(Y_1,\cdots,Y_s)(x)$$

がなりたつ．

［証明］　いずれの場合も T の s 重線形性より，ある i について $X_i(x)=0$ ならば $T(X_1,\cdots,X_i,\cdots,X_s)(x)=0$ であることをみれば十分である．なぜならば

$$T(X_1,\cdots,X_s)-T(Y_1,\cdots,Y_s)=\sum_{i=1}^{s}T(Y_1,\cdots,X_i-Y_i,\cdots,X_s)$$

において，右辺の各項が x で0となるからである．

以下簡単のために $i=1$ とする．まず M の開集合 U 上で $X_1=0$ ならば，U 上で $T(X_1,\cdots,X_s)=0$ となることを確かめよう．補題1.8の証明のときと同様に，$x\in U$ に対し $f\in C^\infty(M)$ を $f(x)=0$ かつ U の外で $f\equiv 1$ であるようにえらぶ．このとき $fX_1\equiv X_1$ であるから，(2.6)より x において

$$T(X_1,\cdots,X_s)(x)=f(x)T(X_1,\cdots,X_s)(x)=0$$

がなりたつ．x は任意でよいから結局 U 上で $T(X_1,\cdots,X_s)=0$ となることがわかる．

つぎに $X_1(x)=0$ ならば，$T(X_1,\cdots,X_s)(x)=0$ となることを確かめよう．(x^i) を x のまわりの M の局所座標系とし，X_1 を $X_1=\sum_{k=1}^{m}\xi^k\partial/\partial x^k$ とあらわす．$k=1,\cdots,m$ に対して，$E_k\in\mathfrak{X}(M)$ と $f^k\in C^\infty(M)$ を x の十分小さな近傍 U 上で $E_k=\partial/\partial x^k$ かつ $f^k=\xi^k$ となるようにえらび，$X_1^\dagger\in\mathfrak{X}(M)$ を $X_1^\dagger=\sum_{k=1}^{m}f^kE_k$ で定める．このとき定義より U 上で $X_1\equiv X_1^\dagger$ かつ $X_1(x)=0$ であるから $f^k(x)=\xi^k(x)=0$ がなりたつ．したがって，上で確かめたことより U 上で $T(X_1,\cdots,X_s)\equiv T(X_1^\dagger,\cdots,X_s)$ となり，(2.6)より x において

$$T(X_1,\cdots,X_s)(x)=\sum_{k=1}^{m}f^k(x)T(E_k,\cdots,X_s)(x)=0$$

であることがわかる. ∎

以上の準備のもとに，Riemann 多様体の曲率テンソルを定義しよう．以下，M を m 次元 Riemann 多様体 (M,g) とし，∇ を M の Levi-Civita 接続とする．

定義 2.8　$X,Y\in\mathfrak{X}(M)$ に対して

$$R(X,Y)=\nabla_X\nabla_Y-\nabla_Y\nabla_X-\nabla_{[X,Y]}$$

とおき，写像 $R\colon\mathfrak{X}(M)\times\mathfrak{X}(M)\times\mathfrak{X}(M)\to\mathfrak{X}(M)$ を

$$R(X,Y,Z)=R(X,Y)Z,\quad X,Y,Z\in\mathfrak{X}(M)$$

で定義する．この R を M あるいは (M,g) の**曲率テンソル**(curvature tensor)という． □

たとえば M が m 次元 Euclid 空間 $\mathbb{E}^m$ の場合には，任意の $X,Y,Z\in\mathfrak{X}(M)$ に対して $R(X,Y)Z=0$ となる．実際，$Z\in\mathfrak{X}(M)$ を M 上の $\mathbb{R}^m$ 値 C^∞ 級関数とみなして $Z=(f^1,\cdots,f^m)$ とあらわすとき

$$\nabla_X\nabla_YZ=(XYf^1,\cdots,XYf^m)$$

であるから，$[X,Y]$ の定義より

$$R(X,Y)Z=\nabla_X\nabla_YZ-\nabla_Y\nabla_XZ-\nabla_{[X,Y]}Z=0$$

をえる．したがって，曲率テンソル R は Riemann 多様体 M の Euclid 空間からの'ずれ'を計る量であると考えることができる．

またつぎの補題と命題 2.6 からわかるように，R は M の $(1,3)$ 型 C^∞ 級テンソル場となる．これが R を M の曲率テンソルとよぶ所以である．

補題 2.9　$R\colon\mathfrak{X}(M)\times\mathfrak{X}(M)\times\mathfrak{X}(M)\to\mathfrak{X}(M)$ は 3 重線形写像であり，任意の $X,Y,Z\in\mathfrak{X}(M)$ と $f_1,f_2,f_3\in C^\infty(M)$ に対して

$$R(f_1X,f_2Y,f_3Z)=f_1f_2f_3R(X,Y,Z)$$

がなりたつ．

［証明］　R が各変数の和とスカラー積に関して線形写像であることは定義よりあきらかである．C^∞ 級関数との積に関する性質については，たとえば f_3 に対しては

$$\begin{aligned}R(X,Y,f_3Z)&=R(X,Y)(f_3Z)\\&=\nabla_X\nabla_Y(f_3Z)-\nabla_Y\nabla_X(f_3Z)-\nabla_{[X,Y]}(f_3Z)\end{aligned}$$

$$\begin{aligned}&= f_3(\nabla_X\nabla_Y Z - \nabla_Y\nabla_X Z - \nabla_{[X,Y]}Z)\\&\quad +(XYf_3)Z-(YXf_3)Z-([X,Y]f_3)Z\\&= f_3R(X,Y,Z)\end{aligned}$$

となる．f_1, f_2 に対しても同様にして容易に確かめることができる． ∎

曲率テンソル R は **Bianchi の第1恒等式**とよばれるつぎの関係式をみたす．

命題 2.10　任意の $X,Y,Z\in\mathfrak{X}(M)$ に対して

$$R(X,Y,Z)+R(Y,Z,X)+R(Z,X,Y)=0.$$

［証明］　Levi-Civita 接続 ∇ の対称性より，左辺は

$$\begin{aligned}&\nabla_X\nabla_Y Z-\nabla_Y\nabla_X Z-\nabla_{[X,Y]}Z+\nabla_Y\nabla_Z X-\nabla_Z\nabla_Y X-\nabla_{[Y,Z]}X\\&+\nabla_Z\nabla_X Y-\nabla_X\nabla_Z Y-\nabla_{[Z,X]}Y\\&=\nabla_X[Y,Z]-\nabla_{[Y,Z]}X+\nabla_Y[Z,X]-\nabla_{[Z,X]}Y+\nabla_Z[X,Y]-\nabla_{[X,Y]}Z\\&=[X,[Y,Z]]+[Y,[Z,X]]+[Z,[X,Y]]\end{aligned}$$

に等しい．よってベクトル場に関する Jacobi の恒等式より結論をえる． ∎

$(1,3)$ 型 C^∞ 級テンソル場である R に対して

$$R(X,Y,Z,W)=g(R(X,Y)Z,W),\quad X,Y,Z,W\in\mathfrak{X}(M)$$

とおいてえられる写像

$$R:\mathfrak{X}(M)\times\mathfrak{X}(M)\times\mathfrak{X}(M)\times\mathfrak{X}(M)\to C^\infty(M)$$

は，M の $(0,4)$ 型 C^∞ 級テンソル場を定めることが命題 2.6 より容易にわかる．この R を M あるいは (M,g) の **Riemann 曲率テンソル**(Riemannian curvature tensor)という．

このときつぎがなりたつ．

命題 2.11　任意の $X,Y,Z,W\in\mathfrak{X}(M)$ に対して

(i)　$R(X,Y,Z,W)=-R(Y,X,Z,W)$,

(ii)　$R(X,Y,Z,W)=-R(X,Y,W,Z)$,

(iii)　$R(X,Y,Z,W)=R(Z,W,X,Y)$.

［証明］　(i) は，$R(X,Y)=-R(Y,X)$ よりあきらか．

(ii) は，$V=Z+W$ を代入して展開してみれば容易にわかるように，$R(X,Y,V,V)=0$ と同値であるが，Levi-Civita 接続 ∇ が g と両立するこ

とより

$$R(X,Y,V,V) = g(\nabla_X\nabla_Y V, V) - g(\nabla_Y\nabla_X V, V) - g(\nabla_{[X,Y]}V, V)$$
$$= \frac{1}{2}\{XYg(V,V) - YXg(V,V) - [X,Y]g(V,V)\} = 0.$$

(iii) については，まず Bianchi の第 1 恒等式より

$$R(X,Y,Z,W) + R(Y,Z,X,W) + R(Z,X,Y,W) = 0$$

がなりたつことに注意．この式において $X \to Y \to Z \to W \to X$ と順次おきかえてえられる 4 式を加えると，(i) と (ii) より

$$2R(Z,X,Y,W) + 2R(W,Y,Z,X) = 0.$$

よって $R(Z,X,Y,W) = R(Y,W,Z,X)$ がなりたつ． ∎

(x^i) を M の座標近傍 U における局所座標系とすると，M の曲率テンソルおよび Riemann 曲率テンソルは，(x^i) に関する成分をもちいてそれぞれ

$$R = \sum_{i,j,k,l=1}^{m} R_{ijk}{}^{l}dx^i \otimes dx^j \otimes dx^k \otimes \frac{\partial}{\partial x^l},$$
$$R = \sum_{i,j,k,l=1}^{m} R_{ijkl}dx^i \otimes dx^j \otimes dx^k \otimes dx^l$$

とあらわすことができる．このとき U において

$$R\left(\frac{\partial}{\partial x^i}, \frac{\partial}{\partial x^j}\right)\frac{\partial}{\partial x^k} = \sum_{l=1}^{m} R_{ijk}{}^{l}\frac{\partial}{\partial x^l},$$
$$R_{ijkl} = g\left(R\left(\frac{\partial}{\partial x^i}, \frac{\partial}{\partial x^j}\right)\frac{\partial}{\partial x^k}, \frac{\partial}{\partial x^l}\right) = \sum_{r=1}^{m} R_{ijk}{}^{r}g_{rl}$$

がなりたち，かつ曲率テンソルの成分 $R_{ijk}{}^{l}$ は

$$(2.7) \qquad R_{ijk}{}^{l} = \frac{\partial}{\partial x^i}\Gamma^l_{jk} - \frac{\partial}{\partial x^j}\Gamma^l_{ik} + \sum_{r=1}^{m}(\Gamma^l_{ir}\Gamma^r_{jk} - \Gamma^l_{jr}\Gamma^r_{ik})$$

であたえられることが定義より容易に確かめられる(章末の演習問題 2.4 参照)．また命題 2.10 と命題 2.11 の各式は，それぞれ

$$R_{ijk}{}^{l} + R_{jki}{}^{l} + R_{kij}{}^{l} = 0,$$
$$R_{ijkl} = -R_{jikl}, \quad R_{ijkl} = -R_{ijlk}, \quad R_{ijkl} = R_{klij}$$

とあらわされる．

注意　曲率テンソル R の定義やその成分表示には，たとえば

$$R(X,Y)Z = \nabla_Y\nabla_X Z - \nabla_X\nabla_Y Z + \nabla_{[X,Y]}Z$$

と定義したり，

$$R\left(\frac{\partial}{\partial x^i}, \frac{\partial}{\partial x^j}\right)\frac{\partial}{\partial x^k} = \sum_{l=1}^{m} R^l{}_{kij}\frac{\partial}{\partial x^l}$$

とあらわすものなど，いろいろな流儀があるので，符号や成分表示における添字の位置とその意味に注意する必要がある．　□

さて $x\in M$ とし，$\sigma\subset T_xM$ を接空間 T_xM の任意の2次元部分空間としよう．このとき，g_x に関する σ の正規直交基底 $\{v,w\}$ に対して

$$K(v,w) = R(x)(v,w,w,v) = g_x(R(x)(v,w)w,v)$$

の値は $\{v,w\}$ のえらび方によらずに σ だけできまることがわかる．実際，$\{v',w'\}$ を別の正規直交基底とするとき，$\{v',w'\}$ は $\{v,w\}$ により

$$v' = \cos\theta v + \sin\theta w, \quad w' = \mp\sin\theta v \pm \cos\theta w \quad \text{（複号同順）}$$

とあらわすことができるから，命題2.11の R の性質より容易に

$$R(x)(v,w,w,v) = R(x)(v',w',w',v')$$

が確かめられる．そこでこの値を $K(\sigma)$ とかき，σ の**断面曲率**（sectional curvature）とよぶ．定義より断面曲率 $K(\sigma)$ は Riemann 曲率テンソル R からきまる量であるが，逆に，T_xM のすべての2次元部分空間 $\sigma\subset T_xM$ に対して断面曲率がわかれば，点 x における Riemann 曲率テンソル $R(x)$ が決定されることが確かめられる（章末の演習問題2.6参照）．

例2.12　M を m 次元 Euclid 空間 $\mathbb{E}^m$ とすると，曲率テンソルは $R\equiv 0$ であり，すべての断面曲率は0となる．　□

例2.13　M を $\mathbb{E}^{m+1}$ 内の単位球面 $S^m\subset\mathbb{E}^{m+1}$ に $\mathbb{E}^{m+1}$ からの誘導計量 g をあたえたものとする．このとき，例1.22で定義した局所座標系に関して，g の成分 g_{ij} と接続係数 Γ^k_{ij} は

$$g_{ij} = \delta_{ij} + \frac{x^i x^j}{(x^{m+1})^2}, \quad \Gamma^k_{ij} = x^k g_{ij}, \quad 1\leqq i,j,k\leqq m$$

となるから，(2.7)式から簡単な計算で

$$R_{ijkl} = g_{il}g_{jk} - g_{jl}g_{ik}, \quad 1\leqq i,j,k,l\leqq m$$

をえる．これより，たとえば章末の演習問題 2.5 に注意して，(S^m, g) の断面曲率はつねに 1 となることがわかる．　□

例 2.14　M を m 次元実双曲型空間 (H^m, g) とすると，例 1.23 での計算結果と(2.7)式から同様にして

$$R_{ijkl} = -(g_{il}g_{jk} - g_{jl}g_{ik}), \quad 1 \leqq i, j, k, l \leqq m$$

がえられ，(H^m, g) の断面曲率はつねに -1 であることがわかる．　□

これらの例のように，断面曲率 $K(\sigma)$ が 2 次元部分空間 $\sigma \subset T_xM$ のとり方によらずに定数となるような Riemann 多様体 (M, g) を**定曲率空間**という．

つぎに $x \in M$ とし，$v, w \in T_xM$ としよう．このとき，曲率テンソル R は接空間 T_xM 上の線形変換

$$T_xM \ni t \mapsto R(x)(t, v)w \in T_xM$$

を定義し，各 $(v, w) \in T_xM \times T_xM$ に対して定まるこの線形変換のトレース

$$\mathrm{trace}\{t \mapsto R(x)(t, v)w\} = \sum_{i=1}^{m} g_x(R(x)(e_i, v)w, e_i)$$

は T_xM 上の双 1 次形式を定める．ここに $\{e_i\}$ は g_x に関する T_xM の正規直交基底であるが，よく知られているように，トレースの値は $\{e_i\}$ のとり方によらずにきまる．この値を $\mathrm{Ric}(x)(v, w)$ とかき，各 T_xM 上の双 1 次形式 $\mathrm{Ric}(x) \in T_xM^* \otimes T_xM^*$ が定義する M の $(0, 2)$ 型 C^∞ 級テンソル場 $\mathrm{Ric} = \{\mathrm{Ric}(x)\}_{x \in M}$ を M の **Ricci テンソル**(Ricci tensor)という．Ricci テンソル Ric は対称な $(0, 2)$ 型テンソル場となることに注意しよう．実際，命題 2.10 と命題 2.11 の性質から

$$\begin{aligned}
\mathrm{Ric}(x)(v, w) &= \sum_{i=1}^{m} g_x(R(x)(e_i, v)w, e_i) \\
&= \sum_{i=1}^{m} \{g_x(R(x)(e_i, w)v, e_i) - g_x(R(x)(v, w)e_i, e_i)\} \\
&= \mathrm{Ric}(x)(w, v)
\end{aligned}$$

となることが容易にわかる．また，各単位ベクトル $v \in T_xM$ に対して，正規直交基底 $\{e_i\}$ を $v = e_m$ となるようにえらぶと

$$\mathrm{Ric}(x)(v,v) = \sum_{i=1}^{m-1} g_x(R(x)(e_i,v)v,e_i) = \sum_{i=1}^{m-1} K(e_i,v)$$

となるから，$\mathrm{Ric}(x)(v,v)$ は v の直交補空間の正規直交基底 $\{e_i\}$ $(1 \leqq i \leqq m-1)$ に関して計った断面曲率 $K(e_i,v)$ の和にほかならない．これを M の v 方向の **Ricci 曲率**という．

M の Ricci テンソル Ric に対して，そのトレース

$$S(x) = \sum_{i=1}^{m} \mathrm{Ric}(x)(e_i,e_i)$$

を $x \in M$ における M の**スカラー曲率**(scalar curvature)とよぶ．$S(x)$ は T_xM の正規直交基底 $\{e_i\}$ に関して計った各 e_i 方向の Ricci 曲率の和にほかならない．各点のスカラー曲率 $S(x)$ から定まる M 上の C^∞ 級関数 S を単に M のスカラー曲率という．

(x^i) を M の座標近傍 U における局所座標系とし，M の Ricci テンソルを (x^i) に関する成分をもちいて

$$\mathrm{Ric} = \sum_{i,j=1}^{m} R_{ij} dx^i \otimes dx^j$$

とあらわすとき，U 上で

$$R_{ij} = \sum_{k=1}^{m} R_{kij}{}^{k} = \sum_{k,l=1}^{m} g^{kl} R_{kijl}, \quad S = \sum_{i,j=1}^{m} g^{ij} R_{ij}$$

となることが定義より容易に確かめられる．

以上みてきたように，Riemann 多様体 (M,g) の曲率テンソル R は，M の Levi-Civita 接続 ∇ をもちいてベクトル場に対して定義されているが，じつは M 上のテンソル場として定まり，したがってその値は本質的に接ベクトルに対して定義されているものである．しかも(2.7)式から容易にわかるように，曲率テンソル R および R から定義される断面曲率，Ricci テンソル Ric，スカラー曲率 S などは，いずれも M の Riemann 計量 g のみに依存してきまる「幾何学的な量」であることに注意しておこう(章末の演習問題 2.8 参照)．

最後に，M 上のテンソル場の定義をベクトル束の立場から見直しておこ

う．§1.4 でみた接ベクトル束 TM の場合と同様に，m 次元 C^∞ 級多様体 M に対して，M の各点 p における接空間 T_pM の双対空間 T_pM^* の全体のなす集合

$$TM^* = \bigcup_{p\in M} T_pM^* = \{(p,\omega) \mid p\in M,\ \omega\in T_pM^*\}$$

は $2m$ 次元 C^∞ 級多様体の構造をもち

$$\pi(p,\omega) = p, \quad (p,\omega)\in TM^*$$

で定義される射影 $\pi\colon TM^*\to M$ は TM^* から M への C^∞ 級写像となる．この TM^* を M の**余接ベクトル束**(cotangent bundle)という．

実際，p のまわりの座標近傍 U における M の局所座標系 (x^i) に関して，$q\in U$ における $\omega\in T_qM^*$ を

$$\omega = \sum_{i=1}^m \xi_i (dx^i)_q$$

とあらわすとき，$TM^*|U$ 上の $2m$ 個の関数の組 (x^i,ξ_i) によって $TM^*|U=\pi^{-1}(U)$ における TM^* の局所座標系があたえられ，これらが定義する座標近傍系のもとで TM^* は自然に $2m$ 次元 C^∞ 級多様体になり，射影 π が C^∞ 級写像になることが容易に確かめられる．

より一般に，M の各点 p における T_pM 上の (r,s) 型テンソル全体のなす集合

$$T_s{}^r(M) = \bigcup_{p\in M} \mathbf{T}_s{}^r(p) = \{(p,T) \mid p\in M,\ T\in\mathbf{T}_s{}^r(p)\}$$

を考えると，$T_s{}^r(M)$ も自然に $m+m^{r+s}$ 次元の C^∞ 級多様体の構造をもち

$$\pi(p,T) = p, \quad (p,T)\in T_s{}^r(M)$$

で定義される射影 $\pi\colon T_s{}^r(M)\to M$ は $T_s{}^r(M)$ から M への C^∞ 級写像となることがわかる．この $T_s{}^r(M)$ を M の (r,s) **型テンソル束**とよぶ．

実際，$T_s{}^r(M)$ の C^∞ 級多様体の構造は，つぎのように定義できる．(x^i) を p のまわりの座標近傍 U における M の局所座標系とし，$T\in T_s{}^r(M)$ を (x^i) に関して(2.5)の形にかきあらわすとき，各 x^i と(2.4)であたえられる m^{r+s} 個の成分 $T_{i_1\cdots i_s}{}^{j_1\cdots j_r}$ の組 $(x^i, T_{i_1\cdots i_s}{}^{j_1\cdots j_r})$ を $T_s{}^r(M)|U=\pi^{-1}(U)$ における

局所座標系と定めれば，TM や TM^* の場合と同様にして，これらが定義する座標近傍系のもとで $T_s{}^r(M)$ が自然に C^∞ 級多様体になり，射影 π が C^∞ 級写像になることが容易に確かめられる．

M の (r,s) 型テンソル束 $T_s{}^r(M)$ に対して，$\pi^{-1}(p)=T_s{}^r(p)$ を p 上の**ファイバー**とよぶ．また C^∞ 級写像 $s: M\to T_s{}^r(M)$ で

$$\pi\circ s(p)=p,\quad p\in M$$

となるものを，$T_s{}^r(M)$ の C^∞ **級断面**という．$T_s{}^r(M)$ の C^∞ 級断面全体のなす集合を $\Gamma(T_s{}^r(M))$ であらわすとき，$s_1,s_2\in\Gamma(T_s{}^r(M))$ と $f\in C^\infty(M)$ に対して s_1 と s_2 の和 s_1+s_2 および f と s_1 の積 fs_1 を

$$(s_1+s_2)(p)=s_1(p)+s_2(p),\quad (fs_1)(p)=f(p)s_1(p),\quad p\in M$$

で定義すれば，$\Gamma(T_s{}^r(M))$ は $C^\infty(M)$ 加群をなすことが容易にわかる．

さて M の (r,s) 型 C^∞ 級テンソル場 $T=\{T(p)\}_{p\in M}$ は，定義より M の各点 p に T_pM 上の (r,s) 型テンソル場 $T(p)\in\mathbf{T}_s{}^r(p)$ を対応させる対応であり，M の各局所座標系 (x^i) に対して(2.4)で定義される T の成分 $T_{i_1\cdots i_s}{}^{j_1\cdots j_r}$ が (x^i) の C^∞ 級関数となるものであった．したがって，(r,s) 型テンソル束 $T_s{}^r(M)$ の局所座標系の定義から容易にわかるように，T はじつは $T_s{}^r(M)$ の C^∞ 級断面

$$T: M\ni p\mapsto T(p)\in T_s{}^r(M)$$

をあたえている．逆に，$T_s{}^r(M)$ の C^∞ 級断面は，定義よりあきらかに M の (r,s) 型 C^∞ 級テンソル場を定めるから，結局 $\Gamma(T_s{}^r(M))$ は M の (r,s) 型 C^∞ 級テンソル場全体のなす集合 $\mathbf{T}_s{}^r(M)$ と同一視できることがわかる．実際，たとえば接ベクトル束 TM に対して，$\Gamma(TM)$ は定義より M の C^∞ 級ベクトル場全体のなす集合 $\mathfrak{X}(M)$ にほかならず，また $\mathbf{T}_0{}^1(M)$ と同一視できるというわけである．

このようにテンソル束 $T_s{}^r(M)$ とその C^∞ 級断面のなす空間 $\Gamma(T_s{}^r(M))$ をもちいると，ベクトル場やテンソル場の定義が明確になるばかりでなく，それらを統一的にとりあつかうことができて便利である．

§2.3　第2変分公式

以上の準備のもとに，曲線のエネルギーの変分問題に関する第2変分公式をもとめてみよう．

まずつぎのことに注意しておこう．(M,g) を m 次元 Riemann 多様体とし，§1.5のときと同様に，$u\colon O\to M$ を $\mathbb{R}^2$ の開集合 $O\subset\mathbb{R}^2$ で定義された M への C^∞ 級写像としよう．V を u に沿った C^∞ 級ベクトル場とするとき，V を曲線 $u(x,\cdot)$ および $u(\cdot,y)$ に制限すれば，それぞれの曲線に沿った C^∞ 級ベクトル場がえられる．よって V に対して，曲線に沿った共変微分 $\dfrac{DV}{\partial y}$ と $\dfrac{DV}{\partial x}$ を考えることができる．一方，M の曲率テンソル R に対して，u に沿った C^∞ 級ベクトル場として $R\left(\dfrac{\partial u}{\partial x},\dfrac{\partial u}{\partial y}\right)V$ が自然に定義される．

このときつぎがなりたつ．

補題 2.15　$\mathbb{R}^2$ の開集合 O から M への C^∞ 級写像 $u\colon O\subset\mathbb{R}^2\to M$ と u に沿った C^∞ 級ベクトル場 V に対して

$$\frac{D}{\partial x}\frac{D}{\partial y}V-\frac{D}{\partial y}\frac{D}{\partial x}V=R\left(\frac{\partial u}{\partial x},\frac{\partial u}{\partial y}\right)V$$

となる．

［証明］　$\mathbb{R}^2$ の座標関数 (x,y) と M の局所座標系 (x^i) に関して V を

$$V(x,y)=\sum_{i=1}^m v^i(x,y)\left(\frac{\partial}{\partial x^i}\right)_{u(x,y)}$$

とあらわせば，定義より

$$\frac{D}{\partial y}V=\frac{D}{\partial y}\left(\sum_{i=1}^m v^i\frac{\partial}{\partial x^i}\right)=\sum_{i=1}^m\frac{\partial v^i}{\partial y}\frac{\partial}{\partial x^i}+\sum_{i=1}^m v^i\frac{D}{\partial y}\frac{\partial}{\partial x^i},$$

$$\frac{D}{\partial x}\left(\frac{D}{\partial y}V\right)=\sum_{i=1}^m\left(\frac{\partial^2 v^i}{\partial x\partial y}\frac{\partial}{\partial x^i}+\frac{\partial v^i}{\partial y}\frac{D}{\partial x}\frac{\partial}{\partial x^i}+\frac{\partial v^i}{\partial x}\frac{D}{\partial y}\frac{\partial}{\partial x^i}\right)$$
$$+\sum_{i=1}^m v^i\frac{D}{\partial x}\frac{D}{\partial y}\frac{\partial}{\partial x^i}$$

となる．よって第2式において x と y の順序をとりかえ元の式から引けば

$$\frac{D}{\partial x}\frac{D}{\partial y}V-\frac{D}{\partial y}\frac{D}{\partial x}V=\sum_{i=1}^{m}v^i\left(\frac{D}{\partial x}\frac{D}{\partial y}-\frac{D}{\partial y}\frac{D}{\partial x}\right)\frac{\partial}{\partial x^i}$$

がえられる．

一方，M の局所座標系 (x^i) に関して $u(x,y)=(u^i(x,y))$ とあらわせば

$$\frac{\partial u}{\partial x}=\sum_{j=1}^{m}\frac{\partial u^j}{\partial x}\frac{\partial}{\partial x^j},\qquad \frac{\partial u}{\partial y}=\sum_{j=1}^{m}\frac{\partial u^j}{\partial y}\frac{\partial}{\partial x^j}$$

であるから，命題1.10に注意して

$$\frac{D}{\partial y}\frac{\partial}{\partial x^i}=\nabla_{\frac{\partial u}{\partial y}}\frac{\partial}{\partial x^i}=\sum_{j=1}^{m}\frac{\partial u^j}{\partial y}\nabla_{\frac{\partial}{\partial x^j}}\frac{\partial}{\partial x^i},$$

$$\begin{aligned}\frac{D}{\partial x}\frac{D}{\partial y}\frac{\partial}{\partial x^i}&=\frac{D}{\partial x}\left(\sum_{j=1}^{m}\frac{\partial u^j}{\partial y}\nabla_{\frac{\partial}{\partial x^j}}\frac{\partial}{\partial x^i}\right)=\sum_{j=1}^{m}\frac{\partial^2u^j}{\partial x\partial y}\nabla_{\frac{\partial}{\partial x^j}}\frac{\partial}{\partial x^i}\\&\quad+\sum_{j,k=1}^{m}\frac{\partial u^k}{\partial x}\frac{\partial u^j}{\partial y}\nabla_{\frac{\partial}{\partial x^k}}\nabla_{\frac{\partial}{\partial x^j}}\frac{\partial}{\partial x^i}\end{aligned}$$

をえる．よって第2式における x と y の順序をとりかえ元の式から引けば

$$\begin{aligned}&\left(\frac{D}{\partial x}\frac{D}{\partial y}-\frac{D}{\partial y}\frac{D}{\partial x}\right)\frac{\partial}{\partial x^i}\\&\quad=\sum_{j,k=1}^{m}\frac{\partial u^k}{\partial x}\frac{\partial u^j}{\partial y}\left(\nabla_{\frac{\partial}{\partial x^k}}\nabla_{\frac{\partial}{\partial x^j}}-\nabla_{\frac{\partial}{\partial x^j}}\nabla_{\frac{\partial}{\partial x^k}}\right)\frac{\partial}{\partial x^i}\end{aligned}$$

がわかる．ここで $[\partial/\partial x^k,\partial/\partial x^j]=0$ に注意すると，R の定義より

$$R\left(\frac{\partial}{\partial x^k},\frac{\partial}{\partial x^j}\right)\frac{\partial}{\partial x^i}=\left(\nabla_{\frac{\partial}{\partial x^k}}\nabla_{\frac{\partial}{\partial x^j}}-\nabla_{\frac{\partial}{\partial x^j}}\nabla_{\frac{\partial}{\partial x^k}}\right)\frac{\partial}{\partial x^i}$$

であるから，結局

$$\begin{aligned}\left(\frac{D}{\partial x}\frac{D}{\partial y}-\frac{D}{\partial y}\frac{D}{\partial x}\right)V&=\sum_{i,j,k=1}^{m}v^i\frac{\partial u^k}{\partial x}\frac{\partial u^j}{\partial y}R\left(\frac{\partial}{\partial x^k},\frac{\partial}{\partial x^j}\right)\frac{\partial}{\partial x^i}\\&=R\left(\frac{\partial u}{\partial x},\frac{\partial u}{\partial y}\right)V\end{aligned}$$

となることがわかる．∎

さて§2.1でみたように，$c\colon[0,a]\to M$ を M の測地線とすれば，c の任意の区分的に滑らかな変分 $f\colon[0,a]\times(-\epsilon,\epsilon)\to M$ に対してエネルギー汎関数

E の第1変分 $E'(0)$ はつねに0であった．すなわち，測地線はエネルギー汎関数の臨界点をあたえる曲線にほかならなかった．したがって，微積分学における関数の極値問題の場合と同様に，エネルギー汎関数 E の測地線 c のまわりでの振る舞いをみるためには，汎関数 E の臨界点 c における第2変分 $E''(0)$ を調べることが必要である．

そこで以下，エネルギー汎関数 E について第2変分公式を計算することにしよう．

定理 2.16（第2変分公式）　$c\colon [0,a]\to M$ を M の測地線とし，$f\colon [0,a]\times(-\epsilon,\epsilon)\to M$ を c の区分的に滑らかな変分とする．このとき，エネルギーを対応させる関数 $E\colon (-\epsilon,\epsilon)\to\mathbb{R}$ に関してつぎがなりたつ．

$$
(2.8)\qquad E''(0) = -\int_0^a g\left(V, \frac{D^2V}{dt^2}+R\left(V,\frac{dc}{dt}\right)\frac{dc}{dt}\right)dt
- \sum_{i=1}^{k} g\left(V(t_i), \frac{DV}{dt}(t_i^+)-\frac{DV}{dt}(t_i^-)\right).
$$

ここに V と R はそれぞれ f に対する変分ベクトル場および M の曲率テンソルであり，また $\dfrac{DV}{dt}(t_i^+)$, $\dfrac{DV}{dt}(t_i^-)$ は

$$
\frac{DV}{dt}(t_i^+) = \lim_{\substack{t\to t_i\\ t>t_i}}\frac{DV}{dt}(t),\qquad \frac{DV}{dt}(t_i^-) = \lim_{\substack{t\to t_i\\ t<t_i}}\frac{DV}{dt}(t)
$$

であたえられる．

［証明］　定理2.4の証明中の(2.3)式を s に関して微分すれば

(2.9)

$$
\frac{d^2E}{ds^2} = \sum_{i=0}^{k} g\left(\frac{D}{\partial s}\frac{\partial f}{\partial s}, \frac{\partial f}{\partial t}\right)\Bigg|_{t_i}^{t_{i+1}} + \sum_{i=0}^{k} g\left(\frac{\partial f}{\partial s}, \frac{D}{\partial s}\frac{\partial f}{\partial t}\right)\Bigg|_{t_i}^{t_{i+1}}
- \int_0^a g\left(\frac{D}{\partial s}\frac{\partial f}{\partial s}, \frac{D}{\partial t}\frac{\partial f}{\partial t}\right)dt - \int_0^a g\left(\frac{\partial f}{\partial s}, \frac{D}{\partial s}\frac{D}{\partial t}\frac{\partial f}{\partial t}\right)dt
$$

がえられる．

ここで $s=0$ とおくと，c が測地線であることから

$$\frac{D}{dt}\frac{dc}{dt} \equiv 0$$

となり，これよりまず右辺の第3項は0であることがわかる．また変分 f が c の両端点 $c(0)$, $c(a)$ を止めていることと，$\partial f/\partial t(t,0) = c'(t)$ が滑らかであることに注意すれば，右辺の第1項が0になることもわかる．

一方，補題1.26と補題2.15より

$$\frac{D}{\partial s}\frac{\partial f}{\partial t} = \frac{D}{\partial t}\frac{\partial f}{\partial s}, \quad \frac{D}{\partial s}\frac{D}{\partial t}\frac{\partial f}{\partial t} = \frac{D}{\partial t}\frac{D}{\partial s}\frac{\partial f}{\partial t} + R\left(\frac{\partial f}{\partial s}, \frac{\partial f}{\partial t}\right)\frac{\partial f}{\partial t}$$

であることに注意すると，まず右辺の第2項について

$$\sum_{i=0}^{k} g\left(\frac{\partial f}{\partial s}, \frac{D}{\partial s}\frac{\partial f}{\partial t}\right)\Bigg|_{t_i}^{t_{i+1}} = -\sum_{i=1}^{k} g\left(V(t_i), \frac{DV}{dt}(t_i^+) - \frac{DV}{dt}(t_i^-)\right)$$

となることが容易に確かめられる．また $s=0$ において

$$\frac{D}{\partial s}\frac{D}{\partial t}\frac{\partial f}{\partial t} = \frac{D}{dt}\frac{D}{dt}V + R\left(V, \frac{dc}{dt}\right)\frac{dc}{dt}$$

をえるから，右辺の第4項は

$$\int_0^a g\left(\frac{\partial f}{\partial s}, \frac{D}{\partial s}\frac{D}{\partial t}\frac{\partial f}{\partial t}\right)dt = \int_0^a g\left(V(t), \frac{D^2V}{dt^2} + R\left(V, \frac{dc}{dt}\right)\frac{dc}{dt}\right)dt$$

とかきなおせることがわかる．したがって(2.8)式がえられる．∎

第2変分公式はつぎのようにあらわすこともできる．

系2.17　$c\colon [0,a] \to M$ を M の測地線とし，$f\colon [0,a]\times(-\epsilon,\epsilon) \to M$ を c の区分的に滑らかな変分とするとき，エネルギーを対応させる関数 $E\colon (-\epsilon,\epsilon) \to \mathbb{R}$ に関して

$$E''(0) = \int_0^a \{g(V', V') - g(R(V, c')c', V)\}dt \tag{2.10}$$

がなりたつ．ここに V と R はそれぞれ f に対する変分ベクトル場および M の曲率テンソルであり，$V' = DV/dt$ である．

［証明］　定理2.4の証明のときと同様に，各区間 $[t_i, t_{i+1}]$ において変分ベクトル場 V について

$$\frac{d}{dt}g\Big(V, \frac{DV}{dt}\Big) = g\Big(\frac{DV}{dt}, \frac{DV}{dt}\Big) + g\Big(V, \frac{D^2V}{dt^2}\Big)$$

がなりたつことに注意すれば容易に

$$(2.11)\qquad \int_0^a g\Big(V, \frac{D^2V}{dt^2} + R(V,c')c'\Big)dt$$
$$= \sum_{i=0}^{k} g\Big(V, \frac{DV}{dt}\Big)\Big|_{t_i}^{t_{i+1}} - \int_0^a \{g(V',V') - g(R(V,c')c',V)\}dt$$

がえられる．これを(2.8)に代入すればよい． ∎

(2.10)より，エネルギー汎関数 E の第2変分 $E''(0)$ は測地線 c に沿った変分ベクトル場 V と Riemann 多様体 M の曲率テンソル R のみに依存してきまることがわかる．

注意 §2.1の注意でのべたように，Riemann 多様体 M の2点 p と q を結ぶ区分的に滑らかな曲線全体のなす集合 $\Omega(M;p,q)$ を‘多様体’のごとくみなし，エネルギー汎関数 $E\colon \Omega(M;p,q)\to\mathbb{R}$ をこの多様体上の‘関数’と考えるとき，第2変分公式(2.10)は関数 E の臨界点 c における‘Hesse 形式’を定義していると考えることができる．この Hesse 形式の‘指数’と $\Omega(M;p,q)$ の位相は密接な関係をもつが，それらの結果については，たとえば Milnor [12]をみるとよい． □

§2.4 最短測地線の存在

(M,g) を連結な m 次元 Riemann 多様体としよう．このとき§1.5でみたように，M の任意の2点 $p,q\in M$ に対して，p と q を結ぶ区分的に滑らかな曲線 ω の長さ $L(\omega)$ の下限として p と q の距離

$$d(p,q) = \inf\{L(\omega) \mid \omega \text{ は } p \text{ と } q \text{ を結ぶ区分的に滑らかな曲線}\}$$

が定まり，M 上の距離関数 d が定義する M の距離空間としての位相は M の多様体としての位相と一致することがわかる．また定理1.25および定理1.28と定理1.29から，M の十分小さい測地球体内の2点 $p,q\in W$ に対して，p と q を結ぶ測地線で最短線であるもの，すなわち $L(c)=d(p,q)$ となる

測地線 c が一意的に存在することもわかる．

しかし一般の2点 $p, q \in M$ に対しては，たとえば Euclid 空間 $\mathbb{E}^m$ から原点を除いた Riemann 多様体を考えると容易に確かめられるように，p と q を結ぶこのような最短測地線はかならずしも存在しない．また存在する場合にも，たとえば単位球面 S^m の対心点について考えてみればすぐわかるように，あたえられた2点を結ぶ最短測地線は一般に一意的ではない．

この節では，このような最短測地線の存在問題について調べてみよう．まず，Riemann 多様体 M の任意の2点 $p, q \in M$ に対して，p と q を結ぶ最短測地線が存在するための条件について考えてみよう．

定義 2.18　Riemann 多様体 M に対して，任意の点 $p \in M$ において p における指数写像 $\exp_p$ がすべての接ベクトル $v \in T_pM$ に対して定義されるとき，すなわち点 p からでる任意の測地線 $c(t)$ がすべての $t \in \mathbb{R}$ に対して定義されるとき，M は**測地的に完備**(geodesically complete)であるという．　□

たとえば，例1.21，例1.22，例1.23でみたように，m 次元 Euclid 空間 $\mathbb{E}^m$ や $\mathbb{E}^{m+1}$ 内の単位球面 (S^m, g) および m 次元実双曲型空間 (H^m, g) などはいずれも測地的に完備である．一方これらの空間は，Riemann 計量から定まる距離 d について距離空間 (M, d) としても**完備**(complete)である，すなわち d に関する任意の Cauchy 列が収束することも容易に確かめられる．

このとき Hopf–Rinow の定理とよばれるつぎの結果は，じつはこれら2つの完備性の概念が同値であるだけでなく，最短測地線の存在を保証する条件でもあることを示していて重要である．

定理 2.19 (Hopf–Rinow)　(M, g) を連結な Riemann 多様体とし，$p \in M$ とする．このときつぎの条件は同値である．

(i)　点 p における指数写像 $\exp_p$ は接空間 T_pM 全体で定義される．

(ii)　(M, d) の任意の有界な閉集合はコンパクトである．

(iii)　(M, d) は完備な距離空間である．

(iv)　(M, g) は測地的に完備である．　□

以下，この定理の同値な条件の1つを(したがってすべてを)みたす (M, g) を単に**完備**な Riemann 多様体とよぶことにしよう．このとき

定理 2.20 (Hopf–Rinow)　(M,g) が完備で連結な Riemann 多様体ならば，任意の 2 点 $p,q\in M$ に対して，p と q を結ぶ測地線 c で $L(c)=d(p,q)$ となるもの，すなわち p と q を結ぶ最短測地線 c が存在する．□

定理 2.20 をまず証明しよう．

［証明］ $d(p,q)=r$ とおく．$r>0$ の場合を考えればよい．点 p に対して定理 2.19 の条件(i) を仮定して，任意の $q\in M$ に対して p と q を結ぶ最短測地線が存在することを示そう．

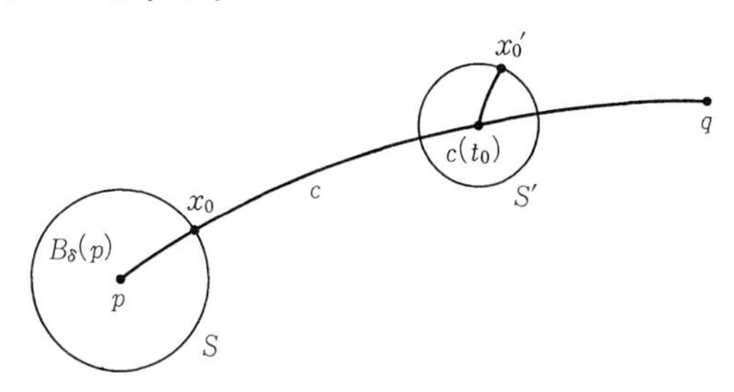

図 2.2

点 p において定理 1.25 における正規座標近傍 W をとり，十分小さい $\delta>0$ に対して p を中心とする半径 δ の測地球体 $B_\delta(p)\subset W$ を考える．$B_\delta(p)$ の境界 $S=S_\delta(p)=\{x\in W\mid d(p,x)=\delta\}$ はコンパクト集合であり，点 q からの距離 $d(q,x)$ は S 上の連続関数となるから，$d(q,x)$ が最小となる点 $x_0\in S$ が存在する．x_0 は指数写像 $\exp_p$ により

$$x_0=\exp_p(\delta v),\quad v\in T_pM,\ |v|=1$$

とあらわされる．仮定より，この v に対して正規測地線 $c(t)=\exp_p(tv)$ が任意の $t\in\mathbb{R}$ に対して定義される．このとき $c(r)=q$ となることを示せば証明が終わる．実際，$L(c)=r$ であるから c は p と q を結ぶ最短測地線である．

$c(r)=q$ となることを示すために関係式

$$d(c(t),q)=r-t \tag{2.12}$$

が各 $t\in[0,r]$ に対してなりたつことをみよう．(2.12)で $t=r$ の場合を考えれば，$d(c(r),q)=0$ より $c(r)=q$ となることがわかる．そこで

$$I=\{t\in[0,r]\mid (2.12)\text{がなりたつ}\}$$

とおこう．あきらかに $0\in I$ であるから $I\neq\varnothing$ である．また定義より I は

$[0,r]$ の閉集合となる．したがって $t_0 \in I$ とし，$t_0 < r$ ならば十分小さい $\delta' > 0$ について，(2.12)が $t_0+\delta'$ においてもなりたつことを確かめればよい．これより $\sup I = r$ がわかり，I は閉集合だから $r \in I$ となり，結局 $I=[0,r]$ がえられ証明が完結する．

(2.12)が $t_0+\delta'$ においてもなりたつことをみるために，$c(t_0)$ を中心とする半径 δ' の測地球体 $B_{\delta'}(c(t_0))$ とその境界 $S' = S_{\delta'}(c(t_0))$ を考える．さきほどと同様に S' に対して，点 q からの距離 $d(q,x)$ が最小となる点 $x_0' \in S'$ が存在する．この x_0' について $x_0' = c(t_0+\delta')$ となることをみればよい．実際，このとき $t_0 \in I$ より $d(c(t_0),q) = r - t_0$ であることと

$$d(c(t_0),q) = \delta' + \min_{x \in S'} d(x,q) = \delta' + d(x_0', q)$$

より

$$r - t_0 = \delta' + d(x_0', q) = \delta' + d(c(t_0+\delta'), q) \tag{2.13}$$

がわかる．これより

$$d(c(t_0+\delta'), q) = r - (t_0+\delta')$$

がえられ，(2.12)が $t_0+\delta'$ においてもなりたつことがわかる．

さて $c(t_0+\delta') = x_0'$ であることを示そう．(2.13)式の第1等号と距離に関する三角不等式より

$$d(p,x_0') \geqq d(p,q) - d(x_0',q) = r - (r - t_0 - \delta') = t_0 + \delta'$$

をえるが，点 p から $c(t_0)$ までの測地線 c と，点 x_0' と $c(t_0)$ を結ぶ最短測地線 c' をつなげてえられる区分的に滑らかな曲線の長さは $t_0+\delta'$ であるから，結局 $d(p,x_0') = t_0+\delta'$ であることがわかる．したがってまた定理1.29より，この区分的に滑らかな曲線はじつは p と x_0' を結ぶ測地線にほかならないことがわかる．よってとくに $c(t_0+\delta') = x_0'$．これが示すべきことであった． ∎

つぎに定理2.19を(i)⇒(ii)⇒(iii)⇒(iv)⇒(i)の順に証明しよう．

［証明］　(i)⇒(ii)．$A \subset M$ を有界な閉集合としよう．A は (M,d) の有界集合であるから，A の直径 $\rho = \mathrm{diam}(A) = \sup\{d(x,y) \mid x, y \in A\}$ は有限である．よって点 p におけるある測地球体 B に対して $A \subset B$ となる．したがって条件(i)と定理2.20の証明より，接空間 T_pM における原点0の r 近傍 $B_r(0) \subset T_pM$ をとれば

$$A \subset B \subset \exp_p \overline{B_r(0)}$$

となることがわかる．ここで，$B_r(0)$ の閉包 $\overline{B_r(0)}$ は T_pM のコンパクト集合であるから，指数写像 $\exp_p$ による像 $\exp_p \overline{B_r(0)}$ は M のコンパクト集合．よってその閉部分集合である A もコンパクトとなる．

(ii)⇒(iii)．$\{p_k\}$ を (M,d) の Cauchy 列とすると，定義より $\{p_k\}$ は M の有界集合となるから，(ii)より $\{p_k\}$ は相対コンパクトであることがわかる．したがって $\{p_k\}$ は収束する部分列をもつが，Cauchy 列であるので $\{p_k\}$ 自身も収束することがわかる．

(iii)⇒(iv)．$p \in M$ を任意の点とし，c を p を通る正規測地線としよう．c に対し

$$I_+ = \{t > 0 \mid c \text{ は } [0,t] \text{ で定義される}\}$$

とおき，$t_+ = \sup I_+ = +\infty$ を示そう．$t_+ < +\infty$ と仮定し，$\{t_k\} \subset I_+$ を t_+ に収束する数列とする．このとき，仮定より任意の $\epsilon > 0$ に対して，十分大きい k, l をとれば $|t_k - t_l| < \epsilon$ となるから

$$d(c(t_k), c(t_l)) \leqq L(c \mid [t_k, t_l]) = |t_k - t_l| < \epsilon$$

がなりたつ．よって $\{c(t_k)\}$ は M の Cauchy 列であり，(iii)より $\{c(t_k)\}$ はある点 $q \in M$ に収束することがわかる．

点 q において定理 1.25 における正規座標近傍 W と $\delta > 0$ をとると，十分大きい $k < l$ に対して $c(t_k), c(t_l) \in W$ であり，$c \mid [t_k, t_l]$ は $c(t_k)$ と $c(t_l)$ を結ぶ最短測地線となることがわかる．ここで，各 t_k に対して $\exp_{c(t_k)}$ は $B_\delta(0) \subset T_{c(t_k)}M$ から $\exp_{c(t_k)}(B_\delta(0)) \supset W$ への C^∞ 級微分同相写像であることに注意すると，容易に c が t_+ をこえて定義できることが確かめられる．これは t_+ の定義に矛盾．よって $t_+ = +\infty$ でなければならないことがわかる．

同様にして，$I_- = \{t < 0 \mid c \text{ は } [t,0] \text{ で定義される}\}$ について $\inf I_- = -\infty$ を示すことができ，M は測地的に完備であることがわかる．

(iv)⇒(i) は自明である．∎

定理 2.19 より，つぎはあきらかであろう．

系 2.21　コンパクトな連結 Riemann 多様体 M は完備である．□

さて，$c: [0,a] \to M$ を M の測地線とするとき，$c(0) = c(a) = p$ となるも

のを p を基点とする M の**測地ループ**という．すなわち，測地ループ c とは始点 $c(0)$ と終点 $c(a)$ が一致する M の測地線にほかならない．このとき，点 p における c の接ベクトル $c'(0)$ と $c'(a)$ について一般には $c'(0)\neq c'(a)$ であるが，とくに $c'(0)=c'(a)$ となるものを M の**閉測地線**(closed geodesic)という．したがって，閉測地線 c とはじつは円周 S^1 から M への C^∞ 級写像 $c\colon S^1\to M$ であって，1次元 C^∞ 級多様体 S^1 のすべての点で測地線の方程式 $\nabla_{c'}c'=0$ をみたすものにほかならない．

つぎに，このような閉測地線の存在問題について調べてみよう．まずつぎの定義を思い出しておこう．

定義 2.22　連続写像 $c\colon[0,a]\to M$ で $c(0)=c(a)$ となるもの，すなわち始点と終点が一致する M の連続曲線を一般に**ループ**という．M の2つのループ $c_0\colon[0,a]\to M$ と $c_1\colon[0,a]\to M$ に対して，連続写像 $f\colon[0,a]\times[0,1]\to M$ でつぎの条件(i),(ii)をみたすものを，c_0 から c_1 への**自由ホモトピー**という．

(i)　$f(t,0)=c_0(t),\quad f(t,1)=c_1(t),\quad t\in[0,a].$

(ii)　$f(0,s)=f(1,s),\quad s\in[0,1].$

このような自由ホモトピー f が存在するとき，c_0 と c_1 は**自由ホモトープ**であるといい，$c_0\simeq c_1$ とあらわす．　□

ループの間の自由ホモトピー f は，M の基本群 $\pi_1(M)$ を定義する場合のホモトピーと異なり，f による‘変形’ $f_s(t)=f(t,s)$ の途中で各ループ f_s の基点 $f_s(0)=f_s(1)$ を止めていないことに注意しておこう．またループの間の自由ホモトープという関係 $\simeq$ は同値関係をなすことが容易にわかる．M のループ c に対し，この同値関係による同値類

$$[c]=\{c_1\mid c_1\text{ は }c\text{ と自由ホモトープなループ}\}$$

を c の**自由ホモトピー類**とよび，このような自由ホモトピー類全体のなす集合を $\mathcal{C}_1(M)$ であらわす．とくに定値曲線が定めるループの自由ホモトピー類を**自明**な類とよび，そうでないものを自明でない自由ホモトピー類という．

このとき，閉測地線の存在問題に関してつぎがなりたつ．

定理 2.23　(M,g) がコンパクトな Riemann 多様体ならば，M のループの自明でない各自由ホモトピー類 $\alpha\in\mathcal{C}_1(M)$ の中に長さが最も短い閉測地線

が存在する．

［証明］ α に属する区分的に滑らかなループ ω の長さ $L(\omega)$ の下限を d としよう．d に対して，α に属する区分的に滑らかなループ c_j の列 $\{c_j\}\subset\alpha$ を

$$L(c_j)\to d=\inf L(\omega) \tag{2.14}$$

となるようにえらぶ．ここで，各 c_j は閉区間 $[0,1]$ で定義され，c_j が C^∞ 級曲線となる各閉区間 $[t_{i-1},t_i]$ において $c_j\,|\,[t_{i-1},t_i]$ は測地線であり，助変数 t は弧長に比例したアフィンパラメーターであると仮定しても一般性は失われない．このとき c_j の長さ $L(c_j)$ の上限を K とおくと，任意の $t_1<t_2\in[0,1]$ に対して

$$d(c_j(t_1),c_j(t_2))\leqq\int_{t_1}^{t_2}|c_j'(t)|dt\leqq K(t_2-t_1)$$

となることが容易に確かめられる．したがって列 $\{c_j\}$ は同程度連続な族である．仮定より M はコンパクトであるから，Ascoli の定理により，必要ならば $\{c_j\}$ の部分列をえらべば，$\{c_j\}$ は $[0,1]$ で定義された連続なループ $c_0\colon[0,1]\to M$ に一様収束することがわかる．$c_0\in\alpha$ であることに注意しよう．

c_0 の像 $c_0([0,1])$ は M のコンパクト集合であるから，区間 $[0,1]$ の分割 $0=t_0<t_1<\cdots<t_k=1$ を，各 $c_0\,|\,[t_{i-1},t_i]$ が定理 1.25 における正規座標近傍 W_i に含まれるようにとることができる．そこで W_i において $c_0\,|\,[t_{i-1},t_i]$ を $c_0(t_{i-1})$ と $c_0(t_i)$ を結ぶ最短測地線 c^i でおきかえれば，各 i $(1\leqq i\leqq k)$ について $c^i=c\,|\,[t_{i-1},t_i]$ である M の区分的に滑らかなループ $c\colon[0,1]\to M$ がえられる．作り方からあきらかなように，c は c_0 と自由ホモトープである．したがって $c\in\alpha$ であり，c の長さは $L(c)\geqq d$ となる．

ここで，じつは $L(c)=d$ であることを確かめよう．$L(c)>d$ と仮定し，$\epsilon>0$ を $\epsilon=(L(c)-d)/(2k+1)$ で定める．このとき d の定義と c_j が c_0 に一様収束することより，十分大きい番号 j をえらべば

$$L(c_j)-d<\epsilon,\quad d(c_j(t),c_0(t))<\epsilon\quad(t\in[0,1])$$

がなりたつ．そこで c_j に対して $c_j^i=c_j\,|\,[t_{i-1},t_i]$ とおくと

$$\sum_{i=1}^{k}(L(c_j^i)+2\epsilon)=L(c_j)+2k\epsilon<d+(2k+1)\epsilon$$

$$= L(c) = \sum_{i=1}^{k} L(c^i)$$

であるから，ある i $(1 \leqq i \leqq k)$ に対して

$$L(c_j^i) + 2\epsilon < L(c^i)$$

となることがわかる．これは，$c_0(t_{i-1})$ と $c_j(t_{i-1})$ を結ぶ最短測地線と c_j^i および $c_0(t_i)$ と $c_j(t_i)$ を結ぶ最短測地線をつなげてえられる区分的に滑らかな曲線の長さが c^i の長さよりも短いことを意味し，c^i が $c_0(t_{i-1})$ と $c_0(t_i)$ を結ぶ最短測地線であることに矛盾する．よって $L(c) = d$ でなければならない．

さて仮定より α は自明でない自由ホモトピー類であるから，とくに $L(c) = d > 0$ である．したがって，c が閉測地線であることを示せば，この c がもとめるものであり証明が終わる．c を弧長により助変数表示すると，作り方より $c\colon [0,d] \to M$ は各 $c^i = c\,|\,[t_{i-1}, t_i]$ が測地線である区分的に滑らかなループで，自由ホモトピー類 α の中で長さが最も短いものにほかならない．よって各 i $(1 \leqq i \leqq k)$ について，c が点 $p_i = c(t_i)$ のまわりで C^∞ 級であることを確かめればよい．

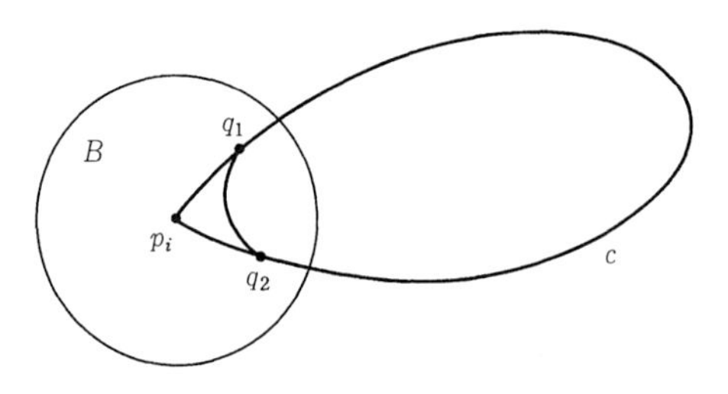

図 2.3

そこで，たとえば点 p_i において c が C^∞ 級でない，したがって c の接ベクトル $c^{i\prime}(t_i)$ と $c^{i+1\prime}(t_i)$ について $c^{i\prime}(t_i) \neq c^{i+1\prime}(t_i)$ であると仮定しよう．このとき，図 2.3 のように，p_i を中心とする十分半径の小さい測地球体 B を考え，p_i に近い 2 点 $q_1, q_2 \in c([t_{i-1}, t_{i+1}]) \cap B$ をとり，B において q_1 と q_2 を最短測地線で結ぶことにより，α に属する区分的に滑らかなループで c よりも長さの短いものがえられることがわかる．これは c が α の中で最も長さが短いことに矛盾するから，結局 c は p_i において C^∞ 級でなければならない．∎

定理2.23の証明における区分的に滑らかなループの列$\{c_j\}$のように，一般にあたえられた汎関数Lに対して，Lの定義域の元からなる列で(2.14)をみたすものをLに対する**最小列**(minimizing sequence)とよぶ．定理2.23の証明のように，このような最小列に対して直接的に収束部分列の存在を示すことにより汎関数Lの臨界点の存在を証明する方法を，一般に変分法の**直接法**(direct method)という．

Riemann多様体(M,g)がコンパクトでない場合には，定理2.23は一般にはなりたたないことに注意しておこう．実際，たとえば3次元Euclid空間$\mathbb{E}^3$において図2.4のような回転軸に漸近する回転面Mを考えてみれば，自明でない自由ホモトピー類$\alpha\in\mathcal{C}_1(M)$で最小の長さをもつループを含まないものが存在することが容易にわかる．

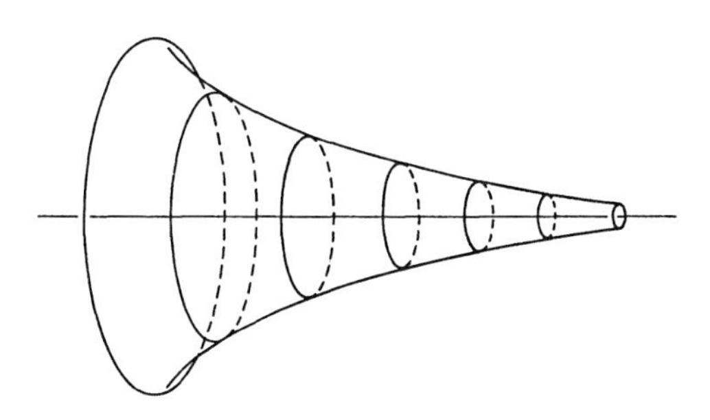

図2.4　閉測地線をもたない曲面

注意　$\mathbb{E}^{m+1}$内の単位球面(S^m,g)を考えてみれば，例1.22でみたように，測地線は大円(またはその一部分)であるから，(S^m,g)上には閉測地線が無限個存在することがわかる．しかしS^mは単連結であるから，このような閉測地線の存在は定理2.23の主張からはみちびかれない．一般に「任意のコンパクトなRiemann多様体(M,g)上に幾何学的に相異なる閉測地線が無限個存在するかどうか」はRiemann幾何学における重要な研究課題であり，ループ空間上のMorse理論の立場からの研究をはじめ，その研究の歴史も古い．これらの研究については，たとえばKlingenberg [8]をみるとよい．　□

§2.5　Riemann 幾何への応用

§2.3 でみたように，曲線のエネルギーに関する第2変分公式は Riemann 多様体の曲率の概念と自然に結びついた．このことを利用して，Riemann 多様体の曲率がその位相構造にあたえる影響について調べることができる．この節では，そのような例として正曲率をもつ Riemann 多様体の位相構造を第2変分公式をもちいて調べてみよう．

(M,g) を連結な m 次元 Riemann 多様体としよう．M が完備ならば，その直径 $\mathrm{diam}(M)=\sup\{d(p,q)\mid p,q\in M\}$ に関してつぎがなりたつ．

定理 2.24（Myers）　(M,g) を完備で連結な m 次元 Riemann 多様体とする．M の Ricci テンソル Ric について

$$\mathrm{Ric} \geqq (m-1)k^2 g$$

となる正数 $k>0$ が存在するならば，つぎがなりたつ．

（i）　$\mathrm{diam}(M) \leqq \pi/k$．

（ii）　M はコンパクトである．

（iii）　M の基本群 $\pi_1(M)$ は有限である．

［証明］　$p,q\in M$ を M の任意の2点とする．M は完備で連結であるから，定理 2.20 より p と q を結ぶ最短測地線 $c\colon[0,1]\to M$ が存在する．このとき，c の長さ $L(c)$ は π/k 以下となることを確かめよう．これより $d(p,q)\leqq\pi/k$ がわかるが，p と q は任意であるから $\mathrm{diam}(M)\leqq\pi/k$ となり，(i)が示される．また (i)より，M は有界かつ完備な Riemann 多様体となるから，定理 2.19 よりコンパクトであることがわかり，(ii)もなりたつ．

さて，$L(c)=l>\pi/k$ と仮定して矛盾をみちびこう．点 $p=c(0)$ における正規直交基底 $\{e_1(0),\cdots,e_{m-1}(0),c'(0)/l\}$ を c に沿って平行移動すれば，c に沿った C^∞ 級ベクトル場 $e_1(t),\cdots,e_m(t)$ で，$e_m(t)\equiv c'(t)/l$ であり，かつ各 $t\in[0,1]$ に対して $\{e_1(t),\cdots,e_m(t)\}$ は接空間 $T_{c(t)}M$ の正規直交基底をなすものがえられる．そこで c に沿ったベクトル場 V_j を

$$V_j(t) = (\sin\pi t)\,e_j(t), \quad 1\leqq j\leqq m-1$$

で定義しよう．このとき $V_j(0)=V_j(1)=0$ であるから，命題 2.2 でみたよう

に，各 V_j を変分ベクトル場とする c の C^∞ 級変分 $f_j\colon [0,1]\times(-\epsilon,\epsilon)\to M$ が存在する．この変分 f_j にエネルギーを対応させる関数 $E_j(s)=E(f_j(\cdot\,,s))$ に対し，各 $e_j(t)$ は c に沿って平行なベクトル場であるから，定理 2.16 の第2変分公式より簡単な計算で

$$(2.15)\qquad E_j''(0) = -\int_0^1 g(V_j, V_j''+R(V_j,c')c')dt$$
$$= \int_0^1 \sin^2\pi t(\pi^2 - l^2K(e_j(t),e_m(t)))dt$$

となることがわかる．ここで $V_j''=D^2V_j/dt^2$ であり，$K(e_j(t),e_m(t))$ は接空間 $T_{c(t)}M$ において正規直交基底 $\{e_j(t),e_m(t)\}$ が定める2次元部分空間の断面曲率をあらわす．

(2.15)式を $j=1,\cdots,m-1$ について加えれば，Ricci 曲率の定義より容易に

$$\sum_{j=1}^{m-1}E_j''(0) = \int_0^1 \sin^2\pi t((m-1)\pi^2 - l^2\,\mathrm{Ric}(c(t))(e_m(t),e_m(t)))dt$$

がえられる．ところで仮定より $\mathrm{Ric}\geqq(m-1)k^2g$ であり，また $kl>\pi$ としたから

$$l^2\,\mathrm{Ric}(c(t))(e_m(t),e_m(t)) \geqq (m-1)k^2l^2 > (m-1)\pi^2$$

となり，結局

$$\sum_{j=1}^{m-1}E_j''(0) < \int_0^1 \sin^2\pi t((m-1)\pi^2-(m-1)\pi^2)dt = 0$$

をえる．したがって，ある j $(1\leqq j\leqq m-1)$ について $E_j''(0)<0$ でなければならないことがわかるが，これは c が最短測地線であることに矛盾．実際，補題 2.3 でみたように，c はエネルギー最小，すなわち p と q を結ぶ任意の区分的に滑らかな曲線 ω に対して $E(c)\leqq E(\omega)$ となるから，各変分 f_j について $E_j''(0)\geqq 0$ でなければならない．よって $l\leqq\pi/k$ となることが確かめられた．

(iii)をみるために，$\varpi\colon \widetilde{M}\to M$ を M の普遍被覆写像とし，被覆写像 ϖ によって g から M の普遍被覆多様体 $\widetilde{M}$ 上に誘導される Riemann 計量 $\tilde{g}=$

$\varpi^* g$ を考えよう．このとき ϖ は $(\widetilde{M},\widetilde{g})$ から (M,g) への等長的局所微分同相写像となるから，Levi-Civita 接続と Ricci テンソルが ϖ で保たれることに注意すれば，$(\widetilde{M},\widetilde{g})$ も定理の条件をみたすことが容易に確かめられる(章末の演習問題 2.8 および 2.9 参照)．したがって，(ii)より $\widetilde{M}$ はコンパクトとなり，$\varpi^{-1}(p)$ $(p \in M)$ は有限集合，よって基本群 $\pi_1(M)$ は有限であることがわかる． ∎

定理 2.24 の特別な場合として，つぎがなりたつことはあきらかであろう．

系 2.25　(M,g) を完備で連結な m 次元 Riemann 多様体とする．M の断面曲率 K がつねに $K \geqq k^2 > 0$ ならば，M はコンパクトで $\operatorname{diam} M \leqq \pi/k$ となり，基本群 $\pi_1(M)$ は有限である． □

系 2.25 において，断面曲率に関する仮定 $K \geqq k^2 > 0$ を $K > 0$ にかえることはできないことに注意しよう．実際，3 次元 Euclid 空間 $\mathbb{E}^3$ において回転放物面

$$M = \{(x,y,z) \in \mathbb{E}^3 \mid z = x^2 + y^2\}$$

を考えると，M は完備で断面曲率はいたるところ $K > 0$ であるが，コンパクトではない．

第2変分公式の応用をもう 1 つみてみよう．

定理 2.26 (Synge)　(M,g) をコンパクトかつ向き付け可能で連結な偶数次元の Riemann 多様体とする．M の断面曲率がつねに $K > 0$ ならば，M は単連結である．

［証明］　まずつぎのことに注意しよう．系 2.17 における測地線 $c\colon [0,a] \to M$ の区分的に滑らかな変分 $f\colon [0,a] \times (-\epsilon,\epsilon) \to M$ に対して，定義 2.1 の変分の定義における条件(iii)を仮定しなければ，すなわち変分 f からえられる曲線の族 $\{f_s\}$ が曲線 c の両端点 $c(0)$, $c(a)$ をかならずしも止めていない‘変形’ならば，f の変分ベクトル場 $V(t)$ について $V(0) = V(a) = 0$ となるとはかぎらない．したがって，定理 2.16 の証明中の(2.9)式において，右辺の第 1 項は 0 にならない．また右辺の第 2 項においても $t=0$ と $t=a$ の場合の項が残るが，これらの項は系 2.17 の証明をみればわかるように，(2.11)式の右辺の第 1 項における $t=0$ と $t=a$ の場合の項に対応している．

これらのことに注意して，定理2.16と系2.17の証明の議論を繰り返せば，測地線 c の両端点 $c(0)$, $c(a)$ を止めない一般の変分 f について，エネルギーを対応させる関数 E の第2変分公式は

$$(2.16)\quad E''(0)=\int_0^a\{g(V',V')-g(R(V,c')c',V)\}dt$$
$$-g\left(\frac{D}{\partial s}\frac{\partial f}{\partial s}(0,0),c'(0)\right)+g\left(\frac{D}{\partial s}\frac{\partial f}{\partial s}(0,a),c'(a)\right)$$

であたえられることが容易に確かめられる．ここに $V'=DV/dt$ であり，R は M の曲率テンソルである．

さて，M のループの自明でない自由ホモトピー類 $\alpha\in\mathcal{C}_1(M)$ が存在すると仮定しよう．このとき定理2.23より，α の中に長さが最も短い閉測地線 c が存在することがわかる．t を弧長パラメーターとし，c を弧長で助変数表示したものを $c\colon[0,l]\to M$ としよう．$c(0)=c(l)$ である．そこで，c に沿っての平行移動 $P_c\colon T_{c(0)}M\to T_{c(l)}M=T_{c(0)}M$ を考えると，命題1.15でみたように，P_c は接空間 $T_{c(0)}M$ から自分自身への線形等長写像を定める．また c は閉測地線であるから，c の接ベクトルに関して $P_c(c'(0))=c'(l)=c'(0)$ がなりたつ．仮定より M は向き付け可能であるから，これより P_c は接空間 $T_{c(0)}M$ における $c'(0)$ の直交補空間 $c'(0)^\perp\subset T_{c(0)}M$ 上の向きを保つ直交変換

$$P_c\mid c'(0)^\perp:\ \ c'(0)^\perp\to c'(0)^\perp$$

を定義することがわかる．一方，仮定より M は偶数次元であるから，$c'(0)^\perp$ は奇数次元実ベクトル空間である．したがって線形代数学で周知のように，直交変換 $P_c\,|\,c'(0)^\perp$ は1を固有値としてもち，対応する固有ベクトル $v\neq 0$ を不変に保つ．すなわち $P_c(v)=v$ がなりたつ．したがって，v を c に沿って平行移動することにより，c に沿って平行な C^∞ 級ベクトル場 $V(t)$ で各点 $c(t)$ において c に直交するものがえられることがわかる．

この $V(t)$ を変分ベクトルとする c の変分

$$f(t,s)=\exp_{c(t)}sV(t),\quad (t,s)\in[0,a]\times(-\epsilon,\epsilon)$$

を命題2.2の場合と同様にして考えると，$V'\equiv 0$ かつ $V(0)=V(a)$ であるから，曲率の仮定 $K>0$ と第2変分公式(2.16)より容易に

$$E''(0) = -\int_0^a g(R(V,c')c',V)dt < 0$$

がえられる．もちろん E の第1変分については $E'(0)=0$ である．したがって，十分小さい $0<s<\epsilon$ に対して $E(f_s)<E(c)$ となることがわかる．よって f_s の長さについて

$$L(f_s)^2 \leqq 2lE(f_s) < 2lE(c) = L(c)^2$$

でなければならない．定義からあきらかなように f_s は c と自由ホモトープな C^∞ 級曲線であるから，これは c の長さ $L(c)$ が α の中で最小であることに矛盾する．

よって M は自明でない自由ホモトピー類をもたないことがわかり，結局 M は単連結となることがわかる．∎

定理2.26の仮定に関してつぎに注意しておこう．3次元実射影空間 $P^3(\mathbb{R})$ はコンパクトかつ向き付け可能な C^∞ 級多様体であり，被覆写像 $\varpi\colon S^3 \to P^3(\mathbb{R})$ が等長的局所微分同相写像となるような自然な Riemann 計量 g をもつ．この g に関して $P^3(\mathbb{R})$ は断面曲率がつねに $K>0$ となるが単連結ではないので，定理2.26から偶数次元の仮定をとることはできない．また向き付け可能性の仮定をとることもできない．実際，2次元実射影空間 $P^2(\mathbb{R})$ はコンパクトで向き付け不可能な C^∞ 級多様体であり，$P^3(\mathbb{R})$ の場合と同様に断面曲率がつねに $K>0$ となる Riemann 計量 g をもつが単連結ではない(章末の演習問題2.10参照)．

《要約》

2.1　曲線のエネルギー $E(c)$ に関する第1変分公式とエネルギー汎関数 E の臨界点としての測地線の特徴づけ．

2.2　Riemann 多様体の曲率テンソルと各種の曲率の定義．

2.3　曲線のエネルギー $E(c)$ に関する第2変分公式．

2.4　完備で連結な Riemann 多様体 M の任意の2点 $p,q\in M$ に対して p と q を結ぶ最短測地線が存在する．また，コンパクトな Riemann 多様体の閉曲線の

自明でない各自由ホモトピー類に長さが最も短い閉測地線が存在する.

2.5 正曲率をもつ完備な Riemann 多様体の位相構造に関する Myers の定理と Synge の定理.

演習問題

2.1 (x^i) と $(\bar{x}^i)$ を C^∞ 級多様体 M の点 x のまわりの2つの局所座標系とするとき，つぎを示せ.

(1) (r,s) 型テンソル場 $T \in \mathbf{T}_s{}^r(M)$ の成分 $T_{i_1\cdots i_s}{}^{j_1\cdots j_r}$ と $\overline{T}_{i_1\cdots i_s}{}^{j_1\cdots j_r}$ の間に変換式

$$\overline{T}_{i_1\cdots i_s}{}^{j_1\cdots j_r} = \sum_{\substack{k_1,\cdots,k_s\\ l_1,\cdots,l_r}} \frac{\partial x^{k_1}}{\partial \bar{x}^{i_1}}\cdots\frac{\partial x^{k_s}}{\partial \bar{x}^{i_s}}\frac{\partial \bar{x}^{j_1}}{\partial x^{l_1}}\cdots\frac{\partial \bar{x}^{j_r}}{\partial x^{l_r}} T_{k_1\cdots k_s}{}^{l_1\cdots l_r}$$

がなりたつ.

(2) 2つの局所座標系 (x^i), $(\bar{x}^i)$ をもつ開集合 U において，$T \in \mathbf{T}_s{}^r(M)$ の成分は (x^i) について C^∞ 級であれば $(\bar{x}^i)$ についても C^∞ 級となる.

2.2 C^∞ 級多様体 M の接空間 T_xM 上の $(1,s)$ 型テンソルのなす空間 $\mathbf{T}_s{}^1(x)$ は，直積集合 $T_xM\times\cdots\times T_xM$ から T_xM への s 重線形写像のなすベクトル空間 $\mathrm{Hom}(T_xM\times\cdots\times T_xM,\, T_xM)$ と自然に同型となることを示せ.

2.3 C^∞ 級多様体 M の線形接続

$$\nabla : \mathfrak{X}(M)\times\mathfrak{X}(M)\to\mathfrak{X}(M)$$

は M の $(1,2)$ 型 C^∞ 級テンソル場を定義しない．なぜか？

2.4 (x^i) を m 次元 Riemann 多様体 M の局所座標系とするとき，曲率テンソル R の成分について

$$R_{ijk}{}^l = \frac{\partial}{\partial x^i}\Gamma^l_{jk} - \frac{\partial}{\partial x^j}\Gamma^l_{ik} + \sum_{r=1}^m(\Gamma^l_{ir}\Gamma^r_{jk} - \Gamma^l_{jr}\Gamma^r_{ik})$$

がなりたつことを示せ.

2.5 $\sigma\subset T_xM$ を Riemann 多様体 M の点 x における接空間 T_xM の2次元部分空間とする．σ の断面曲率 $K(\sigma)$ は，σ の任意の基底 $\{v,w\}$ に関して

$$K(\sigma) = \frac{g_x(R(v,w)w,v)}{g_x(v,v)g_x(w,w)-g_x(v,w)^2}$$

であたえられることを示せ．

2.6　Riemann 多様体 M の1点 x において，すべての断面曲率がわかればその点における曲率テンソルは決定することを証明せよ．

2.7　Riemann 多様体 M の任意の2点 $x, y \in M$ に対して，x から y への平行移動が x と y を結ぶ区分的に滑らかな曲線のえらび方によらずに定まるならば，M の曲率テンソル R は恒等的に0，すなわち任意の $X, Y, Z \in \mathfrak{X}(M)$ に対して $R(X,Y)Z=0$ となることを証明せよ．

2.8　Riemann 多様体 (M,g) から (N,h) への C^∞ 級微分同相写像 $\varphi: M \to N$ に対して，各点 $x \in M$ において

$$g_x(v,w) = h_{\varphi(x)}(d\varphi_x(v), d\varphi_x(w)), \quad v, w \in T_xM$$

がなりたつとき，φ を**等長的**であるという．等長的微分同相写像 $\varphi: M \to N$ に対して，つぎを証明せよ．

（1）　∇ と ∇' をそれぞれ M と N の Levi-Civita 接続とするとき

$$d\varphi(\nabla_X Y) = \nabla'_{d\varphi(X)} d\varphi(Y), \quad X, Y \in \mathfrak{X}(M)$$

がなりたつ．また，R と R' をそれぞれ M と N の曲率テンソルとするとき

$$d\varphi(R(X,Y)Z) = R'(d\varphi(X), d\varphi(Y))d\varphi(Z), \quad X, Y, Z \in \mathfrak{X}(M)$$

がなりたつ．

（2）　c が M の測地線ならば，$\varphi \circ c$ は N の測地線である．

2.9　(M,g) を Riemann 多様体とし，$\varpi: \widetilde{M} \to M$ を M の C^∞ 級被覆写像とする．このときつぎを証明せよ．

（1）　$\widetilde{M}$ は ϖ が等長的局所微分同相写像となるような Riemann 計量 $\widetilde{g}$ をもつ．

（2）　$(\widetilde{M}, \widetilde{g})$ が完備 Riemann 多様体であるための必要十分条件は (M,g) が完備であることである．

2.10　M をコンパクトで連結な偶数次元 Riemann 多様体とし，M のすべての断面曲率は正であるとする．このとき M は単連結であるか，または基本群 $\pi_1(M)$ が $\mathbb{Z}_2$ であることを証明せよ．

3 写像のエネルギーと調和写像

この章では，Riemann 多様体間の滑らかな写像全体のなす写像空間上に，写像のエネルギーとよばれる汎関数を定義し，その臨界点をあたえる調和写像について考察する．写像のエネルギーは，第1章でみた曲線のエネルギーの自然な拡張であり，調和写像は調和関数や測地線をはじめとして極小部分多様体や等長写像，正則写像などをその例として含む．

§3.1 写像のエネルギー

(M,g) を m 次元 Riemann 多様体とする．$(x^1,\cdots,x^m)$ を M の開集合 U 上の局所座標系とし，M の点 $x\in U$ の局所座標を $x=(x^i)$ $(1\leqq i\leqq m)$ とあらわす．U の各点 $x\in U$ において

$$\left\{\left(\frac{\partial}{\partial x^1}\right)_x,\cdots,\left(\frac{\partial}{\partial x^m}\right)_x\right\}$$

は M の接空間 T_xM の基底をなし，

$$\{(dx^1)_x,\cdots,(dx^m)_x\}$$

は T_xM の双対空間 T_xM^* の双対基底となる．すなわち

$$(dx^i)_x\left(\left(\frac{\partial}{\partial x^j}\right)_x\right)=\delta^i_j,\quad 1\leqq i,j\leqq m$$

がなりたつ．

U 上で M の Riemann 計量 g は

$$g = \sum_{i,j=1}^{m} g_{ij} dx^i dx^j$$

とあらわされる．ここで g の (x^i) に関する成分 g_{ij} は

$$g_{ij} = g\left(\frac{\partial}{\partial x^i}, \frac{\partial}{\partial x^j}\right)$$

で定義される U 上の C^∞ 級関数であり，(g_{ij}) は U の各点で正値な m 次対称行列をなす．(g_{ij}) の逆行列を (g^{ij}) とあらわそう．すなわち

$$\sum_{k=1}^{m} g_{ik} g^{kj} = \delta_i^j, \quad \sum_{k=1}^{m} g^{ik} g_{kj} = \delta_j^i, \quad 1 \leqq i, j \leqq m \tag{3.1}$$

と定める．

Riemann 計量 g により，接空間 T_xM とその双対空間 T_xM^* の間に自然な線形同型

$$\flat : T_xM \to T_xM^*, \quad \sharp : T_xM^* \to T_xM \tag{3.2}$$

が定義できる．実際，$X_x \in T_xM$，$\omega_x \in T_xM^*$ に対して

$$X_x^\flat(Y_x) = g_x(X_x, Y_x), \quad g_x(\omega_x^\sharp, Y_x) = \omega_x(Y_x), \quad Y_x \in T_xM$$

と定めればよい．したがって，局所座標系をもちいて

$$X_x = \sum_{i=1}^{m} X^i(x) \left(\frac{\partial}{\partial x^i}\right)_x, \quad \omega_x = \sum_{i=1}^{m} \omega_i(x)(dx^i)_x$$

とあらわすとき，$X_x^\flat$, $\omega_x^\sharp$ はそれぞれ

$$\begin{aligned} X_x^\flat &= \sum_{i=1}^{m} \left(\sum_{j=1}^{m} g_{ij}(x) X^j(x) \right) (dx^i)_x, \\ \omega_x^\sharp &= \sum_{i=1}^{m} \left(\sum_{j=1}^{m} g^{ij}(x)\, \omega_j(x) \right) \left(\frac{\partial}{\partial x^i}\right)_x \end{aligned} \tag{3.3}$$

であたえられる．この線形同型をもちいて，T_xM の内積 g_x に双対な T_xM^* の内積 g_x^* を $\omega_x, \theta_x \in T_xM^*$ に対して

$$g_x^*(\omega_x, \theta_x) = g_x(\omega_x^\sharp, \theta_x^\sharp)$$

で定義することができる．この定義と(3.3), (3.1)式から簡単な計算で

$$g_x^*((dx^i)_x, (dx^j)_x) = g^{ij}(x)$$

がえられる．すなわち，$(g_{ij}(x))$ の逆行列 $(g^{ij}(x))$ は T_xM^* の内積 g_x^* の成分をあらわす行列にほかならないことがわかる．

さて，(N,h) を n 次元 Riemann 多様体とし，$u\colon M\to N$ を M から N への C^∞ 級写像としよう．$(y^1,\cdots,y^n)$ を N の開集合 V 上の局所座標系とし，N の点 $y\in V$ の局所座標を $y=(y^\alpha)$ $(1\leqq\alpha\leqq n)$ とあらわす．このとき，$u(x)\in V$ となる $x\in U$ に対して，$u(x)$ の局所座標は U 上の C^∞ 級関数 $u^\alpha=y^\alpha\circ u$ により

$$u(x)=(u^1(x^1,\cdots,x^m),\ \cdots,\ u^n(x^1,\cdots,x^m)) \tag{3.4}$$

とあらわされる．また V 上で N の Riemann 計量 h は

$$h=\sum_{\alpha,\beta=1}^{n}h_{\alpha\beta}dy^\alpha dy^\beta$$

とあらわされる．

写像 u の点 x における微分

$$du_x:T_xM\to T_{u(x)}N$$

を考えよう．du_x は接空間 T_xM から $T_{u(x)}N$ への線形写像であり，u を(3.4)のように局所表示するとき

$$du_x\left(\left(\frac{\partial}{\partial x^i}\right)_x\right)=\sum_{\alpha=1}^{n}\left(\frac{\partial u^\alpha}{\partial x^i}\right)(x)\left(\frac{\partial}{\partial y^\alpha}\right)_{u(x)},\quad 1\leqq i\leqq m$$

がなりたつ．すなわち，du_x は (n,m) 型行列 $((\partial u^\alpha/\partial x^i)(x))$ により行列表示される線形写像にほかならない．

ところで，よく知られているように，T_xM から $T_{u(x)}N$ への線形写像全体のなす線形空間 $\mathrm{Hom}(T_xM,T_{u(x)}N)$ は自然にテンソル積 $T_xM^*\otimes T_{u(x)}N$ と線形同型である．実際，$f\in\mathrm{Hom}(T_xM,T_{u(x)}N)$ に対し

$$f^\dagger(v,\omega)=\omega(f(v)),\quad v\in T_xM,\ \omega\in T_{u(x)}N^*$$

で定まる $T_xM\times T_{u(x)}N^*$ 上の双線形写像 $f^\dagger$ を対応させればよい．したがって，u の微分 du_x は $T_xM^*\otimes T_{u(x)}N$ の元とみなすことができる．すなわち

$$du_x\in\mathrm{Hom}(T_xM,T_{u(x)}N)\cong T_xM^*\otimes T_{u(x)}N \tag{3.5}$$

となる．$T_xM^*\otimes T_{u(x)}N$ の基底は

$$\{(dx^i)_x\otimes(\partial/\partial y^\alpha)_{u(x)}\mid 1\leqq i\leqq m,\ 1\leqq\alpha\leqq n\} \tag{3.6}$$

であたえられるから，du_x は結局

$$du_x = \sum_{i=1}^{m} \sum_{\alpha=1}^{n} \left(\frac{\partial u^\alpha}{\partial x^i} \right)(x)(dx^i)_x \otimes \left(\frac{\partial}{\partial y^\alpha} \right)_{u(x)} \tag{3.7}$$

とあらわすことができる．

一方，T_xM^* と $T_{u(x)}N$ の内積 g_x^*, $h_{u(x)}$ からテンソル積 $T_xM^* \otimes T_{u(x)}N$ に自然に内積 $\langle\ ,\ \rangle_x$ が定義される．実際，(3.6)の基底に対して

$$\left\langle (dx^i)_x \otimes \left(\frac{\partial}{\partial y^\alpha} \right)_{u(x)},\ (dx^j)_x \otimes \left(\frac{\partial}{\partial y^\beta} \right)_{u(x)} \right\rangle_x = g^{ij}(x) h_{\alpha\beta}(u(x))$$

と定め，一般の元に双線形に拡張すればよい．すなわち，内積 $\langle\ ,\ \rangle_x$ の成分を g_x^* と $h_{u(x)}$ の成分をあらわす行列のテンソル積 $(g^{ij}(x)) \otimes (h_{\alpha\beta}(u(x))) = (g^{ij}(x)h_{\alpha\beta}(u(x)))$ をもちいて定義するわけである．そこで，この内積に関する du_x のノルムを $|du_x|_x$ とかくことにしよう．内積の定義と(3.7)式から容易にわかるように，$|du_x|_x$ は

$$\begin{aligned} |du_x|_x^2 &= \langle du_x, du_x \rangle_x \\ &= \sum_{i,j=1}^{m} \sum_{\alpha,\beta=1}^{n} g^{ij}(x) h_{\alpha\beta}(u(x)) \left(\frac{\partial u^\alpha}{\partial x^i} \right)(x) \left(\frac{\partial u^\beta}{\partial x^j} \right)(x) \end{aligned}$$

であたえられる．

これらの事実からつぎのことがわかる．

Riemann 多様体 (M, g) から (N, h) への C^∞ 級写像 $u: M \to N$ に対し，u により N の接ベクトル束 TN から M 上に誘導されるベクトル束 $u^{-1}TN$ を考えよう．$u^{-1}TN$ は点 $u(x) \in N$ における N の接空間 $T_{u(x)}N$ を $x \in M$ 上のファイバーとする M 上のベクトル束である．つぎに M の余接ベクトル束を TM^* とあらわし，ベクトル束 TM^* と $u^{-1}TN$ のテンソル積 $TM^* \otimes u^{-1}TN$ を考えよう．$TM^* \otimes u^{-1}TN$ は $T_xM^* \otimes T_{u(x)}N$ を $x \in M$ 上のファイバーとするベクトル束にほかならない．$\Gamma(TM^* \otimes u^{-1}TN)$ をベクトル束 $TM^* \otimes u^{-1}TN$ の C^∞ 級断面のなす空間とする．すなわち $\Gamma(TM^* \otimes u^{-1}TN)$ は，各 $x \in M$ について $\sigma(x) \in T_xM^* \otimes T_{u(x)}N$ となる C^∞ 級写像 $\sigma: M \to TM^* \otimes u^{-1}TN$ 全体のなす集合である．

さて，M の各点 x における u の微分 du_x に対して $du(x) = du_x$ とおくこ

とにより，写像 $du: M \to TM^* \otimes u^{-1}TN$ が定義できる．(3.5)と du_x の局所表示式(3.7)から，du はベクトル束 $TM^* \otimes u^{-1}TN$ の C^∞ 級断面を定めることが容易にわかる．すなわち

$$du \in \Gamma(TM^* \otimes u^{-1}TN)$$

である．

一方，ベクトル束 $TM^* \otimes u^{-1}TN$ にはテンソル積 $T_xM^* \otimes T_{u(x)}N$ の内積 $\langle\ ,\ \rangle_x$ から自然にファイバー計量 $\langle\ ,\ \rangle$ が定義される．実際，$\sigma, '\sigma \in \Gamma(TM^* \otimes u^{-1}TN)$ に対して

$$\langle \sigma, '\sigma \rangle(x) = \langle \sigma(x), '\sigma(x) \rangle_x, \quad x \in M$$

と定めればよい．そこで $du \in \Gamma(TM^* \otimes u^{-1}TN)$ に対して，このファイバー計量 $\langle\ ,\ \rangle$ に関するノルム $|du|$ を考えることができる．定義より $|du|(x) = |du_x|_x$ であり，$|du|$ は

$$|du|^2 = \sum_{i,j=1}^{m} \sum_{\alpha,\beta=1}^{n} g^{ij} h_{\alpha\beta}(u) \left(\frac{\partial u^\alpha}{\partial x^i} \right) \left(\frac{\partial u^\beta}{\partial x^j} \right) \tag{3.8}$$

であたえられることになる．

以上の考察をもとに，写像 u のエネルギー密度をつぎで定義する．

定義 3.1 Riemann 多様体 (M, g) から (N, h) への C^∞ 級写像 $u: M \to N$ に対し，

$$e(u)(x) = \frac{1}{2}|du|^2(x), \quad x \in M$$

で定義される M 上の C^∞ 級関数 $e(u) \in C^\infty(M)$ を，u の**エネルギー密度関数**あるいは単に**エネルギー密度**(energy density)とよぶ． □

エネルギー密度 $e(u)$ が M 上の C^∞ 級関数になることは(3.8)式からあきらかであろう．また，$\{e_1, \cdots, e_m\}$, $\{e'_1, \cdots, e'_n\}$ をそれぞれ接空間 T_xM, $T_{u(x)}N$ の g_x および $h_{u(x)}$ に関する正規直交基底とし，du_x をこの基底に関して

$$du_x(e_i) = \sum_{\alpha=1}^{n} \lambda_i^\alpha e'_\alpha, \quad i = 1, \cdots, m$$

とあらわすとき，$|du|(x)$ は定義から

$$|du|^2(x) = \sum_{i=1}^{m}\sum_{\alpha=1}^{n}(\lambda_i^\alpha)^2$$

であたえられることが容易に確かめられる．したがって，$|du|^2(x)$ はたがいに直交する方向への u の微分 $du_x : T_xM \to T_{u(x)}N$ の‘伸張率’の2乗和をあらわしていると考えられる．これが $e(u)$ を写像 u のエネルギー密度とよぶ所以である．

定義 3.2　(M,g) がコンパクトな Riemann 多様体であるとき，$e(u)$ の積分

$$E(u) = \int_M e(u)d\mu_g \tag{3.9}$$

を写像 u の**エネルギー**(energy)あるいは**作用積分**(action integral)という．ここに μ_g は Riemann 計量 g から M 上に定義される標準的な測度をあらわす(章末の演習問題3.1参照)．　□

$C^\infty(M,N)$ を Riemann 多様体 (M,g) から (N,h) への C^∞ 級写像全体のなす空間としよう．M がコンパクトならば，$C^\infty(M,N)$ の各元 $u \in C^\infty(M,N)$ に対して，u のエネルギー $E(u) \in \mathbb{R}$ が(3.9)により定まる．したがって，写像のエネルギーは汎関数

$$E : C^\infty(M,N) \to \mathbb{R}$$

を定義していると考えられる．

この汎関数 E の臨界点をあたえる写像をもとめるのが以下の目的である．

§3.2　テンション場

エネルギー汎関数 E の臨界点を特徴づける第1変分公式をもとめるための準備として，写像の第2基本形式とテンション場について考えよう．

(M,g) と (N,h) をそれぞれ m および n 次元 Riemann 多様体とし，$u \in C^\infty(M,N)$ を M から N への C^∞ 級写像とする．u により N の接ベクトル束 TN から M 上に誘導されるベクトル束 $u^{-1}TN$ と M の余接ベクトル束 TM^* とのテンソル積 $TM^* \otimes u^{-1}TN$ を考えよう．前節でみたように，$TM^* \otimes$

$u^{-1}TN$ には，Riemann 計量 g, h からファイバー計量 $\langle\ ,\ \rangle$ が自然に定義される．このファイバー計量 $\langle\ ,\ \rangle$ と両立する，いいかえると $\langle\ ,\ \rangle$ を平行にするような接続が，$TM^*\otimes u^{-1}TN$ に自然に導入できることをまず確かめよう．

M の接ベクトル束 TM には Riemann 計量 g から Levi-Civita 接続 ∇ が定義される．すなわち定理 1.12 でみたように，M 上の C^∞ 級ベクトル場，いいかえると TM の C^∞ 級断面 $X, Y, Z\in\Gamma(TM)$ に対して

$$Xg(Y,Z) = g(\nabla_X Y, Z)+g(Y,\nabla_X Z), \tag{3.10}$$

$$\nabla_X Y-\nabla_Y X = [X,Y] \tag{3.11}$$

をみたす線形接続 ∇ が一意的に存在する．実際，(x^i) を M の局所座標系とし

$$\nabla_{\frac{\partial}{\partial x^i}}\frac{\partial}{\partial x^j} = \sum_{k=1}^{m}\Gamma_{ij}^k\frac{\partial}{\partial x^k} \tag{3.12}$$

によって Levi-Civita 接続 ∇ の (x^i) に関する接続係数 $\{\Gamma_{ij}^k\}$ を定めるとき，Γ_{ij}^k は(1.27)でみたように

$$\Gamma_{ij}^k = \frac{1}{2}\sum_{l=1}^{m}g^{kl}\left(\frac{\partial g_{jl}}{\partial x^i}+\frac{\partial g_{il}}{\partial x^j}-\frac{\partial g_{ij}}{\partial x^l}\right)$$

であたえられる．ここに g_{ij} は g の (x^i) に関する成分であり，g^{ij} は (g_{ij}) の逆行列の成分である．

ところで $Y\in\Gamma(TM)$ に対して

$$\nabla Y(X) = \nabla_X Y,\quad X\in\Gamma(TM)$$

と定義すると，$(1,1)$ 型のテンソル場

$$\nabla Y\in\Gamma(TM^*\otimes TM)\cong \mathrm{Hom}(TM,TM)$$

がえられる．したがって M の Levi-Civita 接続 ∇ は，じつは $(1,0)$ 型 C^∞ 級テンソル場 $Y\in\Gamma(TM)$ に $(1,1)$ 型 C^∞ 級テンソル場 $\nabla Y\in\Gamma(TM^*\otimes TM)$ を対応させる写像

$$\nabla:\ \Gamma(TM)\to\Gamma(TM^*\otimes TM)$$

を定めている．∇Y を Y の**共変微分**(covariant differential)とよぶ．

さてTMに定義されたLevi-Civita接続∇から，つぎのようにしてTM^*上の接続∇^*が定義される．まず(3.2)式でみた線形同型から，接ベクトル束TMと余接ベクトル束TM^*の間の同型写像

$$\flat:\ TM \to TM^*,\quad \sharp:\ TM^* \to TM$$

がえられることに注意しよう．そこでこの同型写像をもちいて，$\omega \in \Gamma(TM^*)$と$X \in \Gamma(TM)$に対して，$\nabla^*_X\omega \in \Gamma(TM^*)$を

$$\nabla^*_X\omega(Y) = (\nabla_X\omega^\sharp)^\flat(Y),\quad Y \in \Gamma(TM) \tag{3.13}$$

で定義すると，$\nabla^*_X\omega$は接ベクトル束TMにおける共変微分$\nabla_X Y$と同じ計算規則をみたすことが容易に確かめられる．$\nabla^*_X\omega$をωのXによる共変微分とよぶ．$\omega \in \Gamma(TM^*)$に対して

$$\nabla^*\omega(X) = \nabla^*_X\omega,\quad X \in \Gamma(TM)$$

と定義すると，$(0,2)$型のテンソル場

$$\nabla^*\omega \in \Gamma(TM^* \otimes TM^*) \cong \mathrm{Hom}(TM, TM^*)$$

がえられるが，この$(0,1)$型C^∞級テンソル場ωに$(0,2)$型C^∞級テンソル場$\nabla^*\omega$を対応させる写像

$$\nabla^*:\ \Gamma(TM^*) \to \Gamma(TM^* \otimes TM^*)$$

を∇から定まるTM^*の接続という．

(3.13)式と$\flat, \sharp$の定義より，$\nabla^*_X\omega$は

$$\nabla^*_X\omega(Y) = X\omega(Y) - \omega(\nabla_X Y) \tag{3.14}$$

であたえられることが簡単な計算でわかる．したがって，(3.14)式を$\nabla^*_X\omega$の定義と理解してもよい．(3.14)式をかきなおして関係式

$$X\omega(Y) = \nabla^*_X\omega(Y) + \omega(\nabla_X Y)$$

がえられるが，これよりTM上の接続∇とTM^*上の接続∇^*がたがいに双対的な関係にあることがわかる．また，g^*の定義と∇^*の定義および(3.10)より，$X \in \Gamma(TM)$と$\omega, \theta \in \Gamma(TM^*)$に対して

$$Xg^*(\omega, \theta) = g^*(\nabla^*_X\omega, \theta) + g^*(\omega, \nabla^*_X\theta) \tag{3.15}$$

がなりたつことが簡単な計算で確かめられる．すなわち，∇^*はTM^*のファイバー計量g^*と両立する接続にほかならないことがわかる．UをMの座標近傍とし，(x^i)をUにおける局所座標系とするとき，(3.14)式から容易に

$$(3.16)\qquad \nabla^*_{\frac{\partial}{\partial x^i}} dx^k = -\sum_{j=1}^m \Gamma^k_{ij} dx^j, \quad 1 \leqq i, k \leqq m$$

がわかる．すなわち，∇ から定まる TM^* の接続 ∇^* の接続係数は ∇ の接続係数の符号をかえたものであたえられることに注意しておこう．

$K \in \Gamma(TM^* \otimes TM^*)$ を $(0,2)$ 型テンソル場，$L \in \Gamma(TM \otimes TM)$ を $(2,0)$ 型テンソル場としよう．以上の定義を一般化して，K と L の共変微分として，$(0,3)$ 型のテンソル場 $\nabla^* K \in \Gamma(TM^* \otimes TM^* \otimes TM^*)$ と $(2,1)$ 型のテンソル場 $\nabla L \in \Gamma(TM^* \otimes TM \otimes TM)$ をそれぞれ

$$(3.17)\qquad \begin{aligned} \nabla^* K(X,Y,Z) &= XK(Y,Z) - K(\nabla_X Y, Z) - K(Y, \nabla_X Z), \\ \nabla L(X,\omega,\theta) &= XL(\omega,\theta) - L(\nabla^*_X \omega, \theta) - L(\omega, \nabla^*_X \theta) \end{aligned}$$

により定義することができる．実際，この定義のもとに

$$\nabla^*_X K(Y,Z) = \nabla^* K(X,Y,Z), \quad \nabla_X L(\omega,\theta) = \nabla L(X,\omega,\theta)$$

で定義される K と L の X による共変微分 $\nabla^*_X K$ と $\nabla_X L$ が $\nabla_X Y$ と同じ計算規則をみたすことを確かめるのは容易である．とくに $\nabla^* K = 0$ および $\nabla L = 0$ となるとき，K と L はそれぞれ接続 ∇^* と ∇ に関して**平行**なテンソル場とよばれる．たとえば g と g^* はそれぞれ M 上の $(0,2)$ 型および $(2,0)$ 型テンソル場であるが，(3.17)式により共変微分 $\nabla^* g$ と ∇g^* を計算すると，(3.10), (3.15)式より

$$\nabla^* g = 0, \quad \nabla g^* = 0$$

がえられる．すなわち g は ∇^* に関して平行な $(0,2)$ 型テンソル場であり，g^* は ∇ に関して平行な $(2,0)$ 型テンソル場であることがわかる．いいかえると Levi-Civita 接続 ∇ が g と両立するということは，g と g^* がそれぞれ接続 ∇^* および ∇ に関して平行なテンソル場となることにほかならないわけである．

M の座標近傍 U における局所座標系 (x^i) に関して，$(0,3)$ 型テンソル場 $\nabla^* g$ と $(2,1)$ 型テンソル場 ∇g^* の成分をそれぞれ $\nabla_i g_{jk}$ と $\nabla_i g^{jk}$ であらわそう．すなわち $\nabla_i g_{jk}$ と $\nabla_i g^{jk}$ は

$$\nabla_i g_{jk} = \nabla^* g\left(\frac{\partial}{\partial x^i}, \frac{\partial}{\partial x^j}, \frac{\partial}{\partial x^k}\right) = \nabla^*_{\frac{\partial}{\partial x^i}} g\left(\frac{\partial}{\partial x^j}, \frac{\partial}{\partial x^k}\right),$$

$$\nabla_i g^{jk} = \nabla g^*\left(\frac{\partial}{\partial x^i}, dx^j, dx^k\right) = \nabla_{\frac{\partial}{\partial x^i}} g^*(dx^j, dx^k)$$

で定義される U 上の C^∞ 級関数である．(3.12), (3.16), (3.17)より，$\nabla_i g_{jk}$ と $\nabla_i g^{jk}$ はそれぞれ

$$(3.18)\qquad \begin{aligned} \nabla_i g_{jk} &= \frac{\partial g_{jk}}{\partial x^i} - \sum_{l=1}^m \Gamma^l_{ij} g_{lk} - \sum_{l=1}^m \Gamma^l_{ik} g_{jl}, \\ \nabla_i g^{jk} &= \frac{\partial g^{jk}}{\partial x^i} + \sum_{l=1}^m \Gamma^j_{il} g^{lk} + \sum_{l=1}^m \Gamma^k_{il} g^{jl} \end{aligned}$$

であたえられることが簡単な計算でわかる．したがって，(3.18)式を $\nabla_i g_{jk}$ および $\nabla_i g^{jk}$ の定義と理解してもよい．g と g^* が ∇^* と ∇ に関して平行なテンソル場であることは

$$(3.19)\qquad \nabla_i g_{jk} = 0, \quad \nabla_i g^{jk} = 0, \qquad 1 \leqq i, j, k \leqq m$$

がなりたつことを意味するが，(3.18)よりこの式は(3.10)と(3.15)を局所座標系をもちいて成分表示したものにほかならないことに注意しておこう．

M から N への C^∞ 級写像 $u: M \to N$ により N の接ベクトル束 TN から M 上に誘導されるベクトル束 $u^{-1}TN$ にも，N の Levi-Civita 接続 ∇' からつぎをみたすような接続 $'\nabla$ が一意的に定義される(章末の演習問題3.2参照)．実際，U と V をそれぞれ M と N の座標近傍で $u(U) \subset V$ となるものとし，(x^i) と (y^α) を U および V における局所座標系とすると，各 $1 \leqq \alpha \leqq n$ に対して

$$(3.20)\qquad \left(\frac{\partial}{\partial y^\alpha} \circ u\right)(x) = \left(\frac{\partial}{\partial y^\alpha}\right)_{u(x)}, \quad x \in U$$

は U 上で $u^{-1}TN$ の C^∞ 級断面を定め，各点 $x \in U$ において

$$\left\{\left(\frac{\partial}{\partial y^1} \circ u\right)(x), \cdots, \left(\frac{\partial}{\partial y^n} \circ u\right)(x)\right\}$$

は $u^{-1}TN$ の x 上のファイバー $T_{u(x)}N$ の基底をあたえる．そこで $u^{-1}TN$ の断面の共変微分 $'\nabla$ を，各 $1 \leqq i \leqq m$，$1 \leqq \gamma \leqq n$ に対して

$$(3.21) \qquad \left({}'\nabla_{\frac{\partial}{\partial x^i}} \frac{\partial}{\partial y^\gamma} \circ u\right)(x) = \nabla'_{du_x\left(\left(\frac{\partial}{\partial x^i}\right)_x\right)} \frac{\partial}{\partial y^\gamma}$$

をみたすものとして定義することができる．このとき，(y^α) に関する ∇' の接続係数を $\Gamma'^{\alpha}_{\beta\gamma}$ であらわせば，(3.20)と(3.21)より簡単な計算で

$$\left({}'\nabla_{\frac{\partial}{\partial x^i}} \frac{\partial}{\partial y^\gamma} \circ u\right)(x) = \sum_{\alpha=1}^{n} \left(\sum_{\beta=1}^{n} \frac{\partial u^\beta}{\partial x^i}(x) \Gamma'^{\alpha}_{\beta\gamma}(u(x))\right) \left(\frac{\partial}{\partial y^\alpha} \circ u\right)(x)$$

をえる．すなわち，$'\nabla$ は接続係数が

$$\left\{ \sum_{\beta=1}^{n} \frac{\partial u^\beta}{\partial x^i} \Gamma'^{\alpha}_{\beta\gamma}(u) \;\middle|\; 1 \leqq i \leqq m,\ 1 \leqq \alpha, \gamma \leqq n \right\}$$

であたえられる $u^{-1}TN$ 上の線形接続にほかならないことがわかる．この $'\nabla$ を $u^{-1}TN$ 上の**誘導接続**という．

一方，N の Riemann 計量 h に対して $u^*h = \{h_{u(x)}\}_{x \in M}$ とおくと，C^∞ 級断面

$$u^*h \in \Gamma(u^{-1}TN^* \otimes u^{-1}TN^*)$$

は $u^{-1}TN$ のファイバー計量を定め，(3.17)と同様にして，誘導接続 $'\nabla$ は u^*h の共変微分

$$'\nabla u^*h \in \Gamma(TM^* \otimes u^{-1}TN^* \otimes u^{-1}TN^*)$$

を定義する．M の局所座標系 (x^i) と N の局所座標系 (y^α) に関して $'\nabla u^*h$ の成分を

$$\begin{aligned} \nabla_i h_{\alpha\beta}(u) &= {}'\nabla u^*h\left(\frac{\partial}{\partial x^i}, \frac{\partial}{\partial y^\alpha} \circ u, \frac{\partial}{\partial y^\beta} \circ u\right) \\ &= {}'\nabla_{\frac{\partial}{\partial x^i}} u^*h\left(\frac{\partial}{\partial y^\alpha} \circ u, \frac{\partial}{\partial y^\beta} \circ u\right) \end{aligned}$$

とあらわすとき，N の Levi-Civita 接続 ∇' が h と両立していることと $'\nabla$ の定義から

$$(3.22) \qquad \nabla_i h_{\alpha\beta}(u) = 0, \quad 1 \leqq i \leqq m,\ 1 \leqq \alpha, \beta \leqq n$$

がなりたつことが容易に確かめられる．すなわち，誘導接続 $'\nabla$ はファイバー計量 u^*h と両立する接続にほかならないことがわかる．

さて TM^* の接続 ∇^* と $u^{-1}TN$ の誘導接続 $'\nabla$ から，TM^* と $u^{-1}TN$ のテ

ンソル積 $TM^*\otimes u^{-1}TN$ 上の接続 ∇ が，つぎのようにして定義できる．まず一般に $TM^*\otimes u^{-1}TN$ の C^∞ 級断面は，TM^* の C^∞ 級断面と $u^{-1}TN$ の C^∞ 級断面のテンソル積の1次結合としてあらわされることに注意しよう．したがって，もとめる接続 ∇ を定義するには，$\omega\in\Gamma(TM^*)$ と $W\in\Gamma(u^{-1}TN)$ のテンソル積としてえられる断面 $\omega\otimes W\in\Gamma(TM^*\otimes u^{-1}TN)$ に対して，共変微分 $\nabla(\omega\otimes W)\in\Gamma(TM^*\otimes TM^*\otimes u^{-1}TN)$ を定めればよいことになる．そこで $\nabla(\omega\otimes W)$ を ∇^* と $'\nabla$ をもちいて

$$\nabla(\omega\otimes W) = (\nabla^*\omega)\otimes W+\omega\otimes({}'\nabla W) \tag{3.23}$$

と定めよう．このとき，この定義のもとに

$$\nabla_X(\omega\otimes W) = (\nabla^*_X\omega)\otimes W+\omega\otimes({}'\nabla_X W), \quad X\in\Gamma(TM)$$

で定義される $\omega\otimes W$ の X による共変微分 $\nabla_X(\omega\otimes W)$ が，TM における共変微分 ∇_XY と同じ計算規則をみたすことが容易に確かめられる．したがって(3.23)により，テンソル積 $TM^*\otimes u^{-1}TN$ 上の接続

$$\nabla : \Gamma(TM^*\otimes u^{-1}TN)\to\Gamma(TM^*\otimes TM^*\otimes u^{-1}TN)$$

が定義されることになる．

この接続 ∇ が $TM^*\otimes u^{-1}TN$ 上のファイバー計量 $\langle\ ,\ \rangle$ と両立する接続であることは定義からほとんどあきらかであろう．実際，M と N の局所座標系 (x^i) と (y^α) に関する $\langle\ ,\ \rangle$ の成分が $g^{jk}h_{\alpha\beta}(u)$ であたえられることと，(3.23)および(3.19), (3.22)式より，$(TM^*\otimes u^{-1}TN)^*\otimes(TM^*\otimes u^{-1}TN)^*\cong TM\otimes TM\otimes u^{-1}TN^*\otimes u^{-1}TN^*$ の C^∞ 級断面としての $\langle\ ,\ \rangle$ の共変微分について

$$\nabla_i g^{jk}h_{\alpha\beta}(u) = 0, \quad 1\leqq i,j,k\leqq m,\ 1\leqq\alpha,\beta\leqq n \tag{3.24}$$

がなりたつのをみるのはやさしい．

さて前節でみたように，M から N への C^∞ 級写像 $u\in C^\infty(M,N)$ の微分はベクトル束 $TM^*\otimes u^{-1}TN$ の C^∞ 級断面 $du\in\Gamma(TM^*\otimes u^{-1}TN)$ を定める．したがって $TM^*\otimes u^{-1}TN$ 上の接続 ∇ による du の共変微分を考えることにより，ベクトル束 $TM^*\otimes TM^*\otimes u^{-1}TN$ の C^∞ 級断面

$$\nabla du\in\Gamma(TM^*\otimes TM^*\otimes u^{-1}TN)$$

がえられる．この ∇du を C^∞ 級写像 u の**第2基本形式**とよぶ．ベクトル束

として $TM^*\otimes TM^*\otimes u^{-1}TN$ は準同型束 $\mathrm{Hom}(TM\otimes TM, u^{-1}TN)$ と同型であるから，∇du は誘導束 $u^{-1}TN$ に値をとる M 上の $(0,2)$ 型テンソル場にほかならない．ここでつぎに注意しよう．

補題 3.3　$u\in C^\infty(M,N)$ と $X,Y\in\Gamma(TM)$ に対して

$$\nabla du(X,Y) = {}'\nabla_X du(Y) - du(\nabla_X Y) \tag{3.25}$$

がなりたつ．

［証明］　$du\in\Gamma(TM^*\otimes u^{-1}TN)$ はベクトル束 TM^* と $u^{-1}TN$ の C^∞ 級断面のテンソル積の1次結合としてあらわされるから，$\omega\in\Gamma(TM^*)$ と $W\in\Gamma(u^{-1}TN)$ のテンソル積 $\omega\otimes W\in\Gamma(TM^*\otimes u^{-1}TN)$ について考えれば十分である．このとき，$TM^*\otimes u^{-1}TN$ 上の接続 ∇ の定義(3.23)と(3.14)式から容易に

$$\begin{aligned}(\nabla(\omega\otimes W))(X,Y) &= (\nabla^*_X\omega\otimes W + \omega\otimes{}'\nabla_X W)(Y)\\ &= (X\omega(Y) - \omega(\nabla_X Y))\cdot W + \omega(Y)\cdot{}'\nabla_X W\\ &= {}'\nabla_X((\omega\otimes W)(Y)) - (\omega\otimes W)(\nabla_X Y)\end{aligned}$$

となることが確かめられる．よって

$$\nabla du(X,Y) = (\nabla_X du)(Y) = {}'\nabla_X du(Y) - du(\nabla_X Y)$$

がなりたつことがわかる．■

補題 3.3 より，(3.25)式を ∇du の定義式と理解してもよいことがわかる．一方，M の局所座標系 (x^i) と N の局所座標系 (y^α) に関して，$du\in\Gamma(TM^*\otimes u^{-1}TN)$ および $\nabla du\in\Gamma(TM^*\otimes TM^*\otimes u^{-1}TN)$ を

$$du = \sum_{i=1}^m\sum_{\alpha=1}^n \frac{\partial u^\alpha}{\partial x^i}\cdot dx^i\otimes\frac{\partial}{\partial y^\alpha}\circ u, \tag{3.26}$$

$$\nabla du = \sum_{i,j=1}^m\sum_{\alpha=1}^n \nabla_i\nabla_j u^\alpha\cdot dx^i\otimes dx^j\otimes\frac{\partial}{\partial y^\alpha}\circ u \tag{3.27}$$

とあらわすとき，つぎがえられる．

補題 3.4　各 $1\leqq i,j\leqq m$，$1\leqq\alpha\leqq n$ に対して

$$\nabla_i\nabla_j u^\alpha = \frac{\partial^2 u^\alpha}{\partial x^i\partial x^j} - \sum_{k=1}^m \Gamma^k_{ij}\frac{\partial u^\alpha}{\partial x^k} + \sum_{\beta,\gamma=1}^n {\Gamma'}^\alpha_{\beta\gamma}(u)\frac{\partial u^\beta}{\partial x^i}\frac{\partial u^\gamma}{\partial x^j}$$

がなりたつ．

［証明］ ∇du の定義と(3.27)より

$$\nabla_{\frac{\partial}{\partial x^i}} du = \nabla du\left(\frac{\partial}{\partial x^i}, \ \cdot\ , \ \cdot\ \right) = \sum_{j=1}^{m}\sum_{\alpha=1}^{n} \nabla_i \nabla_j u^\alpha \cdot dx^j \otimes \frac{\partial}{\partial y^\alpha} \circ u$$

をえる．一方，誘導接続 $'\nabla$ の定義と(3.16), (3.26)より

$$\begin{aligned}
\nabla_{\frac{\partial}{\partial x^i}} du &= \nabla_{\frac{\partial}{\partial x^i}} \left(\sum_{j=1}^{m}\sum_{\alpha=1}^{n} \frac{\partial u^\alpha}{\partial x^j} dx^j \otimes \frac{\partial}{\partial y^\alpha} \circ u\right) \\
&= \sum_{j=1}^{m}\sum_{\alpha=1}^{n} \left\{ \frac{\partial^2 u^\alpha}{\partial x^i \partial x^j} dx^j \otimes \frac{\partial}{\partial y^\alpha} \circ u \right. \\
&\quad \left. + \frac{\partial u^\alpha}{\partial x^j} \nabla^*_{\frac{\partial}{\partial x^i}} dx^j \otimes \frac{\partial}{\partial y^\alpha} \circ u + \frac{\partial u^\alpha}{\partial x^j} dx^j \otimes {}'\nabla_{\frac{\partial}{\partial x^i}} \frac{\partial}{\partial y^\alpha} \circ u \right\} \\
&= \sum_{j=1}^{m}\sum_{\alpha=1}^{n} \left\{ \frac{\partial^2 u^\alpha}{\partial x^i \partial x^j} - \sum_{k=1}^{m} \Gamma_{ij}^k \frac{\partial u^\alpha}{\partial x^k} + \sum_{\beta,\gamma=1}^{n} \Gamma'^\alpha_{\beta\gamma}(u) \frac{\partial u^\beta}{\partial x^i} \frac{\partial u^\gamma}{\partial x^j} \right\} \\
&\quad \times dx^j \otimes \frac{\partial}{\partial y^\alpha} \circ u
\end{aligned}$$

がえられる．これよりあきらか． ∎

補題3.4と接続係数の対称性より，とくに $\nabla_i \nabla_j u^\alpha = \nabla_j \nabla_i u^\alpha$ であることがわかる．いいかえると，C^∞ 級写像 u の第2基本形式は，誘導束 $u^{-1}TN$ に値をとる M 上の対称な $(0,2)$ 型テンソル場であることがわかる．すなわちつぎをえる．

系3.5　$u \in C^\infty(M,N)$ と $X, Y \in \Gamma(TM)$ に対して

$$\nabla du(X,Y) = \nabla du(Y,X)$$

がなりたつ． □

C^∞ 級写像 u の第2基本形式 ∇du に対して，各 $x \in M$ において接空間 T_xM の g_x に関する正規直交基底 $\{e_1, \cdots, e_m\}$ をえらべば，容易に確かめられるように

$$\operatorname{trace} \nabla du(x) = \sum_{i=1}^{m} \nabla du(x)(e_i, e_i)$$

はこのような正規直交基底のえらび方によらずに定まり，ベクトル束 $u^{-1}TN$ の C^∞ 級断面をあたえることがわかる．このことは，M と N の局所座標系

(x^i) と (y^α) に関して ∇du を(3.27)のようにあらわすとき，trace ∇du が

$$\text{(3.28)} \qquad \operatorname{trace} \nabla du = \sum_{\alpha=1}^{n} \left(\sum_{i,j=1}^{m} g^{ij} \nabla_i \nabla_j u^\alpha \right) \frac{\partial}{\partial y^\alpha} \circ u$$

であたえられることからもわかる．

定義 3.6　C^∞ 級写像 $u \in C^\infty(M, N)$ に対して

$$\tau(u) = \operatorname{trace} \nabla du \in \Gamma(u^{-1}TN)$$

を u の**テンション場**(tension field)という． □

最後に，誘導束 $u^{-1}TN$ 上の誘導接続 $'\nabla$ に関してつぎを注意しておこう．

補題 3.7　$u \in C^\infty(M, N)$ と $X, Y \in \Gamma(TM)$ に対して

$$'\nabla_X du(Y) - {}'\nabla_Y du(X) = du([X, Y])$$

がなりたつ．

［証明］　補題3.3と系3.5より，(3.11)に注意して

$$'\nabla_X du(Y) - {}'\nabla_Y du(X) = du(\nabla_X Y - \nabla_Y X) = du([X, Y])$$

をえる． ∎

以上の議論において，M の Levi-Civita 接続 ∇ と N の Levi-Civita 接続 ∇'，また ∇ から定まる TM^* の接続 ∇^* や ∇' から定まる $u^{-1}TN$ の誘導接続 $'\nabla$，さらに $TM^* \otimes u^{-1}TN$ の自然なファイバー計量 $\langle\ ,\ \rangle$ と両立する接続 ∇ などをもちいた．以後，混同のおそれのない場合は，これらの接続をすべて同じ記号 ∇ であらわすことにしよう．煩雑さを避けるためと，統一的に同じ記号であらわすほうが便利だからである．

§3.3　第1変分公式

以上の準備のもとに，C^∞ 級写像 $u \in C^\infty(M, N)$ のエネルギー $E(u)$ に関する第1変分公式をもとめよう．

(M, g) をコンパクトな m 次元 Riemann 多様体，(N, h) を n 次元 Riemann 多様体とし，$I = (-\epsilon, \epsilon)$ $(\epsilon > 0)$ を実数直線 $\mathbb{R}^1$ の開区間とする．M から N への C^∞ 級写像 $u \in C^\infty(M, N)$ に対して，C^∞ 級写像 $F: M \times I \to N$ が条件

$$\text{(3.29)} \qquad F(x, 0) = u(x), \quad x \in M$$

をみたすとき，F を u の C^∞ **級変分**あるいは**滑らかな変分**という．

このような C^∞ 級変分 F に対し

$$u_t(x) = F(x,t), \quad x \in M,\ t \in I$$

とおくと，各 $t \in I$ に対し u_t は C^∞ 級写像 $u_t : M \to N$ を定義し，条件(3.29)より $u_0 = u$ となる．しかも $F(x,t)$ は t に関しても C^∞ 級であるから，このようにしてえられる写像の族 $\{u_t \mid t \in I\} \subset C^\infty(M,N)$ は，あたえられた写像 $u = u_0$ の写像空間 $C^\infty(M,N)$ における‘滑らかな変形’を定義していると考えられる．以下，簡単のために $u \in C^\infty(M,N)$ の C^∞ 級変分を $F = \{u_t\}_{t\in I}$ とかくことにしよう．

$u \in C^\infty(M,N)$ の C^∞ 級変分 $F = \{u_t\}_{t\in I}$ があたえられたとき，各 $x \in M$ に対して，$u_t(x) = F(x,t) : I \to N$ は $t=0$ において点 $u(x)$ を通る N の C^∞ 級曲線を定める．したがって，これらの曲線の $t=0$ における接ベクトルの全体

$$V(x) = \left.\frac{d}{dt}\right|_{t=0} u_t(x) = \frac{\partial F}{\partial t}(x,0) \in T_{u(x)}N, \quad x \in M$$

は，誘導束 $u^{-1}TN$ の C^∞ 級断面 $V \in \Gamma(u^{-1}TN)$ を定義する．いいかえると，$V(x)$ は写像 u に沿って定義された N 上の C^∞ 級ベクトル場を定めるわけである．積多様体 $M \times I$ の点 (x,t) における接空間 $T_{(x,t)}(M \times I)$ は接空間 T_xM と T_tI の直和 $T_xM \oplus T_tI$ と自然な同型で同一視されるが，このとき V は

$$V(x) = dF_{(x,0)}\left(0, \left(\frac{d}{dt}\right)_0\right), \quad (x,0) \in M \times I$$

であたえられるベクトル場にほかならない．このようにしてえられるベクトル場 $V \in \Gamma(u^{-1}TN)$ を写像 u の**変分ベクトル場**という．

C^∞ 級写像 $u \in C^\infty(M,N)$ に対して，誘導束 $u^{-1}TN$ の C^∞ 級断面 $V \in \Gamma(u^{-1}TN)$ があたえられたとき，十分小さい $\epsilon > 0$ に対し，u の C^∞ 級変分 $F = \{u_t\}_{t\in I}$ を

$$F(x,t) = \exp_{u(x)}(tV(x)), \quad (x,t) \in M \times I$$

で定義することができ，この変分 F について

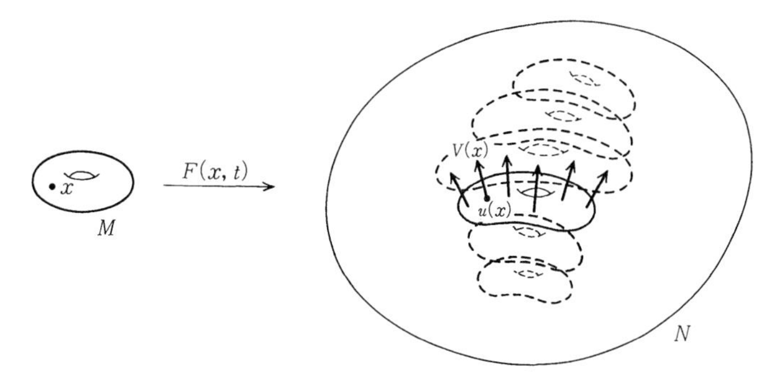

図 3.1　写像の変分と変分ベクトル場

$$V(x) = \left.\frac{d}{dt}\right|_{t=0} u_t(x), \quad x \in M$$

がなりたつ．したがって，誘導束 $u^{-1}TN$ の C^∞ 級断面のなす集合 $\Gamma(u^{-1}TN)$ は写像 u の変分ベクトル場のなす空間にほかならない．

さて C^∞ 級変分 $F=\{u_t\}_{t\in I}$ のもとでのエネルギー汎関数 E の変化について調べよう．F は C^∞ 級の変分であるから，各 $u_t \in C^\infty(M,N)$ のエネルギー

$$E(u_t) = \frac{1}{2}\int_M |du_t|^2 d\mu_g$$

は t について C^∞ 級関数となる．このとき，$E(u_t)$ の第1変分に関してつぎがえられる．

定理 3.8（第1変分公式）　$F=\{u_t\}_{t\in I}$ を C^∞ 級写像 $u\in C^\infty(M,N)$ の C^∞ 級変分とする．このとき

$$\left.\frac{d}{dt}E(u_t)\right|_{t=0} = -\int_M \langle V, \tau(u)\rangle d\mu_g \tag{3.30}$$

がなりたつ．ここに，$V = \left.\frac{d}{dt}\right|_{t=0} u_t$ は u の変分ベクトル場であり，$\tau(u)$ は u のテンション場である．また $\langle\ ,\ \rangle$ は誘導束 $u^{-1}TN$ の自然なファイバー計量をあらわす．

［証明］　u の C^∞ 級変分を定義する C^∞ 級写像を $F(x,t)=u_t(x): M\times I \to$

N とし，$M\times I$ 上のベクトル束 $T(M\times I)^*\otimes F^{-1}TN$ を考えよう．前節でみたように，$T(M\times I)^*\otimes F^{-1}TN$ は自然なファイバー計量 $\langle\ ,\ \rangle$ と，それと両立する標準的な接続 ∇ をもつ．接空間の自然な同一視 $T_{(x,t)}(M\times I)\cong T_xM\oplus T_tI$ のもとで，この接続 ∇ に関する $(\partial/\partial x^i,0)\in T_{(x,t)}(M\times I)$ および $(0,d/dt)\in T_{(x,t)}(M\times I)$ 方向への共変微分をそれぞれ

$$\nabla_i=\nabla_{(\partial/\partial x^i,0)},\quad \nabla_t=\nabla_{(0,d/dt)}$$

であらわす．M と N の局所座標系を (x^i), (y^α) とし，Riemann 計量 g, h の成分をそれぞれ g_{jk}, $h_{\alpha\beta}$ とするとき，∇ はファイバー計量 $\langle\ ,\ \rangle$ と両立する接続であるから，(3.24)より各 $1\leqq i,j,k\leqq m$, $1\leqq\alpha,\beta\leqq n$ について

$$\nabla_i g^{jk}h_{\alpha\beta}(u_t)=0,\quad \nabla_t g^{jk}h_{\alpha\beta}(u_t)=0 \tag{3.31}$$

がなりたつことに注意しよう．

さて，定義より $E(u_t)$ は

$$E(u_t)=\frac{1}{2}\int_M\sum_{i,j=1}^m\sum_{\alpha,\beta=1}^n g^{ij}h_{\alpha\beta}(u_t)\frac{\partial u_t^\alpha}{\partial x^i}\frac{\partial u_t^\beta}{\partial x^j}\,d\mu_g$$

であたえられるから，(3.31)に注意して

$$\begin{aligned}\frac{d}{dt}E(u_t)\Big|_{t=0}&=\frac{1}{2}\int_M\frac{d}{dt}\left(\sum_{i,j=1}^m\sum_{\alpha,\beta=1}^n g^{ij}h_{\alpha\beta}(u_t)\frac{\partial u_t^\alpha}{\partial x^i}\frac{\partial u_t^\beta}{\partial x^j}\right)\Big|_{t=0}d\mu_g\\&=\int_M\sum_{i,j=1}^m\sum_{\alpha,\beta=1}^n\left(g^{ij}h_{\alpha\beta}(u_t)\nabla_t\frac{\partial u_t^\alpha}{\partial x^i}\frac{\partial u_t^\beta}{\partial x^j}\right)\Big|_{t=0}d\mu_g\end{aligned}$$

をえる．

一方，C^∞ 級写像 F と $M\times I$ 上のベクトル場 $(\partial/\partial x^i,0)$, $(0,d/dt)$ に対して補題3.7を適用し，$[(0,d/dt),(\partial/\partial x^i,0)]=0$ に注意すると

$$\begin{aligned}&\nabla_{(0,d/dt)}du_t\Big(\Big(\frac{\partial}{\partial x^i},0\Big)\Big)-\nabla_{(\partial/\partial x^i,0)}du_t\Big(\Big(0,\frac{d}{dt}\Big)\Big)\\&=du_t\Big(\Big[\Big(0,\frac{d}{dt}\Big),\Big(\frac{\partial}{\partial x^i},0\Big)\Big]\Big)=0.\end{aligned}$$

したがって，各 $1\leqq i\leqq m$, $1\leqq\alpha\leqq n$ について

$$\nabla_t\frac{\partial u_t^\alpha}{\partial x^i}=\nabla_i\frac{\partial u_t^\alpha}{\partial t} \tag{3.32}$$

となるから，u の変分ベクトル場を

$$V=\sum_{\alpha=1}^{n}V^{\alpha}\frac{\partial}{\partial y^{\alpha}}\circ u$$

とかくとき，$V^{\alpha}=\left.\dfrac{\partial u_t^{\alpha}}{\partial t}\right|_{t=0}$ であることに注意して

$$\begin{aligned}\left.\frac{d}{dt}E(u_t)\right|_{t=0}&=\int_M\sum_{i,j=1}^{m}\sum_{\alpha,\beta=1}^{n}g^{ij}h_{\alpha\beta}(u)\nabla_i\left(\left.\frac{\partial u_t^{\alpha}}{\partial t}\right|_{t=0}\right)\frac{\partial u^{\beta}}{\partial x^j}d\mu_g\\&=\int_M\sum_{i,j=1}^{m}\sum_{\alpha,\beta=1}^{n}g^{ij}h_{\alpha\beta}(u)\nabla_iV^{\alpha}\frac{\partial u^{\beta}}{\partial x^j}d\mu_g\\&=\int_M\langle\nabla V,du\rangle d\mu_g\end{aligned}$$

をえる．ここで，右辺の $\langle\ ,\ \rangle$ はベクトル束 $TM^*\otimes u^{-1}TN$ の自然なファイバー計量をあらわす．

よってつぎの補題より，$E(u_t)$ の第1変分公式として(3.30)をえる．∎

補題 3.9　$u\in C^{\infty}(M,N)$ と $V\in\Gamma(u^{-1}TN)$ に対して

$$\int_M\langle\nabla V,du\rangle d\mu_g=-\int_M\langle V,\tau(u)\rangle d\mu_g$$

がなりたつ．ただし，左辺と右辺の $\langle\ ,\ \rangle$ はそれぞれ $TM^*\otimes u^{-1}TN$ および $u^{-1}TN$ の自然なファイバー計量をあらわす．

[証明]

$$X=\sum_{i=1}^{m}X^i\frac{\partial}{\partial x^i}=\sum_{i=1}^{m}\left(\sum_{j=1}^{m}\sum_{\alpha,\beta=1}^{n}g^{ij}h_{\alpha\beta}(u)V^{\alpha}\frac{\partial u^{\beta}}{\partial x^j}\right)\frac{\partial}{\partial x^i}$$

で定義される M 上の C^{∞} 級ベクトル場 X を考えよう．X の共変微分を

$$\nabla X=\sum_{i,j=1}^{m}\nabla_iX^j\cdot dx^i\otimes\frac{\partial}{\partial x^j}$$

とかくとき，X の発散は $\operatorname{div}X=\sum_{i=1}^{m}\nabla_iX^i$ であたえられるから(章末の演習問題3.3参照)，関係式

$$\nabla(V\otimes du)=\nabla V\otimes du+V\otimes\nabla du$$

および(3.24)と(3.26)，(3.27)，(3.28)に注意すれば

$$\operatorname{div} X = \sum_{i,j=1}^{m} \sum_{\alpha,\beta=1}^{n} g^{ij} h_{\alpha\beta}(u) \nabla_i V^\alpha \frac{\partial u^\beta}{\partial x^j} + \sum_{i,j=1}^{m} \sum_{\alpha,\beta=1}^{n} g^{ij} h_{\alpha\beta}(u) V^\alpha \nabla_i \nabla_j u^\beta = \langle \nabla V, du \rangle + \langle V, \tau(u) \rangle$$

となることが簡単な計算でわかる．したがって Green の定理

$$\int_M \operatorname{div} X d\mu_g = 0$$

より(章末の演習問題 3.4 参照)，もとめる結果をえる． ∎

定理 3.8 の第 1 変分公式よりつぎがえられる．

系 3.10　$u \in C^\infty(M,N)$ に対して，任意の C^∞ 級変分 $F = \{u_t\}_{t\in I}$ について $E(u_t)$ の第 1 変分が $\left.\dfrac{d}{dt}E(u_t)\right|_{t=0} = 0$ となるための必要十分条件は，u のテンション場について $\tau(u) \equiv 0$ となることである．

［証明］　第 1 変分公式(3.30)において，変分ベクトル場 V として任意の C^∞ 級断面 $V \in \Gamma(u^{-1}TN)$ をとることができることに注意すればよい． ∎

系 3.10 は，$\tau(u) \equiv 0$ となる C^∞ 級写像 $u \in C^\infty(M,N)$ がエネルギー汎関数 $E\colon C^\infty(M,N) \to \mathbb{R}$ の臨界点をあたえる写像にほかならないことを意味している．

また定理 3.8 と補題 3.9 の証明からわかるように，ベクトル束 $TM^* \otimes u^{-1}TN$ 上の接続 ∇ とベクトル場の発散に関する Green の定理をもちいているが，写像のエネルギー $E(u)$ に関する第 1 変分公式の証明の方針も，定理 2.4 における曲線のエネルギー $E(c)$ に関する第 1 変分公式の場合と本質的に同じであることに注意しておこう．

§3.4　調和写像

§3.3 でもとめた写像のエネルギーに関する第 1 変分公式から，エネルギー汎関数 E の臨界点はテンション場が 0 となる C^∞ 級写像によりあたえられることがわかった．このような写像を一般に調和写像という．この節では，

調和写像の定義と具体例についてみてみよう.

以下，(M,g) と (N,h) をそれぞれ m および n 次元の連結な Riemann 多様体とし，$u:M\to N$ を M から N への C^∞ 級写像とする．まず調和写像の定義をきちんとのべよう.

定義 3.11 C^∞ 級写像 $u\in C^\infty(M,N)$ が**調和写像**(harmonic map)であるとは，u のテンション場 $\tau(u)$ が恒等的に 0 となるとき，すなわち M 上で

$$\tau(u)=\operatorname{trace}\nabla du\equiv 0 \tag{3.33}$$

がなりたつときをいう．また(3.33)式を**調和写像の方程式**とよぶ. □

M がコンパクトなとき，調和写像 u はエネルギー汎関数 $E: C^\infty(M,N)\to\mathbb{R}$ の臨界点をあたえる写像にほかならない．実際，系 3.10 でみたように，$u\in C^\infty(M,N)$ が調和写像であることは，u の任意の C^∞ 級変分 $F=\{u_t\}_{t\in I}$ に対して

$$\left.\frac{d}{dt}E(u_t)\right|_{t=0}=0$$

となることを意味する.

また補題 3.4 と(3.28)式より，調和写像の方程式に関してつぎがわかる．M の局所座標系 (x^i) と N の局所座標系 (y^α) に関して，写像 u を

$$u(x)=(u^1(x^1,\cdots,x^m),\ \cdots,\ u^n(x^1,\cdots,x^m))=(u^\alpha(x^i))$$

とあらわし，u のテンション場 $\tau(u)$ を

$$\tau(u)=\sum_{\alpha=1}^{n}\tau(u)^\alpha\frac{\partial}{\partial y^\alpha}\circ u\in\Gamma(u^{-1}TN)$$

とかくとき，$\tau(u)^\alpha$ は

$$\begin{aligned}\tau(u)^\alpha&=\sum_{i,j=1}^{m}g^{ij}\left\{\frac{\partial^2u^\alpha}{\partial x^i\partial x^j}-\sum_{k=1}^{m}\Gamma_{ij}^k\frac{\partial u^\alpha}{\partial x^k}+\sum_{\beta,\gamma=1}^{n}\Gamma'^\alpha_{\beta\gamma}(u)\frac{\partial u^\beta}{\partial x^i}\frac{\partial u^\gamma}{\partial x^j}\right\}\\&=\Delta u^\alpha+\sum_{i,j=1}^{m}\sum_{\beta,\gamma=1}^{n}g^{ij}\Gamma'^\alpha_{\beta\gamma}(u)\frac{\partial u^\beta}{\partial x^i}\frac{\partial u^\gamma}{\partial x^j}\end{aligned}$$

であたえられる．ただし，Γ_{jk}^i と $\Gamma'^\alpha_{\beta\gamma}$ はそれぞれ M と N の Levi-Civita 接続 ∇ および ∇' の接続係数をあらわし，Δ は M の Laplace 作用素である(章末の演習問題 3.3 参照)．したがって，調和写像の方程式(3.33)は M と N

の局所座標系のもとで

$$(3.34)\qquad \Delta u^\alpha + \sum_{i,j=1}^{m}\sum_{\beta,\gamma=1}^{n} g^{ij}\Gamma'^{\alpha}_{\beta\gamma}(u)\frac{\partial u^\beta}{\partial x^i}\frac{\partial u^\gamma}{\partial x^j} = 0, \quad 1 \leqq \alpha \leqq n$$

とあらわすことができる．

局所座標系による表示(3.34)から，調和写像の方程式(3.33)は準線形2階楕円型偏微分方程式系であることがわかる．実際，(3.34)式の線形部分はu^αのラプラシアンであり，非線形部分はu^αの1階導関数の2次式にほかならない．そこで

$$\Gamma(u)(du,du)^\alpha = \sum_{i,j=1}^{m}\sum_{\beta,\gamma=1}^{n} g^{ij}\Gamma'^{\alpha}_{\beta\gamma}(u)\frac{\partial u^\beta}{\partial x^i}\frac{\partial u^\gamma}{\partial x^j}$$

とおき，形式的に(3.33)式を

$$\Delta u^\alpha + \Gamma(u)(du,du)^\alpha = 0, \quad 1 \leqq \alpha \leqq n$$

と分解すれば，調和写像の方程式の特徴が理解しやすい．ただし，このような分解はMの座標変換のもとでのみ不変な意味をもち，Nの座標変換に関しては不変でないことに注意しておこう．

調和写像の例は微分幾何学のいろいろな問題にあらわれる．以下そのような具体例をいくつかみてみよう．

例 3.12（定値写像と恒等写像）　最も簡単な調和写像の例は定値写像であろう．実際，$u: M \to N$を定値写像とすると，ある点$q \in N$が存在して

$$u(x) = q, \quad x \in M$$

であるから，uの微分duは恒等的に0となる．したがってuのテンション場$\tau(u)$も恒等的に0となる．とくにMがコンパクトのとき，uが定値写像ならばuのエネルギー$E(u)$は0であり，逆もなりたつ．すなわち，定値写像はエネルギー汎関数$E: C^\infty(M,N) \to \mathbb{R}$の最小値をあたえる写像にほかならない．

一方，$u: M \to M$を恒等写像

$$u(x) = x, \quad x \in M$$

とすれば，各$x \in M$に対して$du_x: T_xM \to T_xM$は恒等写像となる．したがって$\tau(u) \equiv 0$となり，uは調和写像であることがわかる．　□

例 3.13（調和関数） (N,h) を 1 次元 Euclid 空間 $\mathbb{E}^1$ としよう．すなわち $\mathbb{E}^1$ は実数直線 $\mathbb{R}^1$ に Euclid 内積をあたえたものであり，M から N への C^∞ 級写像は M 上の C^∞ 級関数 $u: M \to \mathbb{R}$ にほかならない．このとき，例 1.14 でみたように，調和写像の方程式(3.34)において $\Gamma'^{\alpha}_{\beta\gamma}=0$ であるから，u が調和写像であることは，M の Laplace 作用素 Δ に関して

$$\Delta u = 0 \qquad \text{（Laplace の方程式）}$$

をみたすことと同値となる．したがって，調和写像 $u: M \to \mathbb{R}$ は M 上の**調和関数**(harmonic function)にほかならない．

一般に，関数 $u: M \to \mathbb{R}$ に対して(3.9)で定義されるエネルギー $E(u)$ は u の **Dirichlet 積分**とよばれ，Laplace の方程式 $\Delta u=0$ が Dirichlet 積分に対する Euler の方程式すなわち第 1 変分公式にほかならないことは，**Dirichlet の原理**として解析学でよく知られた事実である．この意味で，調和写像の方程式 $\tau(u)=0$ は関数に対する Laplace の方程式を，Riemann 多様体間の写像に対する方程式に一般化したものであると考えることができる．これが $\tau(u)=0$ となる写像 u を調和写像とよぶ所以である． □

例 3.14（測地線） つぎに (M,g) を 1 次元 Euclid 空間 $\mathbb{E}^1$ としてみよう．このとき M から N への C^∞ 級写像は N の C^∞ 級曲線 $u: \mathbb{R} \to N$ を定めることになる．また t を $\mathbb{R}^1$ の座標関数とするとき，例 3.13 の場合と同様に $\Gamma^i_{jk}=0$ となるから，調和写像の方程式(3.34)は結局 N の測地線の方程式

$$\frac{d^2u^\alpha}{dt^2} + \sum_{\beta,\gamma=1}^{n} \Gamma'^{\alpha}_{\beta\gamma}(u)\frac{du^\beta}{dt}\frac{du^\gamma}{dt} = 0, \quad 1 \leqq \alpha \leqq n$$

に帰着する．したがって，調和写像 $u: \mathbb{R} \to N$ は N の測地線であり，t は u のアフィンパラメーターにほかならないことがわかる．

一方，(M,g) を 1 次元単位球面 $S^1 \subset \mathbb{E}^2$ とすると，C^∞ 級写像 $u: S^1 \to N$ は N の滑らかなループを定め，調和写像 $u: S^1 \to N$ は N の閉測地線にほかならないことがわかる．また u のエネルギー $E(u)$ は §1.1 で定義した曲線のエネルギーにほかならない．したがって調和写像の方程式 $\tau(u)=0$ は，曲線に対する測地線の方程式を Riemann 多様体間の写像に対する方程式に一般化したものであるとみなすこともできる．つぎの例もそのような視点から

みると理解しやすい． □

例 3.15（極小部分多様体）　$u: M \to N$ を Riemann 多様体 (M,g) から (N,h) への C^∞ 級はめこみとしよう．このとき例 1.2 でみたように，u による h からの誘導計量 u^*h が M 上に定まるが，とくに $g = u^*h$ となるとき，すなわち各 $x \in M$ において

$$g_x(v,w) = h_{u(x)}(du_x(v), du_x(w)), \quad v,w \in T_xM$$

がなりたつとき，u を M から N への**等長的はめこみ**という．

C^∞ 級はめこみ $u: M \to N$ に対し，$u(x) \in N$ における N の接空間 $T_{u(x)}N$ を $h_{u(x)}$ に関して

$$T_{u(x)}N = du_x(T_xM) \oplus du_x(T_xM)^\perp, \quad x \in M$$

と直交分解することにより，M の法ベクトル束

$$TM^\perp = \bigcup_{x \in M} du_x(T_xM)^\perp$$

が定義できる．このとき，補題 3.3 と誘導接続の定義(3.21)から容易にわかるように，u が等長的はめこみならば，§3.2 で定義した u の第 2 基本形式

$$\nabla du \in \Gamma(TM^* \otimes TM^* \otimes u^{-1}TN)$$

は，M を N の Riemann 部分多様体とみなしたときの通常の第 2 基本形式

$$A \in \Gamma(TM^* \otimes TM^* \otimes TM^\perp)$$

にほかならない．実際，u は局所的にはうめこみであるから，各点 $x \in M$ のまわりで $X \in \Gamma(TM)$ と $du(X) \in \Gamma(u^{-1}TN)$ を同一視すれば，(3.25)式は N における共変微分 $\nabla'_X Y$ を TM の成分と $TM^\perp$ の成分に分解した式

$$(\nabla'_X Y)(x) = (\nabla_X Y)(x) + A(X,Y)(x), \quad x \in M$$

を意味する．したがって，u のテンション場 $\tau(u)$ は N の Riemann 部分多様体 M の平均曲率ベクトル場 $H = \mathrm{trace}\, A/m$ と定数倍をのぞいて一致することがわかる．

一般に，平均曲率ベクトル場 H が恒等的に 0 となるとき，Riemann 部分多様体 M を N の**極小部分多様体**という．したがって，等長的はめこみ $u: M \to N$ が調和写像であることと M が N の極小部分多様体となることとは同値であることがわかる．とくに $u: M \to N$ が等長的微分同相写像ならば，

$\nabla du=0$ となり，u は調和写像であることに注意しておこう(第2章の演習問題2.8参照). □

例3.16 (Riemann しずめこみ)　例3.15と逆の状況を考えてみよう．一般に，C^∞ 級写像 $u: M\to N$ で，各点 $x\in M$ において u の微分 $du_x: T_xM\to T_{u(x)}N$ が全射となるものを**しずめこみ**(submersion)という．M から N へのしずめこみが存在すれば，定義より M と N の次元について $m\geqq n$ がなりたち，また陰関数定理から，各 $x\in M$ に対して $u^{-1}(u(x))$ は M の $m-n$ 次元 C^∞ 級部分多様体となることがわかる．$u^{-1}(u(x))$ を $x\in M$ を通る**ファイバー**という．

$u: M\to N$ を Riemann 多様体 (M,g) から (N,h) へのしずめこみとしよう．各 $x\in M$ に対し，x を通るファイバー $u^{-1}(u(x))$ の点 x における接空間を V_x とかき，x における M の接空間 T_xM を g_x に関して

$$T_xM = V_x\oplus H_x, \quad x\in M$$

と直交分解する．V_x と H_x をそれぞれ x における**垂直部分**および**水平部分**とよび，u の微分 du_x の H_x への制限

$$du_x|H_x: H_x\to T_{u(x)}N$$

が任意の $x\in M$ において等長線形同型写像となるとき，u を **Riemann しずめこみ**という．また N のベクトル場 $X\in\Gamma(TN)$ に対し，任意の $x\in M$ において

$$\widetilde{X}(x)\in H_x, \quad du_x(\widetilde{X}(x)) = X(u(x))$$

となる M のベクトル場 $\widetilde{X}\in\Gamma(TM)$ を，X の**水平リフト**という．

$u: M\to N$ を Riemann しずめこみとしよう．このときつぎの命題から，u が調和写像であることと u の各ファイバー $u^{-1}(u(x))$ が M の極小部分多様体となることとが同値であることがわかる． □

命題3.17　$u: M\to N$ を Riemann 多様体 (M,g) から (N,h) への Riemann しずめこみとする．このとき，u が調和写像であるための必要十分条件は，すべての $x\in M$ に対して x を通るファイバー $u^{-1}(u(x))$ が M の Riemann 部分多様体として極小部分多様体となることである．

[証明]　$x\in M$ とし，(y^α) を $u(x)$ のまわりの N の局所座標系とする．

(y^α) から定まる自然標構 $\{\partial/\partial y^\alpha\}$ を Schmidt の直交化法をもちいて h に関して各点で正規直交化することにより，$u(x)$ のまわりで定義された C^∞ 級ベクトル場の組 $\{e_i' \mid 1 \leqq i \leqq n\}$ で，各点 y において $\{e_i'(y) \mid 1 \leqq i \leqq n\}$ が T_yN の正規直交基底をなすものがえられる．このような $\{e_i'\}$ を $u(x)$ のまわりで定義された正規直交標構という．

$\{e_1, \cdots, e_n\}$ を $\{e_1', \cdots, e_n'\}$ の水平リフトとし，$\{e_1, \cdots, e_n, e_{n+1}, \cdots, e_m\}$ を x のまわりで定義された正規直交標構となるようにとろう．このとき，定義と補題3.3から u のテンション場 $\tau(u)$ は

$$\tau(u) = \sum_{i=1}^{m} \nabla du(e_i, e_i) = \sum_{i=1}^{m} \{{}'\nabla_{e_i} du(e_i) - du(\nabla_{e_i} e_i)\}$$

であたえられる．ここで，誘導接続 ${}'\nabla$ の定義と章末の演習問題3.7に注意すれば，$1 \leqq i \leqq n$ のとき

$${}'\nabla_{e_i} du(e_i) = \nabla'_{e_i'} e_i' = du(\nabla_{e_i} e_i)$$

となることがわかる．また，$n+1 \leqq i \leqq m$ のときは，e_i は各点において垂直部分に属するベクトルであるから，${}'\nabla_{e_i} du(e_i) = 0$ となる．したがって結局

$$\tau(u) = -\sum_{i=n+1}^{m} du(\nabla_{e_i} e_i) = -du\left(\sum_{i=n+1}^{m} \nabla_{e_i} e_i\right)$$

がえられる．これより，$\tau(u) = 0$ となるための必要十分条件は

$$\sum_{i=n+1}^{m} \nabla_{e_i} e_i \in V_x = (du_x)^{-1}(0), \quad x \in M$$

となることであることがわかる．

一方，x を通るファイバー $u^{-1}(u(x))$ を M の Riemann 部分多様体とみなすとき，その第2基本形式 A について定義より

$$\operatorname{trace} A(x) = \left(\sum_{i=n+1}^{m} \nabla_{e_i} e_i\right)(x) \text{ の } H_x \text{ 成分}$$

がなりたつ．よって，u が調和写像となるためには各ファイバー $u^{-1}(u(x))$ が極小部分多様体であればよいことがわかる．∎

最後に，複素多様体の場合の例をみておこう．ここでは Kähler 多様体の定義と基本的性質を既知とする．これらについては小林[26]をみるとよい．

例 3.18（正則写像）　(M,g) と (N,h) を Kähler 多様体としよう．M と N の複素次元を m および n とし，$(z^i)=(z^1,\cdots,z^m)$ と $(w^\alpha)=(w^1,\cdots,w^n)$ をそれぞれ M と N の局所複素座標系とする．このとき，M と N の Kähler 計量 g および h は

$$g=2\sum_{i,j=1}^{m} g_{i\bar{j}}dz^i d\bar{z}^j, \quad h=2\sum_{\alpha,\beta=1}^{n} h_{\alpha\bar{\beta}}dw^\alpha d\bar{w}^\beta$$

とあらわされる．また $u:M\to N$ を M から N への C^∞ 級写像とするとき，u を M と N の局所複素座標系に関して

$$u(z)=(u^1(z^1,\cdots,z^m),\ \cdots,\ u^n(z^1,\cdots,z^m))=(u^\alpha(z^i))$$

とあらわせば，調和写像の方程式(3.34)は各 u^α について

$$\sum_{i,j=1}^{m} g^{i\bar{j}}\left\{\frac{\partial^2 u^\alpha}{\partial z^i\partial\bar{z}^j}-\sum_A \Gamma_{i\bar{j}}^A\frac{\partial u^\alpha}{\partial z^A}+\sum_{B,C}\Gamma'^\alpha_{BC}(u)\frac{\partial u^B}{\partial z^i}\frac{\partial u^C}{\partial\bar{z}^j}\right\}=0$$

とかくことができる．ただし，添字 A は $\{1,\cdots,m,\bar{1},\cdots,\bar{m}\}$ の範囲を動き，B,C は $\{1,\cdots,n,\bar{1},\cdots,\bar{n}\}$ の範囲を動く．また $\Gamma_{i\bar{j}}^A$ と Γ'^α_{BC} はそれぞれ M と N の Levi-Civita 接続 ∇ および ∇' の局所複素座標系に関する接続係数をあらわす．

ここで M は Kähler 多様体であるから，任意の A について $\Gamma_{i\bar{j}}^A=0$ となる．また N も Kähler 多様体であるから，$\Gamma'^\alpha_{\beta\gamma}$ 以外の Γ'^α_{BC} は 0 である．したがって，局所複素座標系のもとで調和写像の方程式は結局

$$\sum_{i,j=1}^{m} g^{i\bar{j}}\left\{\frac{\partial^2 u^\alpha}{\partial z^i\partial\bar{z}^j}+\sum_{\beta,\gamma=1}^{n}\Gamma'^\alpha_{\beta\gamma}(u)\frac{\partial u^\beta}{\partial z^i}\frac{\partial u^\gamma}{\partial\bar{z}^j}\right\}=0,\quad 1\leqq\alpha\leqq n \tag{3.35}$$

であたえられる．

さて，M と N の概複素構造を J であらわすとき，C^∞ 級写像 $u:M\to N$ で $J\circ du=du\circ J$ をみたすものを**正則写像**，また $J\circ du=-du\circ J$ をみたすものを**反正則写像**という．定義より u が正則写像であることは，各 u^α が (z^i) の正則関数となること，すなわち $\partial u^\alpha/\partial\bar{z}^i=0$ となることと同値である．また u が反正則写像であることは，各 u^α が (z^i) の反正則関数となること，すなわち $\partial u^\alpha/\partial z^i=0$ となることと同値である．したがって(3.35)より，Kähler 多様体 (M,g) から (N,h) への正則写像あるいは反正則写像 $u:M\to N$ は調

和写像であることがわかる. □

§3.5　第2変分公式

写像のエネルギーの変分問題に関する第2変分公式をもとめてみよう.

§3.3 第1変分公式と同様に, (M,g) をコンパクトな m 次元 Riemann 多様体, (N,h) を n 次元 Riemann 多様体とし, $I=(-\epsilon,\epsilon)$ を開区間としよう. $u\in C^\infty(M,N)$ を M から N への調和写像とし, u の C^∞ 級変分 $F=\{u_t\}_{t\in I}$ を考える.

まずつぎのことに注意しよう. u の変分ベクトル場

$$V=\left.\frac{d}{dt}\right|_{t=0}u_t(x)\in\Gamma(u^{-1}TN)$$

に対し, $u^{-1}TN$ の誘導接続による共変微分 $\nabla V\in\Gamma(TM^*\otimes u^{-1}TN)$ が定まる. さらに ∇V に対し $TM^*\otimes u^{-1}TN$ 上の接続 ∇ による共変微分を考えると, V の2階の共変微分として $\nabla\nabla V\in\Gamma(TM^*\otimes TM^*\otimes u^{-1}TN)$ がえられる. ここで, M と N の局所座標系 (x^i) と (y^α) に関して $\nabla\nabla V$ を

$$\nabla\nabla V=\sum_{i,j=1}^m\sum_{\alpha=1}^n\nabla_i\nabla_jV^\alpha\cdot dx^i\otimes dx^j\otimes\frac{\partial}{\partial y^\alpha}\circ u$$

とあらわすとき, $\nabla\nabla V$ のトレースとして

$$\text{(3.36)}\qquad \operatorname{trace}\nabla\nabla V=\sum_{\alpha=1}^m\left(\sum_{i,j=1}^m g^{ij}\nabla_i\nabla_jV^\alpha\right)\frac{\partial}{\partial y^\alpha}\circ u\in\Gamma(u^{-1}TN)$$

が定義される.

一方, 変分ベクトル場 V と N の曲率テンソル R^N に対して

$$(R^N(V,du)du)(x)(v,w)=R^N(V(x),du_x(v))du_x(w),\quad v,w\in T_xM$$

とおくと, $R^N(V,du)du$ はベクトル束 $TM^*\otimes TM^*\otimes u^{-1}TN$ の C^∞ 級断面をあたえる. これより $R^N(V,du)du$ のトレースとして

$$\text{(3.37)}\qquad \operatorname{trace}R^N(V,du)du$$
$$=\sum_{i,j=1}^m g^{ij}R^N\Big(V,du\Big(\frac{\partial}{\partial x^i}\Big)\Big)du\Big(\frac{\partial}{\partial x^j}\Big)\in\Gamma(u^{-1}TN)$$

が定義される.

以上の準備のもとに，つぎの定理がえられる．この定理における写像のエネルギー $E(u)$ に関する第2変分公式の証明の方針も，定理2.16における曲線のエネルギー $E(c)$ に関する第2変分公式の場合と本質的に同じである.

定理3.19（第2変分公式）　$u\in C^\infty(M,N)$ を調和写像とし，$F=\{u_t\}_{t\in I}$ を u の C^∞ 級変分とする．このとき

$$\frac{d^2}{dt^2}E(u_t)\bigg|_{t=0}=-\int_M\langle V,\mathrm{trace}(\nabla\nabla V+R^N(V,du)du)\rangle d\mu_g$$

がなりたつ．ここに，V と R^N はそれぞれ u の変分ベクトル場と N の曲率テンソルであり，$\langle\ ,\ \rangle$ は誘導束 $u^{-1}TN$ の自然なファイバー計量をあらわす．また，$\mathrm{trace}(\nabla\nabla V+R^N(V,du)du)$ は(3.36)および(3.37)式で定義される $u^{-1}TN$ の C^∞ 級断面である.

［証明］　定理3.8(第1変分公式)の証明のときと同様に，$M\times I$ 上のベクトル束 $T(M\times I)^*\otimes F^{-1}TN$ と，その上の自然なファイバー計量 $\langle\ ,\ \rangle$ と両立する接続 ∇ を考える.

まず，定理3.8と補題3.9の証明より，各 $t\in I$ について

$$\frac{d}{dt}E(u_t)=-\int_M\Big\langle\frac{\partial u_t}{\partial t},\mathrm{trace}\,\nabla du_t\Big\rangle d\mu_g$$

がなりたつことに注意しよう．この式をさらに t に関して微分することにより

$$\begin{aligned}\frac{d^2}{dt^2}E(u_t)&=-\int_M\frac{d}{dt}\Big\langle\frac{\partial u_t}{\partial t},\mathrm{trace}\,\nabla du_t\Big\rangle d\mu_g\\&=-\int_M\Big\langle\nabla_t\frac{\partial u_t}{\partial t},\mathrm{trace}\,\nabla du_t\Big\rangle d\mu_g\\&\quad-\int_M\Big\langle\frac{\partial u_t}{\partial t},\nabla_t\,\mathrm{trace}\,\nabla du_t\Big\rangle d\mu_g\end{aligned}\tag{3.38}$$

がえられる．ただし ∇_t は ∇ に関する $(0,d/dt)\in T_{(x,t)}(M\times I)$ 方向への共変微分をあらわす.

ここで N の曲率テンソル R^N の定義および $[(0,d/dt),(\partial/\partial x^i,0)]=0$ に注意すると，$F^{-1}TN$ の誘導接続に関する共変微分について

$$\begin{aligned}&\nabla_{(0,d/dt)}\nabla_{(\partial/\partial x^i,0)}du_t\Big(\Big(\frac{\partial}{\partial x^j},0\Big)\Big)\\&\quad=\nabla_{(\partial/\partial x^i,0)}\nabla_{(0,d/dt)}du_t\Big(\Big(\frac{\partial}{\partial x^j},0\Big)\Big)\\&\qquad+R^N\Big(du_t\Big(\Big(0,\frac{d}{dt}\Big)\Big),du_t\Big(\Big(\frac{\partial}{\partial x^i},0\Big)\Big)\Big)du_t\Big(\Big(\frac{\partial}{\partial x^j},0\Big)\Big)\end{aligned}$$

がなりたつことがわかる．一方，補題 3.7 と $[(0,d/dt),(\partial/\partial x^i,0)]=0$ に注意すると

$$\nabla_{(0,d/dt)}du_t\Big(\Big(\frac{\partial}{\partial x^j},0\Big)\Big)=\nabla_{(\partial/\partial x^j,0)}du_t\Big(\Big(0,\frac{d}{dt}\Big)\Big)$$

をえるから，結局

$$\begin{aligned}&\nabla_{(0,d/dt)}\nabla_{(\partial/\partial x^i,0)}du_t\Big(\Big(\frac{\partial}{\partial x^j},0\Big)\Big)\\&\quad=\nabla_{(\partial/\partial x^i,0)}\nabla_{(\partial/\partial x^j,0)}du_t\Big(\Big(0,\frac{d}{dt}\Big)\Big)\\&\qquad+R^N\Big(du_t\Big(\Big(0,\frac{d}{dt}\Big)\Big),du_t\Big(\Big(\frac{\partial}{\partial x^i},0\Big)\Big)\Big)du_t\Big(\Big(\frac{\partial}{\partial x^j},0\Big)\Big)\end{aligned}$$

となることがわかる．これより容易に

$$(3.39)\qquad \nabla_t\,\mathrm{trace}\,\nabla du_t=\mathrm{trace}\Big(\nabla\nabla\frac{\partial u_t}{\partial t}+R^N\Big(\frac{\partial u_t}{\partial t},du_t\Big)du_t\Big)$$

であることがわかる．

さて(3.38)式で $t=0$ とおくと，$u=u_0$ は調和写像であるから

$$\tau(u)=\mathrm{trace}\,\nabla du=0$$

となり，右辺の第1項は0であることがわかる．一方，定義より $V=\dfrac{\partial u_t}{\partial t}\Big|_{t=0}$ であるから，(3.39)式をもちいて右辺の第2項は

$$\int_M\langle V,\mathrm{trace}(\nabla\nabla V+R^N(V,du)du)\rangle d\mu_g$$

とかきなおせることがわかる．これよりもとめる結果をえる． ∎

定理 3.19 より，写像のエネルギー $E(u)$ の第2変分 $\dfrac{d^2}{dt^2}E(u_t)\Big|_{t=0}$ は，調

和写像 u に沿った変分ベクトル場 V と Riemann 多様体 N の曲率テンソル R^N とからきまることがわかる.

§2.5 でみたように，コンパクトな Riemann 多様体に対する閉測地線の存在定理と曲線のエネルギー $E(c)$ に関する第 2 変分公式を利用して，正曲率をもつ Riemann 多様体の位相構造を調べることができた.

同様にして，調和写像と写像のエネルギーに関する第 2 変分公式をもちいることにより，Riemann 多様体の構造を調べることができる．たとえば，Sacks–Uhlenbeck [20] による 2 次元ホモトピー群 $\pi_2(M)$ に対する調和球面の存在定理と写像のエネルギー $E(u)$ に関する第 2 変分公式を，無限次元多様体上の Morse 理論と組み合わせてもちいることにより，最近 Micallef–Moore [13] は正曲率 Riemann 多様体に関する「位相的球面定理」を各点ごとのピンチング条件のもとで証明している．また Siu–Yau [24] は，同様のアイディアを Kähler 多様体に対してもちいて，いわゆる「Frankel 予想」を解決している．このような議論において，写像のエネルギーに関する第 2 変分公式は調和写像の安定性を計る道具として重要な役割を果たしている．第 2 変分公式と調和写像の安定性の関係については，たとえば浦川 [30] をみるとよい.

《要約》

3.1　Reimann 多様体 M から N への C^∞ 級写像 u のエネルギー $E(u)$ の定義.

3.2　ベクトル束 $TM^* \otimes u^{-1}TN$ 上にファイバー計量と，それと両立する接続 ∇ が自然に定義される．この ∇ から u の第 2 基本形式 ∇du と u のテンション場 $\tau(u) = \mathrm{trace}\, \nabla du$ が定義される.

3.3　写像のエネルギー $E(u)$ に関する第 1 変分公式とエネルギー汎関数 E の臨界点としての調和写像の特徴付け.

3.4　調和写像の方程式 $\tau(u) = 0$ と調和写像の例.

3.5　写像のエネルギー $E(u)$ に関する第 2 変分公式.

演習問題

3.1　(M,g) を m 次元 Riemann 多様体とし，M 上のコンパクトな台をもつ実数値連続関数のなすベクトル空間を $C_0(M)$ であらわす．M の局所有限な座標近傍系 $\{(U_\alpha,\phi_\alpha)\}_{\alpha\in A}$ に対し，$\{\rho_\alpha\}_{\alpha\in A}$ を開被覆 $\{U_\alpha\}_{\alpha\in A}$ に従属した1の分割とし，$f\in C_0(M)$ に対して

$$\mu_g(f)=\sum_{\alpha\in A}\int_{\phi_\alpha(U_\alpha)}\left(\rho_\alpha f\sqrt{\det(g_{ij}^\alpha)}\right)\circ\phi_\alpha^{-1}dx_\alpha^1\cdots dx_\alpha^m$$

と定義する．ここに (g_{ij}^α) は (U_α,ϕ_α) における局所座標系 $(x_\alpha^1,\cdots,x_\alpha^m)$ に関する g の成分からなる行列であり，右辺の積分は $\mathbb{R}^m$ の開集合 $\phi_\alpha(U_\alpha)$ 上のコンパクトな台をもつ連続関数の Lebesgue 積分をあらわす．このとき，$\mu_g(f)$ は座標近傍系 $\{(U_\alpha,\phi_\alpha)\}_{\alpha\in A}$ および $\{U_\alpha\}_{\alpha\in A}$ に従属した1の分割 $\{\rho_\alpha\}_{\alpha\in A}$ のとり方によらずに一意的に定まり，μ_g は M 上の正値 Radon 測度をあたえることを証明せよ．

μ_g を Riemann 計量 g から M 上に定義される**標準的な測度**とよぶ．また $\mu_g(f)$ を $\int_M fd\mu_g$ ともかき，f の M 上の積分という．

3.2　M と N を C^∞ 級多様体とし，$u:M\to N$ を M から N への C^∞ 級写像とする．u により N の接ベクトル束 TN から M 上に誘導されるベクトル束 $u^{-1}TN$ に対して，C^∞ 級断面 $Y\in\Gamma(TN)$ から C^∞ 級断面 $Y\circ u\in\Gamma(u^{-1}TN)$ が定まる．このとき，TN の線形接続 ∇' からつぎをみたす $u^{-1}TN$ の線形接続 $'\nabla$ が一意的に定義されることを証明せよ．各 $x\in M$ において，任意の $v\in T_xM$ と $Y\in\Gamma(TN)$ に対して

$$'\nabla_vY\circ u=\nabla'_{du_x(v)}Y$$

がなりたつ．

$'\nabla$ を u により ∇' から $u^{-1}TN$ に**誘導された接続**とよぶ．

3.3　(M,g) を m 次元 Riemann 多様体とし，(x^i) を M の座標近傍 U における局所座標系とするとき，つぎを確かめよ．

(1)　C^∞ 級関数 $f\in C^\infty(M)$ に対して

$$g_x(\operatorname{grad}f(x),v)=df_x(v),\quad v\in T_xM$$

で定義される M の C^∞ 級ベクトル場 $\operatorname{grad}f=(df)^\sharp$ を f の**勾配**(gradient)という．U 上で $\operatorname{grad}f$ は

$$\operatorname{grad}f=\sum_{i=1}^m\left(\sum_{j=1}^m g^{ij}\frac{\partial f}{\partial x^j}\right)\frac{\partial}{\partial x^i}$$

であたえられる.

（2） C^∞ 級ベクトル場 $X \in \Gamma(TM)$ に対して

$$\operatorname{div} X(x) = \operatorname{trace}\{v \mapsto \nabla_v X\}, \quad v \in T_x M$$

で定義される M 上の C^∞ 級関数 $\operatorname{div} X$ を X の**発散**(divergence)という. $X = \sum_{j=1}^m X^j \dfrac{\partial}{\partial x^j}$ の共変微分 ∇X の (x^i) に関する成分を $\nabla_i X^j$ であらわすとき, U 上で

$$\operatorname{div} X = \sum_{i=1}^m \nabla_i X^i = \frac{1}{\sqrt{\det(g_{ij})}} \sum_{k=1}^m \frac{\partial}{\partial x^k}\left(\sqrt{\det(g_{ij})}\, X^k\right)$$

がなりたつ.

（3） C^∞ 級関数 $f \in C^\infty(M)$ に対して

$$\Delta f = \operatorname{div} \operatorname{grad} f$$

で定義される M 上の C^∞ 級関数 Δf を f の**ラプラシアン**(Laplacian)といい, Δ を M の **Laplace 作用素**とよぶ. f から定まる $(0,2)$ 型 C^∞ 級テンソル場 ∇df の (x^i) に関する成分を $\nabla_i \nabla_j f$ であらわすとき, U 上で

$$\begin{aligned}\Delta f &= \sum_{i,j=1}^m g^{ij} \nabla_i \nabla_j f = \sum_{i,j=1}^m g^{ij}\left\{\frac{\partial^2 f}{\partial x^i \partial x^j} - \sum_{k=1}^m \Gamma_{ij}^k \frac{\partial f}{\partial x^k}\right\} \\ &= \frac{1}{\sqrt{\det(g_{ij})}} \sum_{k=1}^m \frac{\partial}{\partial x^k}\left(\sqrt{\det(g_{ij})} \sum_{l=1}^m g^{kl} \frac{\partial f}{\partial x^l}\right)\end{aligned}$$

がなりたつ.

3.4 **(Green の定理)** (M,g) をコンパクトな Riemann 多様体とするとき, 任意の C^∞ 級ベクトル場 $X \in \Gamma(TM)$ に対して

$$\int_M \operatorname{div} X \, d\mu_g = 0$$

がなりたつ.

3.5 (M,g) を m 次元 Riemann 多様体とし, ∇ を TM の Levi-Civita 接続, また ∇^* を ∇ から定まる TM^* の接続とする. このときつぎを確かめよ.

（1） M の (r,s) 型 C^∞ 級テンソル場 $T \in \Gamma(T_s{}^r(M))$ に対して, T の**共変微分** $\nabla T \in \Gamma(T_{s+1}{}^r(M))$ を(3.17)を一般化して

$$\begin{aligned}\nabla T(X, X_1, \cdots, X_s, \omega^1, \cdots, \omega^r) &= X \cdot T(X_1, \cdots, X_s, \omega^1, \cdots, \omega^r) \\ &\quad - \sum_{i=1}^s T(X_1, \cdots, \nabla_X X_i, \cdots, X_s, \omega^1, \cdots, \omega^r)\end{aligned}$$

$$-\sum_{j=1}^{r} T(X_1, \cdots, X_s, \omega^1, \cdots, \nabla^*_X \omega^j, \cdots, \omega^r)$$

で定義する．このとき，$X \in \Gamma(TM)$ に対して

$$\nabla_X T(X_1, \cdots, X_s, \omega^1, \cdots, \omega^r) = \nabla T(X, X_1, \cdots, X_s, \omega^1, \cdots, \omega^r)$$

で定義される T の X による共変微分 $\nabla_X T$ は，ベクトル場の共変微分 $\nabla_X Y$ と同じ計算規則をみたす．また $T \in \Gamma(T_s{}^r(M))$ と $U \in \Gamma(T_q{}^p(M))$ に対して

$$\nabla_X (T \otimes U) = \nabla_X T \otimes U + T \otimes \nabla_X U$$

がなりたつ．

（2）　M の局所座標系 (x^i) に対して，(2.4)で定義される T と ∇T の成分をそれぞれ $T_{i_1 \cdots i_s}{}^{j_1 \cdots j_r}$ および $\nabla_k T_{i_1 \cdots i_s}{}^{j_1 \cdots j_r}$ とあらわすとき

$$\begin{aligned}\nabla_k T_{i_1 \cdots i_s}{}^{j_1 \cdots j_r} &= \frac{\partial}{\partial x^k} T_{i_1 \cdots i_s}{}^{j_1 \cdots j_r} \\ &\quad - \sum_{a=1}^{s} \sum_{l=1}^{m} \Gamma^l_{k i_a} T_{i_1 \cdots l \cdots i_s}{}^{j_1 \cdots j_r} + \sum_{b=1}^{r} \sum_{l=1}^{m} \Gamma^{j_b}_{kl}\ T_{i_1 \cdots i_s}{}^{j_1 \cdots l \cdots j_r}\end{aligned}$$

がなりたつ．

3.6　(M, g) を m 次元 Riemann 多様体とし，$R \in \Gamma(T_3{}^1(M))$ を M の曲率テンソルとする．このとき，R の共変微分 $\nabla R \in \Gamma(T_4{}^1(M))$ に対して

$$\nabla R(X, Y, Z, V, \omega) + \nabla R(Y, Z, X, V, \omega) + \nabla R(Z, X, Y, V, \omega) = 0$$

がなりたつ．すなわち M の局所座標系 (x^i) に関して

$$\nabla R = \sum_{i,j,k,l,r=1}^{m} \nabla_i R_{jkl}{}^r dx^i \otimes dx^j \otimes dx^k \otimes dx^l \otimes \frac{\partial}{\partial x^r}$$

とあらわすとき

$$\nabla_i R_{jkl}{}^r + \nabla_j R_{kil}{}^r + \nabla_k R_{ijl}{}^r = 0$$

がなりたつ．これを **Bianchi の第 2 恒等式**という．

3.7　$u: M \to N$ を Riemann 多様体 (M, g) から (N, h) への Riemann しずめこみとする．∇ と ∇' をそれぞれ M と N の Levi-Civita 接続とし，$X, Y \in \Gamma(TN)$ の水平リフトを $\widetilde{X}, \widetilde{Y} \in \Gamma(TM)$ とするとき，つぎを確かめよ．

（1）　$g(\widetilde{X}(x), \widetilde{Y}(x)) = h_{u(x)}(X(u(x)), Y(u(x))), \quad x \in M$.

（2）　$du([\widetilde{X}, \widetilde{Y}]) = [X, Y]$.

（3）　$\nabla_{\widetilde{X}} \widetilde{Y} = (\nabla'_X Y)^{\sim} + \dfrac{1}{2}[\widetilde{X}, \widetilde{Y}]^{\perp}$.

ただし $(\nabla'_X Y)^{\sim}$ は $\nabla'_X Y$ の水平リフトであり，また $[\widetilde{X}, \widetilde{Y}]^{\perp}$ は $[\widetilde{X}, \widetilde{Y}]$ の垂直部分の成分をあらわす．

3.8　$(x, y) \in \mathbb{R}^2$ を $z = x + \sqrt{-1}\, y \in \mathbb{C}$ と同一視して $\mathbb{R}^2 = \mathbb{C}$ と考える．3 次元

単位球面 $S^3 \subset \mathbb{E}^4$ を

$$S^3 = \{(z_1, z_2) \in \mathbb{C}^2 \mid |z_1|^2 + |z_2|^2 = 1\}$$

とあらわし，S^3 から 2 次元単位球面 $S^2 \subset \mathbb{E}^3$ への **Hopf 写像** $\phi\colon S^3 \to S^2$ を

$$\phi(z_1, z_2) = (2z_1\bar{z}_2,\ |z_1|^2 - |z_2|^2) \in \mathbb{C} \times \mathbb{R}, \quad (z_1, z_2) \in S^3$$

により定義する．このとき，ϕ は調和写像となることを示せ．ただし S^3 と S^2 には Euclid 空間からの誘導計量を考える．

3.9 Riemann 多様体 (M, g) から (N, h) への C^∞ 級はめこみ $\varphi\colon M \to N$ に対して，C^∞ 級関数 $\rho \in C^\infty(M)$ が存在して $\varphi^*h = e^{2\rho}g$ となるとき，φ を**共形的**であるという．M が 2 次元のとき，$\varphi\colon M \to M$ が共形的微分同相写像ならば，任意の C^∞ 級写像 $u \in C^\infty(M, N)$ に対して $E(u \circ \varphi) = E(u)$ がなりたち，また φ は調和写像となる．

3.10 (M, g) をコンパクトな 2 次元 Riemann 多様体とし，(N, h) を n 次元 Riemann 多様体とする．M から N への C^∞ 級のはめこみ $u\colon M \to N$ に対して

$$A(u) = \int_M d\mu_{u^*h}$$

を u の**面積**という．このとき，つねに $A(u) \leqq E(u)$ であり，等号がなりたつのは u が共形的であるときにかぎることを証明せよ．

調和写像の存在

この章では，コンパクトな Riemann 多様体の間の調和写像の存在問題について考察する．第2章でみた閉測地線の存在問題の場合の一般化として，あたえられた写像が調和写像へホモトープに変形できるかどうかは，幾何学的変分問題の最も基本的な問題といえる．

この問題に対して，あたえられた写像を調和写像へ変形する有効な手段として，‘熱流の方法’ とよばれる方法がある．この章では，まずこの熱流の方法の考え方について説明した後，この方法をもちいて「コンパクトな Riemann 多様体から非正曲率をもつコンパクトな Riemann 多様体への任意の連続写像は，調和写像へ自由ホモトープに変形できる」ことを証明する．この定理は 1964 年に Eells と Sampson によって証明された結果であるが，ここでは Banach 空間における逆関数定理をもちいて原論文よりも簡略な証明をあたえる．

§4.1 熱流の方法

(M,g) と (N,h) をそれぞれ m および n 次元のコンパクトな Riemann 多様体とし，$f\in C^\infty(M,N)$ を M から N への C^∞ 級写像としよう．このとき，§3.4 でみた調和写像の例からも容易に想像されるように，f が M から N への調和写像 $u\colon M\to N$ へ ‘連続的に変形’ できるかどうかは，調和写像の研究における最も基本的な問題である．たとえば，(M,g) が1次元単位球面 $S^1\subset\mathbb{R}^2$ の場合には，調和写像 $u:S^1\to N$ は (N,h) の閉測地線にほかならないから，あたえられた滑らかなループ $f\in C^\infty(S^1,N)$ が N の閉測地線へ連続的に変形できるかどうかということになる．この場合は，定理2.23でみたように，任意の $f\in C^\infty(S^1,N)$ は定値写像あるいは f と自由ホモトープな閉測地線 $u:S^1\to N$ へ変形できることが知られている．

この章の目的は，一般のコンパクトなRiemann多様体に対して調和写像の存在問題を考察し，つぎのEells–Sampsonによる定理を証明することである．

定理 4.1 (Eells–Sampson)　(M,g) と (N,h) をコンパクトなRiemann多様体とし，N は非正曲率をもつとする．このとき任意の $f\in C^\infty(M,N)$ に対して，f と自由ホモトープな調和写像 $u_\infty:M\to N$ が存在する． □

ここで f と u_∞ が自由ホモトープであるとは，連続写像 $u:M\times[0,1]\to N$ で

$$u(x,0)=f(x),\quad u(x,1)=u_\infty(x),\qquad x\in M$$

となるものが存在することを意味する．また N が非正曲率をもつとは，N の各点 $y\in N$ において，接空間 T_yN の各2次元部分空間 $\sigma\subset T_yN$ に対する断面曲率 $K(\sigma)$ がつねに $K(\sigma)\leqq 0$ となるときをいう．以下このことを簡単に $K_N\leqq 0$ とかくことにしよう．

閉測地線の存在定理(定理2.23)の場合と異なり，定理4.1における N に対する曲率の条件は本質的である．実際，N がいたるところ非正曲率 $K_N\leqq 0$ でなければ，任意の $f\in C^\infty(M,N)$ が調和写像と自由ホモトープになるとはかぎらない．たとえば，Eells–Wood [2] により，2次元トーラス T^2 から2次元球面 S^2 への写像 $f:T^2\to S^2$ で写像度が ±1 であるものは，T^2 および S^2 のRiemann計量 g,h のいかんにかかわらず，(T^2,g) から (S^2,h) への調和写像と自由ホモトープにならない，すなわち写像度が ±1 である調和写像 $u:(T^2,g)\to(S^2,h)$ は存在しないことが知られている．

また閉測地線の存在定理の場合には，定理2.23の証明でみたように，区分的に滑らかなループ c に対してその長さ $L(c)$ を対応させる汎関数 L を考え，

閉測地線をその臨界点として L の最小列から直接的に構成する‘変分法の直接法’が適用できた．しかし，M が S^1 でなく一般のコンパクトな Riemann 多様体の場合には，エネルギー汎関数 $C^\infty(M,N)\to\mathbb{R}$ に対してこのような直接法を適用することには困難がともなう．実際，測地線の定義方程式が N の接ベクトル束 TN 上の方程式として線形の常微分方程式系であるのに対して，調和写像の方程式は本質的に非線形な偏微分方程式系をなしているからである．そこで Eells と Sampson は，無限次元多様体上での Morse 理論を参考に，**熱流の方法**(heat flow method)とよばれる方法をもちいて定理 4.1 を証明した．

その考え方の要点はつぎのようなものである．まず§3.3でみたエネルギー汎関数 E の第1変分公式を思いだそう．C^∞ 級写像 $u\in C^\infty(M,N)$ に対して，$F=\{u_t\}_{t\in I}$, $I=(-\epsilon,\epsilon)$ $(\epsilon>0)$ を u の C^∞ 級変分とし，

$$V=\left.\frac{d}{dt}\right|_{t=0}u_t\in\Gamma(u^{-1}TN) \tag{4.1}$$

を u の変分ベクトル場とする．このとき $E(u_t)$ の第1変分は

$$\left.\frac{d}{dt}E(u_t)\right|_{t=0}=-\int_M\langle V,\tau(u)\rangle d\mu_g \tag{4.2}$$

であたえられた．ただし $\tau(u)$ は u のテンション場であり，$\langle\ ,\ \rangle$ は誘導束 $u^{-1}TN$ の自然なファイバー計量，また μ_g は g から定まる M 上の標準的な測度である．

ここで，細かいことは気にせずに $\mathcal{M}=C^\infty(M,N)$ を‘多様体’のごとくみなせば，エネルギー汎関数 $E\colon C^\infty(M,N)\to\mathbb{R}$ は $\mathcal{M}$ 上の‘関数’と考えることができる．このとき u の変分 $F=\{u_t\}_{t\in I}$ は，$t=0$ において $u=u_0$ を通る $\mathcal{M}$ 内の‘曲線’を定めているとみなすことができるから，(4.1)で定義される変分ベクトル場 $V\in\Gamma(u^{-1}TN)$ はこの曲線 F の $t=0$ における‘接ベクトル’にほかならない．§3.3でみたように，任意の $V\in\Gamma(u^{-1}TN)$ に対して u の C^∞ 級変分 F を定義することができるから，結局 $\Gamma(u^{-1}TN)$ は $u\in\mathcal{M}$ における $\mathcal{M}$ の‘接空間’$T_u\mathcal{M}$ をあたえていると考えることができる．

そこで $W_1,W_2\in\Gamma(u^{-1}TN)$ に対して

$$\langle\!\langle W_1, W_2\rangle\!\rangle = \int_M \langle W_1, W_2\rangle d\mu_g$$

と定めると，$\langle\!\langle\ ,\ \rangle\!\rangle$ は接空間 $T_u\mathcal{M}$ の内積を定義することになる．一方，$E(u_t)$ の第1変分 $\dfrac{d}{dt}E(u_t)\Big|_{t=0}$ は $\mathcal{M}$ 上の関数 E の接ベクトル V 方向への‘微分’ $dE_u(V)$ を定義していると考えられるから，第1変分公式(4.2)は

$$dE_u(V) = -\langle\!\langle \tau(u), V\rangle\!\rangle$$

とかきあらわすことができる．このことは，勾配ベクトル場の定義(第3章の演習問題3.3参照)から容易にわかるように，u のテンション場 $\tau(u)$ はじつは汎関数 $-E$ の u における勾配ベクトルにほかならない，すなわち

$$\tau(u) = -(\mathrm{grad}\, E)(u)$$

とみなすことができることを意味している．したがって，エネルギー汎関数 E の臨界点である調和写像 u は，E の勾配ベクトル場 $\mathrm{grad}\, E$ の特異点(零点)にほかならないことがわかる．

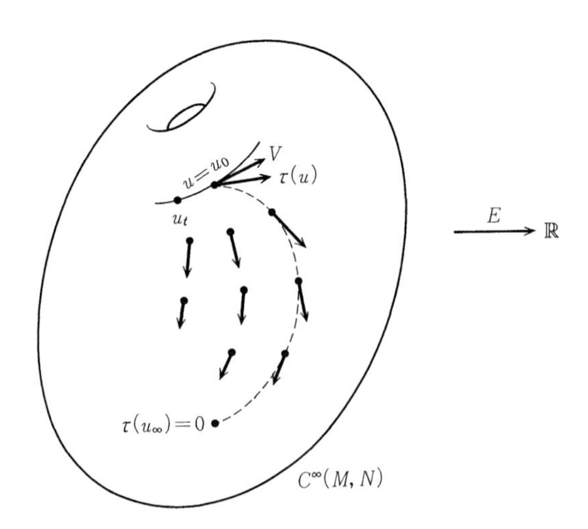

図4.1　$\tau(u) = -(\mathrm{grad}\, E)(u)$

ここで有限次元多様体上の Morse 理論(松本幸夫[27]参照)のアナロジーをすれば，$\mathcal{M}$ 上の関数 E は $-\mathrm{grad}\, E$ すなわちテンション場 $\tau(u)$ の方向に最も効率よく減少することになる．したがって，あたえられた写像 $u_0 = f \in$

$C^\infty(M,N)$ と自由ホモトープな調和写像をもとめる方法として，テンション場 $\tau(u)$ が定める $\mathcal{M}$ 上のベクトル場が定義する'流れ'に沿って u_0 を変形することが考えられる．このような変形が可能であれば，その軌跡 u_t は方程式

$$\frac{\partial u_t}{\partial t} = \tau(u_t) \tag{4.3}$$

の解としてあたえられることになる．(4.3)式は非線形放物型偏微分方程式系であるが，テンション場 $\tau(u)$ を $\mathcal{M}$ 上のベクトル場とみたときの積分曲線をもとめる方程式にほかならない．いわゆる古典的な熱方程式(付録§A.2(c)参照)との類似から，(4.3)の解 u_t に沿って u_0 を変形する方法は一般に'熱流の方法'とよばれる．したがって調和写像の存在問題は，この u_t に沿って u_0 を変形していくことにより，エネルギー汎関数 E の臨界点 $\tau(u_\infty)=0$ まで到達できるかどうかということになるわけである．

以上のことを念頭において，写像 $u: M\times[0,T)\to N$ に対して，つぎの非線形放物型偏微分方程式系の初期値問題を考えよう．

$$\begin{cases} \dfrac{\partial u}{\partial t}(x,t) = \tau(u(x,t)), & (x,t)\in M\times(0,T) \\ u(x,0) = f(x). \end{cases} \tag{4.4}$$

ここに $T>0$ であり，$f\in C^\infty(M,N)$ は初期値としてあたえられた写像である．また u は $M\times[0,T)$ 上で連続かつ $M\times(0,T)$ 上で C^∞ 級な写像，すなわち

$$u\in C^0(M\times[0,T),N)\cap C^\infty(M\times(0,T),N)$$

であるとする．(4.4)をみたす u を初期値問題(4.4)の解といい，(4.4)の非線形放物型偏微分方程式系を**放物的調和写像の方程式**とよぶ．

定理4.1を証明するためには，放物的調和写像の方程式の初期値問題(4.4)に対してつぎを示せばよい．

(1) 任意の初期値 f に対して，(4.4)は $M\times[0,\infty)$ において解 $u: M\times[0,\infty)\to N$ をもつ．

(2) $u_t(x)=u(x,t)$ とおき $t\to\infty$ とするとき，u_t は調和写像 $u_\infty: M\to$

N に収束し，かつ $f=u_0$ と u_∞ は自由ホモトープである．

この節では，(1)をひとまず認めた上で，(2)の主張について考えてみよう．まず，(x^i) と (y^α) をそれぞれ M と N の局所座標系とし，(4.4)の解 u に対して $u_t(x)=u(x,t)$ とおき

$$\begin{aligned} e(u_t) &= \frac{1}{2}|du_t|^2 = \frac{1}{2}\sum_{i,j=1}^{m}\sum_{\alpha,\beta=1}^{n} g^{ij}h_{\alpha\beta}(u_t)\frac{\partial u_t^\alpha}{\partial x^i}\frac{\partial u_t^\beta}{\partial x^j}, \\ E(u_t) &= \int_M e(u_t)d\mu_g, \\ \kappa(u_t) &= \frac{1}{2}\left|\frac{\partial u_t}{\partial t}\right|^2 = \frac{1}{2}\sum_{\alpha,\beta=1}^{n} h_{\alpha\beta}(u_t)\frac{\partial u_t^\alpha}{\partial t}\frac{\partial u_t^\beta}{\partial t}, \\ K(u_t) &= \int_M \kappa(u_t)d\mu_g \end{aligned} \tag{4.5}$$

と定義する．ただし g_{ij}, $h_{\alpha\beta}$ はそれぞれ Riemann 計量 g, h の (x^i), (y^α) に関する成分であり，g^{ij} は (g_{ij}) の逆行列の成分をあらわす．また写像 u を局所座標系により

$$u(x,t) = (u^1(x^1,\cdots,x^m,t),\cdots,u^n(x^1,\cdots,x^m,t)) = (u^\alpha(x^i,t))$$

とあらわしている．

定義からあきらかなように，$E(u_t)$ は各 $u_t \in C^\infty(M,N)$ のエネルギーであり，$K(u_t)$ は u_t が定める変形の運動エネルギーとみなすことができる．このとき，各 u_t のエネルギー密度 $e(u_t)$ および運動エネルギー密度 $\kappa(u_t)$ に対して，**Weitzenböck の公式**(Weitzenböck formula)とよばれるつぎの関係式がえられる．この Weitzenböck の公式は，初期値問題(4.4)の解に対してなりたつ基本的な関係式であり，今後の議論において重要な役割を果たすものである．

命題 4.2　$u \in C^0(M\times[0,T),N)\cap C^\infty(M\times(0,T),N)$ を放物的調和写像の方程式(4.4)の解とし，$u_t(x)=u(x,t)$ とおく．このとき，$M\times(0,T)$ においてつぎがなりたつ．

(1)（$e(u_t)$ に対する Weitzenböck の公式）

$$\frac{\partial e(u_t)}{\partial t} = \Delta e(u_t) - |\nabla\nabla u_t|^2 \tag{4.6}$$

$$-\sum_{i=1}^{m}\left\langle du_t\left(\sum_{j=1}^{m}\mathrm{Ric}^M(e_i,e_j)e_j\right),\ du_t(e_i)\right\rangle$$
$$+\sum_{i,j=1}^{m}\langle R^N(du_t(e_i),du_t(e_j))du_t(e_j),\ du_t(e_i)\rangle.$$

(2)($\kappa(u_t)$ に対する Weitzenböck の公式)

$$\frac{\partial\kappa(u_t)}{\partial t}=\Delta\kappa(u_t)-\left|\nabla\frac{\partial u_t}{\partial t}\right|^2+\sum_{i=1}^{m}\left\langle R^N\left(du_t(e_i),\frac{\partial u_t}{\partial t}\right)\frac{\partial u_t}{\partial t},\ du_t(e_i)\right\rangle. \tag{4.7}$$

ここに，Δ は M の Laplace 作用素であり，Ric^M と R^N はそれぞれ M の Ricci テンソルと N の曲率テンソルである．また $\{e_i\}$ は各 $x\in M$ における接空間 T_xM の正規直交基底をあらわし，$\langle\ ,\ \rangle$ は $u^{-1}TN$ の自然なファイバー計量をあらわす． □

証明に入る前に，計算の過程で重要な役割を果たす **Ricci の恒等式**についてみておこう．$u\in C^\infty(M,N)$ とし，M の余接ベクトル束 TM^* と u により N の接ベクトル束 TN から M 上に誘導されるベクトル束 $u^{-1}TN$ のテンソル積 $TM^*\otimes u^{-1}TN$ を考える．∇ を $TM^*\otimes u^{-1}TN$ 上の自然なファイバー計量 $\langle\ ,\ \rangle$ と両立する接続

$$\nabla:\ \Gamma(TM^*\otimes u^{-1}TN)\to\Gamma(TM^*\otimes TM^*\otimes u^{-1}TN)$$

とし，$du\in\Gamma(TM^*\otimes u^{-1}TN)$ の 2 階共変微分

$$\nabla\nabla du\in\Gamma(TM^*\otimes TM^*\otimes TM^*\otimes u^{-1}TN)$$

を考えよう．§3.2 での議論から容易にわかるように，$\nabla\nabla du$ は $X,Y,Z\in\Gamma(TM)$ に対して

$$\nabla\nabla du(X,Y,Z)=(\nabla_X(\nabla_Y du))(Z)-(\nabla_{\nabla_XY}du)(Z)$$

で定義される C^∞ 級断面である．M と N の局所座標系 (x^i), (y^α) に関して，du, ∇du, $\nabla\nabla du$ および M と N の曲率テンソル R^M, R^N を

$$du=\sum_{i=1}^{m}\sum_{\alpha=1}^{n}\frac{\partial u^\alpha}{\partial x^i}\cdot dx^i\otimes\frac{\partial}{\partial y^\alpha}\circ u,$$

$$\nabla du = \sum_{i,j=1}^{m}\sum_{\alpha=1}^{n} \nabla_i \nabla_j u^\alpha \cdot dx^i \otimes dx^j \otimes \frac{\partial}{\partial y^\alpha} \circ u,$$

$$\nabla\nabla du = \sum_{i,j,k=1}^{m}\sum_{\alpha=1}^{n} \nabla_i \nabla_j \nabla_k u^\alpha \cdot dx^i \otimes dx^j \otimes dx^k \otimes \frac{\partial}{\partial y^\alpha} \circ u,$$

$$R^M\left(\frac{\partial}{\partial x^i}, \frac{\partial}{\partial x^j}\right)\frac{\partial}{\partial x^k} = \sum_{l=1}^{m} {R^M}_{ijk}{}^{l} \frac{\partial}{\partial x^l},$$

$$R^N\left(\frac{\partial}{\partial y^\alpha}, \frac{\partial}{\partial y^\beta}\right)\frac{\partial}{\partial y^\gamma} = \sum_{\delta=1}^{n} {R^N}_{\alpha\beta\gamma}{}^{\delta} \frac{\partial}{\partial y^\delta}$$

とあらわそう．このとき Ricci の恒等式は，各 $1 \leqq i, j, k \leqq m$, $1 \leqq \alpha \leqq n$ に対してつぎの等式がなりたつことを主張する．

(4.8)
$$\nabla_i \nabla_j \nabla_k u^\alpha - \nabla_j \nabla_i \nabla_k u^\alpha = -\sum_{l=1}^{m} {R^M}_{ijk}{}^{l} \frac{\partial u^\alpha}{\partial x^l} + \sum_{\beta,\gamma,\delta=1}^{n} {R^N}_{\beta\gamma\delta}{}^{\alpha} \frac{\partial u^\beta}{\partial x^i}\frac{\partial u^\gamma}{\partial x^j}\frac{\partial u^\delta}{\partial x^k}.$$

Ricci の恒等式(4.8)は，じつは $TM^* \otimes u^{-1}TN$ 上の接続 ∇ に対する曲率テンソル R^∇ の定義式にほかならないことが容易に確かめられる．証明は $TM^* \otimes u^{-1}TN$ 上の接続 ∇ の定義の復習をかねて各自の演習問題としよう(章末の演習問題 4.1 参照)．

さて命題 4.2 を証明しよう．

［証明］ (4.4)の解 $u_t(x) = u(x,t)$ に対して，定理 3.8 の証明のときと同様に，$M \times (0,T)$ 上のベクトル束 $T(M \times (0,T))^* \otimes u^{-1}TN$ と，その上の自然なファイバー計量 $\langle\ ,\ \rangle$ と両立する接続 ∇ を考える．この接続 ∇ に関する $(\partial/\partial x^i, 0) \in T_{(x,t)}(M \times (0,T))$ および $(0, d/dt) \in T_{(x,t)}(M \times (0,T))$ 方向への共変微分をそれぞれ

$$\nabla_i = \nabla_{(\partial/\partial x^i, 0)}, \quad \nabla_t = \nabla_{(0, d/dt)}$$

であらわそう．M と N の局所座標系を (x^i), (y^α) とし，Riemann 計量 g, h の成分をそれぞれ g_{ij}, $h_{\alpha\beta}$ とするとき，∇ はファイバー計量 $\langle\ ,\ \rangle$ と両立する接続であるから，各 $1 \leqq i, j, k \leqq m$, $1 \leqq \alpha, \beta \leqq n$ について

$$\nabla_i g^{jk} h_{\alpha\beta}(u_t) = 0, \quad \nabla_t g^{jk} h_{\alpha\beta}(u_t) = 0$$

がなりたつことに注意しよう．

（1）定義(4.5)より，まず

$$\frac{\partial e(u_t)}{\partial t} = \nabla_t\left(\frac{1}{2}\sum_{i,j=1}^{m}\sum_{\alpha,\beta=1}^{n} g^{ij}h_{\alpha\beta}(u_t)\frac{\partial u_t^\alpha}{\partial x^i}\frac{\partial u_t^\beta}{\partial x^j}\right)$$

$$= \sum_{i,j=1}^{m}\sum_{\alpha,\beta=1}^{n} g^{ij}h_{\alpha\beta}(u_t)\nabla_t\frac{\partial u_t^\alpha}{\partial x^i}\frac{\partial u_t^\beta}{\partial x^j}.$$

ここで ∇ の定義に注意し，定理 3.8 の証明のときと同様に，C^∞ 級写像 u と $M\times(0,T)$ 上のベクトル場 $(\partial/\partial x^i, 0)$, $(0, d/dt)$ に対して補題 3.7 を適用すれば，$[(0,d/dt),(\partial/\partial x^i,0)]=0$ であるから

$$\nabla_t\frac{\partial u_t^\alpha}{\partial x^i} = \nabla_i\frac{\partial u_t^\alpha}{\partial t}, \quad 1 \leqq i \leqq m, \quad 1 \leqq \alpha \leqq n$$

となることがわかる．よって結局

$$\frac{\partial e(u_t)}{\partial t} = \sum_{i,j=1}^{m}\sum_{\alpha,\beta=1}^{n} g^{ij}h_{\alpha\beta}(u_t)\nabla_i\frac{\partial u_t^\alpha}{\partial t}\frac{\partial u_t^\beta}{\partial x^j} \tag{4.9}$$

$$= \sum_{i=1}^{m}\left\langle \nabla_{e_i}\frac{\partial u_t}{\partial t}, du_t(e_i)\right\rangle$$

をえる．つぎに

$$\nabla_k\nabla_l e(u_t) = \nabla_k\nabla_l\left(\frac{1}{2}\sum_{i,j=1}^{m}\sum_{\alpha,\beta=1}^{n} g^{ij}h_{\alpha\beta}(u_t)\frac{\partial u_t^\alpha}{\partial x^i}\frac{\partial u_t^\beta}{\partial x^j}\right)$$

$$= \nabla_k\left(\sum_{i,j=1}^{m}\sum_{\alpha,\beta=1}^{n} g^{ij}h_{\alpha\beta}(u_t)\nabla_l\nabla_i u_t^\alpha\frac{\partial u_t^\beta}{\partial x^j}\right)$$

$$= \sum_{i,j=1}^{m}\sum_{\alpha,\beta=1}^{n} g^{ij}h_{\alpha\beta}(u_t)\left(\nabla_k\nabla_l\nabla_i u_t^\alpha\frac{\partial u_t^\beta}{\partial x^j} + \nabla_l\nabla_i u_t^\alpha\nabla_k\nabla_j u_t^\beta\right)$$

であるから，系 3.5 と同様にして

$$\nabla_l\nabla_i u_t^\alpha - \nabla_i\nabla_l u_t^\alpha, \quad 1 \leq i, l \leq m, \quad 1 \leq \alpha \leq n$$

となることに注意すれば

$$\Delta e(u_t) = \sum_{k,l=1}^{m} g^{kl}\nabla_k\nabla_l e(u_t)$$

$$= \sum_{i,j,k,l=1}^{m}\sum_{\alpha,\beta=1}^{n} g^{ij}g^{kl}h_{\alpha\beta}(u_t)\nabla_k\nabla_i\nabla_l u_t^\alpha\frac{\partial u_t^\beta}{\partial x^j} + |\nabla\nabla u_t|^2.$$

ここでRicciの恒等式(4.8)より

$$\nabla_k\nabla_i\nabla_l u_t^\alpha = \nabla_i\nabla_k\nabla_l u_t^\alpha - \sum_{r=1}^m R^M{}_{kil}{}^r \frac{\partial u_t^\alpha}{\partial x^r} + \sum_{\gamma,\delta,\varepsilon=1}^n R^N{}_{\gamma\delta\varepsilon}{}^\alpha \frac{\partial u_t^\gamma}{\partial x^k}\frac{\partial u_t^\delta}{\partial x^i}\frac{\partial u_t^\varepsilon}{\partial x^l}$$

がなりたつから，これを上式に代入して

(4.10)

$$\begin{aligned}
&\Delta e(u_t)\\
&= \sum_{i,j=1}^m\sum_{\alpha,\beta=1}^n g^{ij}h_{\alpha\beta}(u_t)\nabla_i\left(\sum_{k,l=1}^m g^{kl}\nabla_k\nabla_l u_t^\alpha\right)\frac{\partial u_t^\beta}{\partial x^j} + |\nabla\nabla u_t|^2\\
&\quad - \sum_{i,j=1}^m\sum_{\alpha,\beta=1}^n g^{ij}h_{\alpha\beta}(u_t)\left\{\sum_{r=1}^m\left(\sum_{k,l=1}^m g^{kl}R^M{}_{kil}{}^r\right)\frac{\partial u_t^\alpha}{\partial x^r}\right\}\frac{\partial u_t^\beta}{\partial x^j}\\
&\quad + \sum_{\alpha,\beta=1}^n h_{\alpha\beta}(u_t)\left(\sum_{i,j,k,l=1}^m\sum_{\gamma,\delta,\varepsilon=1}^n g^{ij}g^{kl}R^N{}_{\gamma\delta\varepsilon}{}^\alpha\frac{\partial u_t^\gamma}{\partial x^k}\frac{\partial u_t^\delta}{\partial x^i}\frac{\partial u_t^\varepsilon}{\partial x^l}\frac{\partial u_t^\beta}{\partial x^j}\right)\\
&= \sum_{i=1}^m\langle\nabla_{e_i}\tau(u_t), du_t(e_i)\rangle + |\nabla\nabla u_t|^2\\
&\quad + \sum_{i=1}^m\left\langle du_t\left(\sum_{j=1}^m \mathrm{Ric}^M(e_i,e_j)e_j\right), du_t(e_i)\right\rangle\\
&\quad - \sum_{i,j=1}^m\langle R^N(du_t(e_i),du_t(e_j))du_t(e_j), du_t(e_i)\rangle
\end{aligned}$$

をえる．一方，u_t は(4.4)の解であるから $\dfrac{\partial u_t}{\partial t} = \tau(u_t)$．したがって，(4.9)と(4.10)よりもとめる関係式がえられる．

(2) (1)と同様にしてえられる．各自の演習問題としよう(章末の演習問題4.2参照)． ∎

命題4.2の証明において，たとえば $(\partial/\partial t-\Delta)e(u_t)$ の計算にあらわれる最高階の微分 $\nabla\nabla\nabla u_t$ を含む項は，$u_t(x)=u(x,t)$ が放物的調和写像の方程式(4.4)の解であることより，Ricciの恒等式をもちいて曲率テンソルと1階微分 du からなる項 $\langle R^N(du,du)du,du\rangle$ におきかえられていることに注意しておこう．

系4.3 $u: M\times[0,T)\to N$ を放物的調和写像の方程式(4.4)の解とし，$u_t(x)=u(x,t)$ とおく．このとき，$M\times(0,T)$ においてつぎがなりたつ．

（1）N が非正曲率 $K_N \leqq 0$ であり，かつ定数 C が存在して $\mathrm{Ric}^M \geqq -Cg$ ならば

$$\frac{\partial e(u_t)}{\partial t} \leqq \Delta e(u_t) + 2Ce(u_t).$$

（2）N が非正曲率 $K_N \leqq 0$ ならば

$$\frac{\partial \kappa(u_t)}{\partial t} \leqq \Delta \kappa(u_t).$$

［証明］（1）(4.6)式において，$K_N \leqq 0$ より右辺の第4項は $\leqq 0$ となることと，$\mathrm{Ric}^M \geqq -Cg$ より

$$du_t\left(\sum_{j=1}^{m} \mathrm{Ric}^M(e_i, e_j)e_j\right) \geqq -Cdu_t(e_i)$$

となることに注意すればよい．

（2）についても(4.7)式より容易．∎

M はコンパクトであるから，系4.3(2)において，$\mathrm{Ric}^M \geqq -Cg$ となる定数 $C \in \mathbb{R}$ はかならず存在することに注意しておこう．系4.3より容易につぎがわかる．

命題 4.4　$u: M \times [0, T) \to N$ を放物的調和写像の方程式(4.4)の解とし，$u_t(x) = u(x, t)$ とおく．このとき，$M \times (0, T)$ においてつぎがなりたつ．

（1）$E(u_t)$ は単調減少関数である．すなわち

$$\frac{d}{dt}E(u_t) = -2K(u_t) \leqq 0.$$

（2）N が非正曲率 $K_N \leqq 0$ ならば

$$\frac{d^2}{dt^2}E(u_t) = -2\frac{d}{dt}K(u_t) \geqq 0.$$

すなわち $E(u_t)$ は凸関数，かつ $K(u_t)$ は単調減少関数である．

［証明］（1）定理3.8の第1変分公式より

$$\frac{d}{dt}E(u_t) = -\int_M \left\langle \frac{\partial u_t}{\partial t}, \tau(u_t) \right\rangle d\mu_g = -\int_M \left\langle \frac{\partial u_t}{\partial t}, \frac{\partial u_t}{\partial t} \right\rangle d\mu_g = -2K(u_t).$$

（2）系4.3(2)とGreenの定理より

$$\frac{d}{dt}K(u_t)=\frac{d}{dt}\int_M\kappa(u_t)d\mu_g=\int_M\frac{\partial\kappa(u_t)}{\partial t}d\mu_g\leqq\int_M\Delta\kappa(u_t)d\mu_g=0$$

をえる. ∎

命題4.4の事実からつぎがわかる. N は非正曲率 $K_N\leqq 0$ であるとし，放物的調和写像の方程式(4.4)は，$T=\infty$ に対して解 $u:M\times[0,\infty)\to N$ をもつとしよう．このとき，$u_t(x)=u(x,t)$ に対して，命題4.4(1)と $E(u_t)\geqq 0$ であることに注意すれば，$t\to\infty$ のとき $K(u_t)\to 0$ でなければならないことがわかる．よって $t\to\infty$ のとき，$\partial u_t/\partial t\to 0$ でなければならない．しかるに u は(4.4)の解であるから，このことは $t\to\infty$ のとき $\tau(u_t)\to 0$ となることを意味する．したがって，$t\to\infty$ のとき u_t が $u_\infty\in C^\infty(M,N)$ に収束し，$\tau(u_t)\to\tau(u_\infty)$ であれば，結局 $\tau(u_\infty)=0$ でなければならない．すなわち u_t は調和写像 u_∞ へ収束していることがわかるわけである．

以下，放物的調和写像の方程式の初期値問題(4.4)について，このような解の存在を順次確かめていくことにしよう．

§4.2　時間局所解の存在

前節と同様に，(M,g) と (N,h) をそれぞれ m および n 次元のコンパクトな Riemann 多様体とする．まず，調和写像の方程式の解の微分可能性について，つぎがなりたつことに注意しよう．

定理4.5　C^2 級の写像 $u:M\to N$ が調和写像の方程式

(4.11)
$$\tau(u)=0$$

をみたすならば，u は C^∞ 級の写像となる．

［証明］　M の各点 $x\in M$ のまわりで u の微分可能性を確かめればよい．x のまわりの座標近傍 V と $u(x)$ のまわりの座標近傍 W を $u(V)\subset W$ となるようにとり，(x^i) と (y^α) を V と W における局所座標系とする．この局所座標系のもとで調和写像の方程式(4.11)は，各 $u^\alpha=y^\alpha\circ u$ に対して

$$(4.12)\qquad \Delta u^{\alpha} = -\sum_{i,j=1}^{m}\sum_{\beta,\gamma=1}^{n} g^{ij}\Gamma'^{\alpha}_{\beta\gamma}(u)\frac{\partial u^{\beta}}{\partial x^{i}}\frac{\partial u^{\gamma}}{\partial x^{j}}$$

とあらわされる．ただし，Δ は M の Laplace 作用素であり，$\Gamma'^{\alpha}_{\beta\gamma}$ は N の Levi-Civita 接続の接続係数である．

さて C^2 級の u が(4.12)式をみたしたとすると，右辺は C^1 級の関数となるから，とくに任意の $0<\sigma<1$ に対して σ–Hölder 連続である．したがって，線形楕円型偏微分方程式の解の微分可能性に関する定理(付録§A.2(d)参照)より，u はじつは $C^{2+\sigma}$ 級であることがわかる．このとき(4.12)式の右辺は $C^{1+\sigma}$ 級の関数となるから，同じ定理により u はさらに $C^{3+\sigma}$ 級であることがわかる．以下同様にこの議論を繰り返していけば，結局 u は C^{∞} 級となることが確かめられる． ∎

定理 4.5 より，もとめる調和写像の存在を示すには，調和写像の方程式(4.11)のすくなくとも C^2 級の解を構成すればよいことがわかる．

この注意のもとに，$f: M \to N$ を初期値としてあたえられた写像とし，写像 $u: M\times[0,T)\to N$ に対して放物的調和写像の方程式の初期値問題

$$(4.13)\qquad \begin{cases} \dfrac{\partial u}{\partial t}(x,t) = \tau(u(x,t)), & (x,t)\in M\times(0,T) \\ u(x,0) = f(x) \end{cases}$$

を考えよう．この節の目的は，この初期値問題(4.13)が十分小さい $T>0$ に対して解をもつことを示すことである．このような解を(4.13)の**時間局所解**とよぶ．

時間局所解の存在を考察するために，(4.13)における放物的調和写像の方程式を，解析的により取り扱いやすい方程式にかきなおしておこう．そのために，まず Nash [15] による「うめこみ定理」より，任意のコンパクトな Riemann 多様体は，十分次元の高い Euclid 空間へ等長的にうめこめることに注意しよう．すなわち，十分大きな自然数 q に対して，Riemann 多様体 (N,h) は q 次元 Euclid 空間 $\mathbb{R}^q$ の部分多様体として実現されており，Riemann 計量 h は $\mathbb{R}^q$ からの誘導計量にほかならないと仮定しても一般性を失わない．そこで

$$\iota : N \to \mathbb{R}^q$$

をそのような等長的うめこみとし，$\widetilde{N}$ を部分多様体 $\iota(N)\subset\mathbb{R}^q$ の $\mathbb{R}^q$ における管状近傍としよう．すなわち $\widetilde{N}$ は，十分小さい正数 $\epsilon>0$ に対して

$$\widetilde{N} = \{(x,v) \mid x \in \iota(N),\, v \in T_x\iota(N)^{\perp},\, |v| < \epsilon\}$$

で定義される，$\mathbb{R}^q$ の開部分多様体である(章末の演習問題 4.3 参照)．管状近傍 $\widetilde{N}$ に対し

$$\pi : \widetilde{N} \to \iota(N)$$

をその射影とする．すなわち π は，各 $z\in\widetilde{N}$ に対して z に最も近い $\iota(N)$ の点 $\pi(z)\in\iota(N)$ を対応させる写像にほかならない．

さて $u:M\times[0,T)\to\widetilde{N}$ を $M\times[0,T)$ から $\widetilde{N}\subset\mathbb{R}^q$ への写像としよう．u を $\mathbb{R}^q$ に値をとるベクトル値関数とみて，つぎの放物型偏微分方程式系の初期値問題を考えよう．

(4.14)
$$\begin{cases} \left(\Delta - \dfrac{\partial}{\partial t}\right) u(x,t) = \Pi(u)(du,du)(x,t), & (x,t)\in M\times(0,T) \\ \qquad u(x,0) = \iota\circ f(x)\,. \end{cases}$$

ここに Δ は M の Laplace 作用素であり，f は(4.13)の初期値としてあたえられた写像である．また $\Pi(u)(du,du)$ は $\mathbb{R}^q$ のベクトルであり，つぎのように定義される．すなわち $\mathbb{R}^q$ の座標系関数 (z^A) と M の局所座標系 (x^i) に関して，$\pi(z)$ と $u(x,t)$ をそれぞれ

$$\pi(z) = (\pi^1(z^1,\cdots,z^q),\cdots,\pi^q(z^1,\cdots,z^q)) = (\pi^A(z^B)),$$
$$u(x,t) = (u^1(x^1,\cdots,x^m,t),\cdots,u^q(x^1,\cdots,x^m,t)) = (u^A(x^i,t))$$

とあらわすとき，$\Pi(u)(du,du)$ の各成分は

$$\sum_{i,j=1}^{m}\sum_{B,C=1}^{q} g^{ij}\frac{\partial^2\pi^A}{\partial z^B\partial z^C}(u)\frac{\partial u^B}{\partial x^i}\frac{\partial u^C}{\partial x^j}, \qquad 1\leqq A\leqq q$$

であたえられる．補題 3.4 から容易にわかるように，C^∞ 級写像 π の第 2 基本形式を $\nabla d\pi$ とするとき

(4.15)
$$\Pi(u)(du,du) = \operatorname{trace}\nabla d\pi(du,du)$$

であることに注意しておこう．

初期値問題(4.14)の解 $u: M\times[0,T)\to\widetilde{N}$ として

$$u\in C^0(M\times[0,T),\widetilde{N})\cap C^{2,1}(M\times(0,T),\widetilde{N})$$

であるもの，すなわち $M\times[0,T)$ から $\widetilde{N}$ への連続写像で，M 上で C^2 級かつ $(0,T)$ 上で C^1 級であるものを考えよう．このとき初期値問題(4.14)と(4.13)の関係について，つぎがなりたつ．

命題 4.6　$u\in C^0(M\times[0,T),\widetilde{N})\cap C^{2,1}(M\times(0,T),\widetilde{N})$ とする．u が初期値問題(4.14)の解ならば，$u(M\times[0,T))\subset\iota(N)$ であり，u は初期値問題(4.13)の解となる．また逆もなりたつ．

［証明］　$u\in C^0(M\times[0,T),\widetilde{N})\cap C^{2,1}(M\times(0,T),\widetilde{N})$ が初期値問題(4.14)の解ならば，$u(M\times[0,T))\subset\iota(N)$ となることをまず確かめよう．そのために写像 $\rho:\widetilde{N}\to\mathbb{R}^q$ を

$$\rho(z)=z-\pi(z),\quad z\in\widetilde{N}$$

で定義し，関数 $\varphi: M\times[0,T)\to\mathbb{R}$ を

$$\varphi(x,t)=|\rho(u(x,t))|^2,\quad (x,t)\in M\times[0,T)$$

で定める．π の定義より $\rho(z)=0$ となることと $z\in\iota(N)$ であることは同値である．よって $\varphi(x,t)\equiv 0$ となることをみればよい．

さて $u(x,0)=\iota\circ f(x)\in\iota(N)$ であるから，$\varphi(x,0)=0$．また u が(4.14)の解であることより，$\langle\ ,\ \rangle$ を $\mathbb{R}^q$ の内積として

$$\begin{aligned}\frac{\partial\varphi}{\partial t}&=\frac{\partial}{\partial t}\langle\rho(u),\rho(u)\rangle=2\Big\langle d\rho\Big(\frac{\partial u}{\partial t}\Big),\rho(u)\Big\rangle\\&=2\langle d\rho(\Delta u-\Pi(u)(du,du)),\rho(u)\rangle,\\ \Delta\varphi&=\Delta\langle\rho(u),\rho(u)\rangle\\&=2\langle\Delta\rho(u),\rho(u)\rangle+2|\nabla\rho(u)|^2\end{aligned}$$

をえる．一方，合成写像の第2基本形式に関する公式(章末の演習問題4.4参照)より

$$\Delta\rho(u)=d\rho(\Delta u)+\mathrm{trace}\,\nabla d\rho(du,du)$$

となるが，定義より $\pi(z)+\rho(z)=z$ であるから $d\pi+d\rho$ は恒等写像かつ $\nabla d\rho+\nabla d\pi=0$ となることと，$d\pi$ の像と ρ の像は直交することに注意すると

$$\begin{aligned}\Delta\varphi &= 2\langle d\rho(\Delta u) - \mathrm{trace}\,\nabla d\pi(du,du), \rho(u)\rangle + 2|\nabla\rho(u)|^2 \\ &= 2\langle d\rho(\Delta u - \Pi(du,du)), \rho(u)\rangle + 2|\nabla\rho(u)|^2\end{aligned}$$

をえる．よって結局

$$\frac{\partial\varphi}{\partial t} = \Delta\varphi - 2|\nabla\rho(u)|^2$$

がなりたつ．したがって Green の定理より，各 $t\in(0,T)$ に対して

$$\frac{d}{dt}\int_M \varphi(\,\cdot\,,t)d\mu_g = \int_M \frac{\partial\varphi}{\partial t}(\,\cdot\,,t)d\mu_g = -2\int_M |\nabla\rho(u)|^2 d\mu_g \leqq 0$$

をえる．よって

$$\int_M \varphi(\,\cdot\,,t)d\mu_g \leqq \int_M \varphi(\,\cdot\,,0)d\mu_g = 0$$

となり，$\varphi(x,t)\equiv 0$ がわかる．

つぎに後半の主張を確かめよう．そのために，$u: M\times[0,T)\to N$ を $M\times[0,T)$ から N への写像とし，$\tilde{u}=\iota\circ u$ とおく．$\tilde{u}: M\times[0,T)\to\iota(N)$ が初期値問題(4.14)の解ならば，u は初期値問題(4.13)の解にほかならないことをみればよい．定義より $\tilde{u}=\iota\circ u$ および $\iota=\pi\circ\iota$ であるから，合成写像の第2基本形式に関する公式より

$$\Delta\tilde{u} = \mathrm{trace}\,\nabla d\iota(du,du) + d\iota(\tau(u)),$$

$$\mathrm{trace}\,\nabla d\iota = \mathrm{trace}\,\nabla d\pi(d\iota,d\iota) + d\pi(\mathrm{trace}\,\nabla d\iota)$$

をえる．ここで $\iota: N\to\mathbb{R}^q$ は等長的うめこみであるから，$\mathrm{trace}\,\nabla d\iota$ は各点で $\iota(N)$ に直交することに注意すれば，$d\pi(\mathrm{trace}\,\nabla d\iota)=0$．よって上式より

$$d\iota(\tau(u)) = \Delta\tilde{u} - \mathrm{trace}\,\nabla d\pi(d\tilde{u},d\tilde{u})$$

がえられる．一方，$d\iota\left(\dfrac{\partial u}{\partial t}\right)=\dfrac{\partial\tilde{u}}{\partial t}$ であるから結局

$$d\iota\left(\tau(u) - \frac{\partial u}{\partial t}\right) = \left(\Delta - \frac{\partial}{\partial t}\right)\tilde{u} - \Pi(\tilde{u})(d\tilde{u},d\tilde{u})$$

がなりたつ．よって $\tilde{u}$ が初期値問題(4.14)の解ならば，u は初期値問題(4.13)の解となることがわかる．

逆がなりたつことは容易であろう．　∎

命題 4.6 より，初期値問題(4.14)の時間局所解を構成すれば，放物的調和写像の方程式の初期値問題(4.13)の時間局所解がえられることがわかる．初期値問題(4.14)の方程式は，ベクトル値関数についての放物型偏微分方程式系であるので，解の存在を考察する関数空間を設定しやすい．そこで以下，初期値問題(4.14)について時間局所解を構成することを考えよう．

Ladyženskaya–Solonnikov–Ural'ceva [9, p. 7] にしたがって，解の存在を考察する関数空間をつぎのように定義しよう．$T>0$ に対し，$Q=M\times[0,T]$ とおく．$0<\alpha<1$ とし，ベクトル値関数 $u:Q\to\mathbb{R}^q$ に対して

$$|u|_Q = \sup_{(x,t)\in Q}|u(x,t)|,$$

$$\langle u\rangle_x^{(\alpha)} = \sup_{\substack{(x,t),(x',t)\in Q\\ x\neq x'}}\frac{|u(x,t)-u(x',t)|}{d(x,x')^\alpha},$$

$$\langle u\rangle_t^{(\alpha)} = \sup_{\substack{(x,t),(x,t')\in Q\\ t\neq t'}}\frac{|u(x,t)-u(x,t')|}{|t-t'|^\alpha}$$

とおき，ノルム $|u|_Q^{(\alpha,\alpha/2)}$, $|u|_Q^{(2+\alpha,1+\alpha/2)}$ を

$$|u|_Q^{(\alpha,\alpha/2)} = |u|_Q+\langle u\rangle_x^{(\alpha)}+\langle u\rangle_t^{(\alpha/2)},$$

$$\begin{aligned}|u|_Q^{(2+\alpha,1+\alpha/2)} &= |u|_Q+|\partial_t u|_Q+|D_x u|_Q+|D_x^2 u|_Q\\ &\quad+\langle\partial_t u\rangle_t^{(\alpha/2)}+\langle D_x u\rangle_t^{(1/2+\alpha/2)}+\langle D_x^2 u\rangle_t^{(\alpha/2)}\\ &\quad+\langle\partial_t u\rangle_x^{(\alpha)}+\langle D_x^2 u\rangle_x^{(\alpha)}\end{aligned}\tag{4.16}$$

と定義する．ただし $d(x,x')$ は x と x' の M での距離であり，$\partial_t u$ は $\partial u/\partial t$ をあらわす．また $D_x u$ と $D_x^2 u$ はそれぞれ u の M 上での 1 階微分とその共変微分をあらわす．すなわち M の局所座標系 (x^i) と $\mathbb{R}^q$ の座標関数 (y^α) に関して，$D_x u$, $D_x^2 u$ はそれぞれ

$$D_x u = du = \sum_{i=1}^m\sum_{\alpha=1}^q\frac{\partial u^\alpha}{\partial x^i}\cdot dx^i\otimes\frac{\partial}{\partial y^\alpha},$$

$$D_x^2 u = \nabla du = \sum_{i,j=1}^m\sum_{\alpha=1}^q\nabla_i\nabla_j u^\alpha\cdot dx^i\otimes dx^j\otimes\frac{\partial}{\partial y^\alpha}$$

で定義され，$|D_x u|_Q$, $|D_x^2 u|_Q$ は

$$|D_x u|_Q^2 = \sup_{(x,t)\in M} \sum_{i,j=1}^{m} \sum_{\alpha=1}^{q} g^{ij} \frac{\partial u^\alpha}{\partial x^i} \frac{\partial u^\alpha}{\partial x^j},$$

$$|D_x^2 u|_Q^2 = \sup_{(x,t)\in M} \sum_{i,j,k,l=1}^{m} \sum_{\alpha=1}^{q} g^{ik} g^{jl} \nabla_i \nabla_j u^\alpha \nabla_k \nabla_l u^\alpha$$

であたえられる．

これらノルムに関して，関数空間 $C^{\alpha,\alpha/2}(Q,\mathbb{R}^q)$ と $C^{2+\alpha,1+\alpha/2}(Q,\mathbb{R}^q)$ を

$$C^{\alpha,\alpha/2}(Q,\mathbb{R}^q) = \{u \in C^0(M\times[0,T]) \mid |u|_Q^{(\alpha,\alpha/2)} < \infty\},$$

$$C^{2+\alpha,1+\alpha/2}(Q,\mathbb{R}^q) = \{u \in C^{2,1}(M\times[0,T]) \mid |u|_Q^{(2+\alpha,1+\alpha/2)} < \infty\}$$

と定め，

$$C^{2+\alpha,1+\alpha/2}(Q,N) = \{u \in C^{2+\alpha,1+\alpha/2}(Q,\mathbb{R}^q) \mid u(Q) \subset N\}$$

とおく．このとき，$C^{\alpha,\alpha/2}(Q,\mathbb{R}^q)$ と $C^{2+\alpha,1+\alpha/2}(Q,\mathbb{R}^q)$ はそれぞれ $|u|_Q^{(\alpha,\alpha/2)}$ と $|u|_Q^{(2+\alpha,1+\alpha/2)}$ をノルムとして Banach 空間となり，$C^{2+\alpha,1+\alpha/2}(Q,N)$ は $C^{2+\alpha,1+\alpha/2}(Q,\mathbb{R}^q)$ の閉集合となることが容易に確かめられる(章末の演習問題 4.6 参照)．$C^{\alpha,\alpha/2}(Q,\mathbb{R}^q)$ および $C^{2+\alpha,1+\alpha/2}(Q,\mathbb{R}^q)$ を $Q=M\times[0,T]$ における **Hölder 空間**という．

以上の準備のもとに，つぎが証明できる．

定理 4.7　(M,g) と (N,h) をコンパクトな Riemann 多様体とする．このとき，任意の $C^{2+\alpha}$ 級写像 $f\in C^{2+\alpha}(M,N)$ に対して，正数 $\epsilon=\epsilon(M,N,f,\alpha)>0$ と $u\in C^{2+\alpha,1+\alpha/2}(M\times[0,\epsilon],\widetilde{N})$ が存在して，u は $M\times[0,\epsilon)$ における初期値問題(4.14)の解となる．ここに $\epsilon=\epsilon(M,N,f,\alpha)$ は M, N, f および α に依存してきまる定数である．　□

この定理を，Banach 空間における逆関数定理(付録§A.2(a)参照)をもちいて証明しよう．逆関数定理のアイディアは，線形化された方程式の可解性から非線形方程式の可解性を保証するものである．そこでまず，線形放物型偏微分方程式に対する解の存在と一意性に関する結果をまとめておこう．

定理 4.8　(M,g) をコンパクトな Riemann 多様体とし，$Q=M\times[0,T]$ とする．ベクトル値関数 $u:Q\to\mathbb{R}^q$ に対して

$$Lu = \Delta u + \boldsymbol{a}\cdot\nabla u + \boldsymbol{b}\cdot u - \partial_t u$$

を放物型偏微分作用素とし，初期値問題

$$
(4.17) \qquad \begin{cases} Lu(x,t) = F(x,t), & (x,t) \in M \times (0,T) \\ u(x,0) = f(x) \end{cases}
$$

を考える．ただし $u=(u^1,\cdots,u^q)=(u^A)$ に対して，Δu, $\boldsymbol{a}\cdot\nabla u$, $\boldsymbol{b}\cdot u$, $\partial_t u$ の各成分は

$$
\Delta u^A, \quad \sum_{B=1}^{q}\sum_{i=1}^{m} \boldsymbol{a}_B^{iA}(x,t)\frac{\partial u^B}{\partial x^i}, \quad \sum_{B=1}^{q} \boldsymbol{b}_B^A(x,t)u^B, \quad \frac{\partial u^B}{\partial t}
$$

で定義されているものとする．このとき，ある $0<\alpha<1$ に対して

$$
\boldsymbol{a}_B^{iA},\ \boldsymbol{b}_B^A \in C^{\alpha,\alpha/2}(Q,\mathbb{R}), \quad 1 \leqq i \leqq m,\ 1 \leqq A, B \leqq q
$$

であるならば，任意の

$$
F \in C^{\alpha,\alpha/2}(Q,\mathbb{R}^q), \quad f \in C^{2+\alpha}(M,\mathbb{R}^q)
$$

に対して，(4.17)の解 $u \in C^{2+\alpha,1+\alpha/2}(Q,\mathbb{R}^q)$ が一意的に存在して

$$
|u|_Q^{(2+\alpha,1+\alpha/2)} \leqq C\big(|F|_Q^{(\alpha,\alpha/2)} + |f|_M^{(2+\alpha)}\big)
$$

がなりたつ．ここに $C=C(M,L,q,T,\alpha)$ は，M,L,q,T,α にのみ依存してきまる定数である． □

定理 4.8 は古典的によく知られた結果である．詳細については，たとえば Ladyženskaya–Solonnikov–Ural'ceva [9, p. 320] あるいは村田實–倉田和浩[28]を参照するとよい．

さて定理 4.7 を証明しよう．

［証明］ まず $0<\alpha'<\alpha<1$ となる α' を 1 つえらんでおく．また等長的はめこみ $\iota: N \to \mathbb{R}^q$ に対して，$\iota(N)$ の管状近傍 $\widetilde{N}$ の射影 $\pi: \widetilde{N} \to \iota(N)$ を C^∞ 級写像 $\pi: \mathbb{R}^q \to \mathbb{R}^q$ に拡張しておく．ただし，必要ならば $\widetilde{N}$ を小さくとりなおすことにより，$\widetilde{N} \subset B$ となる十分大きい球体 $B \subset \mathbb{R}^q$ の外側では，π は定値写像となるようにしておく．(4.14)の右辺は，このように拡張された π について(4.15)式で定義されているものとする．また簡単のために，$\partial/\partial t$ および $\partial/\partial z^A$ をそれぞれ ∂_t と ∂_A であらわす．

ステップ 1［近似解の構成］ まず f と $\iota\circ f$ を同一視して，つぎの線形放物型偏微分方程式系の初期値問題を考えよう．

$$(4.18)\quad \begin{cases} (\Delta-\partial_t)v(x,t) = \Pi(f)(df,df)(x), & (x,t)\in M\times(0,1) \\ v(x,0) = f(x)\,. \end{cases}$$

このとき，f に対する仮定より

$$f\in C^{2+\alpha}(M,\mathbb{R}^q),\quad \Pi(f)(df,df)\in C^{\alpha}(M,\mathbb{R}^q)$$

であるから，定理4.8より(4.18)の解

$$v\in C^{2+\alpha,1+\alpha/2}(M\times[0,1],\mathbb{R}^q)$$

が一意的に存在する．もとめる解を u とするとき，v は $t=0$ において u をつぎの意味で近似している．すなわち

$$v(x,0)=u(x,0),\quad \partial_t v(x,0)=\partial_t u(x,0)$$

がなりたつことに注意しよう．

ステップ2［逆関数定理の適用］　つぎに $Q=M\times[0,1]$ とおき，偏微分作用素

$$P(u) = \Delta u - \partial_t u - \Pi(u)(du,du)$$

を考えよう．$P(u)=0$ となる $u\in C^{2+\alpha,1+\alpha/2}(M\times[0,\epsilon],\mathbb{R}^q)$ がもとめる解である．

さて，$0<\alpha'<1$ に対して，$C^{2+\alpha',1+\alpha'/2}(Q,\mathbb{R}^q)$ と $C^{\alpha',\alpha'/2}(Q,\mathbb{R}^q)$ の部分空間 X と Y をつぎのように定義する．

$$X = \{z\in C^{2+\alpha',1+\alpha'/2}(Q,\mathbb{R}^q) \mid z(x,0)=0,\ \partial_t z(x,t)=0\},$$
$$Y = \{k\in C^{\alpha',\alpha'/2}(Q,\mathbb{R}^q) \mid k(x,0)=0\}.$$

定義から X と Y は閉部分空間であり Banach 空間となる．$z\in X$ に対して

$$\mathcal{P}(z) = P(v+z)-P(v)$$

とおくと，容易にわかるように $\mathcal{P}(z)\in Y$ となるから，$\mathcal{P}$ は X から Y への写像 $\mathcal{P}:X\to Y$ を定義する．とくに $\mathcal{P}(0)=0$ である．

$\mathcal{P}$ は $z=0$ の近傍で Fréchet 微分可能であり，Fréchet 微分 $\mathcal{P}'(0):X\to Y$ は各 $Z\in X$ に対して

$$\mathcal{P}'(0)(Z) = \Delta Z - \partial_t Z - \sum_{A=1}^{q} Z^A\partial_A \Pi(v)(dv,dv) - 2\Pi(v)(dv,dZ)$$

であたえられることが，定義から簡単な計算で確かめられる(付録§A.2(a)

参照)．これより容易に $\mathcal{P}'(0):X\to Y$ は同型写像であることがわかる．実際，$v\in C^{2+\alpha,1+\alpha/2}(Q,\mathbb{R}^q)$ であるから，$\mathcal{P}'(0)$ の定義式と定理 4.8 より，任意の $K\in Y$ に対して

$$\begin{cases} (\mathcal{P}'(0)(Z))(x,t)=K(x,t), & (x,t)\in M\times(0,1) \\ Z(x,0)=0 \end{cases}$$

をみたす $Z\in C^{2+\alpha',1+\alpha'/2}(Q,\mathbb{R}^q)$ が一意的に存在して

$$|Z|_Q^{(2+\alpha',1+\alpha'/2)}\leqq C|K|_Q^{(\alpha',\alpha'/2)} \tag{4.19}$$

がなりたつことがわかる．ここで $K(x,0)=0$ かつ $Z(x,0)=0$ であるから $\partial_t Z(x,0)=0$ となり，$Z\in X$ をえる．すなわち $\mathcal{P}'(0)$ は全射であることがわかる．一方，(4.19)式より $\mathcal{P}'(0)$ は連続な逆写像をもつことがわかる．よって $\mathcal{P}'(0)$ は同型写像となる．

したがって，Banach 空間における逆関数定理(定理 A.2)より，$\mathcal{P}:X\to Y$ は $0\in X$ の十分小さい近傍 $\mathcal{U}$ と $0\in Y$ の近傍 $\mathcal{P}(\mathcal{U})$ の間の同相写像となることがわかる．すなわち，正数 $\delta=\delta(M,N,f)>0$ が存在して，$k(x,0)=0$ かつ $|k|_Q^{(\alpha',\alpha'/2)}<\delta$ である任意の $k\in C^{\alpha',\alpha'/2}(Q,\mathbb{R}^q)$ に対して

$$\mathcal{P}(z)=k,\quad z(x,0)=0,\quad \partial_t z(x,0)=0 \tag{4.20}$$

となる $z\in C^{2+\alpha',1+\alpha'/2}(Q,\mathbb{R}^q)$ が一意的に存在することがわかる．ただし $\delta=\delta(M,N,f)$ は M と N と f に依存してきまる正数である．ここで $u=v+z$ および $w=P(v)$ とおけば，(4.20)より結局

$$\begin{cases} P(u)(x,t)=(w+k)(x,t), & (x,t)\in M\times(0,1) \\ u(x,0)=f(x) \end{cases} \tag{4.21}$$

となる $u\in C^{2+\alpha',1+\alpha'/2}(Q,\mathbb{R}^q)$ が存在することがわかる．

ステップ 3 [時間局所解の存在]　もとめる時間局所解の存在をみるために，正数 ϵ $(0<\epsilon<1/2)$ に対して，C^∞ 級関数 $\zeta:\mathbb{R}\to\mathbb{R}$ でつぎの条件をみたすものを考えよう．

$$\zeta(t)=1\ (t\leqq\epsilon),\ \zeta(t)=0\ (t\geqq 2\epsilon);\ 0\leqq\zeta(t)\leqq 1,\ |\zeta'(t)|\leqq 2/\epsilon\ (t\in\mathbb{R}).$$

ここで，$w=P(v)\in C^{\alpha,\alpha/2}(Q,\mathbb{R}^q)\subset C^{\alpha',\alpha'/2}(Q,\mathbb{R}^q)$ であることと，$P(v)$ の定義と $v(x,0)=f$ より $w(x,0)=0$ となることに注意すると，ϵ と w によらない定数 $C>0$ が存在して

$$(4.22)\qquad |\zeta w|_Q^{(\alpha',\alpha'/2)} \leqq C\epsilon^{(\alpha-\alpha')/2}|w|_Q^{(\alpha,\alpha/2)}$$

となることが，簡単な計算により確かめられる(章末の演習問題 4.7 参照).

そこで $k=-\zeta w$ とおくと，$k(x,0)=0$ であり，かつ(4.22)より $\epsilon>0$ を十分小さくえらべば $|k|_Q^{(\alpha',\alpha'/2)}<\delta$ となる．よって，(4.21)においてとくに

$$\begin{cases} P(u)(x,t)=0, & (x,t)\in M\times(0,\epsilon) \\ u(x,0)=f(x) \end{cases}$$

となる $u\in C^{2+\alpha',1+\alpha'/2}(M\times[0,\epsilon],\mathbb{R}^q)$ が存在する．すなわち初期値問題

$$\begin{cases} (\Delta-\partial_t)u(x,t)=\Pi(u)(du,du)(x,t), & (x,t)\in M\times(0,\epsilon) \\ u(x,0)=f(x) \end{cases}$$

の解 $u\in C^{2+\alpha',1+\alpha'/2}(M\times[0,\epsilon],\mathbb{R}^q)$ がえられる．しかるにこのとき

$$f\in C^{2+\alpha}(M,\mathbb{R}^q),\quad \Pi(u)(du,du)\in C^{\alpha,\alpha/2}(M\times[0,\epsilon],\mathbb{R}^q)$$

となるから，定理 4.8 より結局

$$u\in C^{2+\alpha,1+\alpha/2}(M\times[0,\epsilon],\mathbb{R}^q)$$

であることがわかる.

さて，正数 ϵ' $(0<\epsilon'<\epsilon)$ が十分小さければ $u(M\times[0,\epsilon'])\subset\widetilde{N}$ となるから，u は $M\times[0,\epsilon']$ 上で初期値問題(4.14)の解となる．したがって命題 4.6 に注意すれば，結局 u は $M\times[0,\epsilon]$ 上で(4.14)の解となることがわかる．また以上の証明をふりかえれば，$\epsilon>0$ は M, N, f および α にのみ依存してきまる正数であることも容易にわかる. ∎

定理 4.7 と命題 4.6 より，つぎはあきらかであろう.

系 4.9　(M,g) と (N,h) をコンパクトな Riemann 多様体とする．このとき，任意の $C^{2+\alpha}$ 級写像 $f\in C^{2+\alpha}(M,N)$ に対して，正数 $T=T(M,N,f,\alpha)>0$ と $u\in C^{2+\alpha,1+\alpha/2}(M\times[0,T],N)$ が存在して

$$\begin{cases} \dfrac{\partial u}{\partial t}(x,t)=\tau(u(x,t)), & (x,t)\in M\times(0,T) \\ u(x,0)=f(x) \end{cases}$$

をみたす．ここに $T=T(M,N,f,\alpha)$ は M, N, f および α に依存してきまる定数である. □

ここで線形放物型偏微分方程式の解の微分可能性に関する結果に注意することにより，放物的調和写像の方程式の初期値問題の時間局所解の存在に関して結局つぎがわかる．

定理 4.10（時間局所解の存在）　(M,g) と (N,h) をコンパクトな Riemann 多様体とする．このとき，任意の $C^{2+\alpha}$ 級写像 $f\in C^{2+\alpha}(M,N)$ に対して，正数 $T=T(M,N,f,\alpha)>0$ と $u\in C^{2+\alpha,1+\alpha/2}(M\times[0,T],N)\cap C^{\infty}(M\times(0,T),N)$ が存在して

$$\begin{cases} \dfrac{\partial u}{\partial t}(x,t)=\tau(u(x,t)), & (x,t)\in M\times(0,T) \\ u(x,0)=f(x) \end{cases}$$

をみたす．ここに $T=T(M,N,f,\alpha)$ は M, N, f および α に依存してきまる定数である．

［証明］　$u\in C^{2+\alpha,1+\alpha/2}(M\times[0,T],N)$ を系 4.9 における解とする．各点 $(x,t)\in M\times(0,T)$ のまわりで u の微分可能性を確かめればよい．定理 4.5 の証明の場合と同様に，(x^i) と (y^α) をそれぞれ x と $u(x,t)$ のまわりの M と N の局所座標系とするとき，放物的調和写像の方程式は各 $u^\alpha=y^\alpha\circ u$ に対して

$$\Big(\Delta-\frac{\partial}{\partial t}\Big)u^\alpha=-\sum_{i,j=1}^{m}\sum_{\beta,\gamma=1}^{n}g^{ij}\varGamma'^{\alpha}_{\beta\gamma}(u)\frac{\partial u^\beta}{\partial x^i}\frac{\partial u^\gamma}{\partial x^j}$$

とあらわされる．

ここで u に対する仮定より，右辺が $C^{1+\alpha,\alpha/2}$ 級となることに注意すると，線形放物型偏微分方程式の解の微分可能性に関する定理（付録§A.2(d)参照）より，まず u は $C^{3+\alpha,1+\alpha/2}$ 級であることがわかる．このとき右辺は $C^{2+\alpha,1+\alpha/2}$ 級となるから，同様にして u はじつは $C^{4+\alpha,2+\alpha/2}$ 級であることがわかる．これより右辺は $C^{3+\alpha,1+\alpha/2}$ 級となるから，さらに u は $C^{5+\alpha,2+\alpha/2}$ 級であることがみちびかれる．以下同様にこの議論を繰り返していくことにより，結局 u は (x,t) のまわりで C^∞ 級となることが確かめられる．　■

§4.3　時間大域解の存在

§4.1でみたように，熱流の方法によって定理4.1を証明するためには，任意の初期値 $f:M\to N$ に対して，放物的調和写像の方程式の初期値問題

$$(4.23)\qquad \begin{cases} \dfrac{\partial u}{\partial t}(x,t)=\tau(u(x,t)), & (x,t)\in M\times(0,T) \\ u(x,0)=f(x) \end{cases}$$

が，$T=\infty$ として解 $u:M\times[0,\infty)\to N$ をもつことを示す必要があった．このような $M\times[0,\infty)$ における(4.23)の解を**時間大域解**とよぶ．

定理4.10でみたように初期値問題(4.23)の時間局所解はつねに存在するが，放物的調和写像の方程式は非線形偏微分方程式系であるので，時間大域解の存在はかならずしも保証されない．実際，時間大域解の存在を示すには，解 $u(x,t)$ の時間 t に関する'増大度'の評価が重要な課題となってくる．その際，方程式の非線形項からくる影響をコントロールするために，Riemann多様体 N の曲率が重要な役割を果たす．この節では，このような時間大域解の存在と M および N の曲率とのかかわりについて調べることにしよう．

以下，(M,g) と (N,h) をそれぞれ m および n 次元のコンパクトなRiemann多様体とする．まず，(4.23)の解の増大度を評価する道具として，熱方程式に対する**最大値の原理**についてみておこう．すなわち，Δ を M のLaplace作用素とし $L=\Delta-\dfrac{\partial}{\partial t}$ を熱作用素とするとき，つぎがなりたつことを確かめよう．

補題4.11　$u\in C^0(M\times[0,T))\cap C^{2,1}(M\times(0,T))$ を $M\times[0,T)$ 上の実数値連続関数で，M 上で C^2 級かつ $(0,T)$ 上で C^1 級であるものとする．u が $M\times(0,T)$ 上で $Lu\geqq 0$ をみたすならば

$$\max_{M\times[0,T]} u=\max_{M\times\{0\}} u$$

がなりたつ．すなわち，$M\times[0,T)$ における u の最大値は $M\times\{0\}$ の点でとられる．

［証明］　$\epsilon_1,\epsilon_2>0$ を正数として

$$\widehat{u}(x,t) = u(x,t) - \epsilon_1 t, \quad Q = M \times [0, T-\epsilon_2]$$

とおく．このとき，$\widehat{u}$ の最大値について

$$\max_{Q} \widehat{u} = \max_{M \times \{0\}} \widehat{u} \tag{4.24}$$

がなりたつ．実際，$\widehat{u}$ は Q 上の連続関数であるから，Q の点 (x°, t°) において最大値をとる．$t^\circ = 0$ をいえばよいから，$t^\circ > 0$ と仮定して矛盾をみちびこう．仮定より $M \times (0,T)$ において $Lu \geqq 0$ であるから，$\widehat{u}$ は (x°, t°) において

$$\frac{\partial \widehat{u}}{\partial t} \leqq \Delta \widehat{u} - \epsilon_1$$

をみたす．すなわち，(x^i) を x° のまわりの M の局所座標系とするとき，(x°, t°) において

$$\frac{\partial \widehat{u}}{\partial t} \leqq \sum_{i,j=1}^{m} g^{ij} \left\{ \frac{\partial^2 \widehat{u}}{\partial x^i \partial x^j} - \sum_{k=1}^{m} \Gamma_{ij}^k \frac{\partial \widehat{u}}{\partial x^k} \right\} - \epsilon_1$$

がなりたつ．ただし Γ_{ij}^k は M の Levi-Civita 接続の接続係数である．ここで，$\widehat{u}(x^\circ, t^\circ)$ は Q における u の最大値であるから

$$\frac{\partial \widehat{u}}{\partial t}(x^\circ, t^\circ) \geqq 0, \ \frac{\partial \widehat{u}}{\partial x^i}(x^\circ, t^\circ) = 0 \ \text{かつ行列} \left(\frac{\partial^2 \widehat{u}}{\partial x^i \partial x^j}(x^\circ, t^\circ) \right) \text{は非正値}$$

となるが，これは $\epsilon_1 > 0$ に矛盾．よって(4.24)が示された．

(4.24)において $\epsilon_1, \epsilon_2 > 0$ は任意であることに注意すれば，これより容易に結論がえられる． ∎

§4.1でみた Weitzenböck の公式と補題4.11より，放物的調和写像の方程式の初期値問題(4.23)の解 u に対して，つぎの評価式がえられる．

命題 4.12　$u \in C^{2,1}(M \times [0,T), N) \cap C^\infty(M \times (0,T), N)$ を(4.23)の解とし，$u_t(x) = u(x,t)$ とおく．N は非正曲率 $K_N \leqq 0$ であり，かつ定数 $C \in \mathbb{R}$ に対して $\mathrm{Ric}^M \geqq -Cg$ であるとする．また ϵ を $0 < \epsilon < T$ なる正数とする．このとき，u_t のエネルギー密度 $e(u_t)$ についてつぎがなりたつ．

(1) 任意の $(x,t) \in M \times (0,T)$ に対して

$$e(u_t)(x) \leqq e^{2Ct} \sup_{x \in M} e(f)(x).$$

（2）任意の $(x,t)\in M\times[\epsilon,T)$ について

$$e(u_t)(x) \leqq C(M,\epsilon)E(f).$$

ここに $C(M,\epsilon)>0$ は M と ϵ にのみ依存してきまる定数である．

［証明］（1）まず系4.3(1)より，$e(u_t)$ について不等式

$$Le(u_t) = \left(\Delta - \frac{\partial}{\partial t}\right)e(u_t) \geqq -2Ce(u_t)$$

がえられることに注意．そこで $v(x,t)=e^{-2Ct}e(u_t)$ とおくと，簡単な計算により v は $M\times(0,T)$ 上で $Lv\geqq 0$ をみたすことがわかる．したがって補題4.11より，任意の $(x,t)\in M\times[0,T)$ に対して

$$e^{-2Ct}e(u_t)(x) = v(x,t) \leqq \max_{x\in M} v(x,0) = \max_{x\in M} e(f)(x)$$

がなりたつ．

（2）$e(u_t)(x)$ と $E(u_t)$ をそれぞれ (x,t) と t の関数とみて，$e(u)(x,t)$ および $E(u)(t)$ とかくことにする．また C を(1)における定数とし，$0<\epsilon\leqq t<T$ としよう．

さて $(x,s)\in M\times(0,T)$ に対し，$H(x,y,s)$ を M 上の熱方程式の基本解として

$$w_1(x,s) = \int_M H(x,y,s)e^{-2C(t-\epsilon)}e(u)(y,t-\epsilon)d\mu_g(y)$$

とおこう．ただし $d\mu_g(y)$ は $y\in M$ について M 上の標準的測度 μ_g に関して積分していることをあらわす．このとき基本解の性質から容易にわかるように，$w_1(x,s)$ は

$$\begin{cases} \left(\Delta - \dfrac{\partial}{\partial s}\right)w_1(x,s) = 0, & (x,s)\in M\times(0,T) \\ \lim\limits_{s\downarrow 0} w_1(x,s) = e^{-2C(t-\epsilon)}e(u)(x,t-\epsilon) & \end{cases}$$

をみたす(付録§A.2(c)参照)．一方

$$w_2(x,s) = e^{-2C(s+t-\epsilon)}e(u)(x,s+t-\epsilon)$$

とおけば，簡単な計算により $w_2(x,s)$ は

$$\begin{cases} \left(\Delta - \dfrac{\partial}{\partial s}\right) w_2(x,s) \geqq 0, & (x,s) \in M \times (0,T) \\ \lim\limits_{s \downarrow 0} w_2(x,s) = e^{-2C(t-\epsilon)} e(u)(x, t-\epsilon) \end{cases}$$

をみたすことがわかる．したがって，$w_3 = w_2 - w_1$ とおけば

$$Lw_3 \geqq 0, \quad w_3(x,0) = 0$$

がなりたつから，補題4.11より

$$w_2(x,s) \leqq w_1(x,s), \quad (x,s) \in M \times [0,T)$$

をえる．この式で $s=\epsilon$ とすることにより，任意の $(x,t) \in M \times [\epsilon, T)$ に対して

$$e(u)(x,t) \leqq e^{2C\epsilon} \int_M H(x,y,\epsilon) e(u)(y, t-\epsilon) d\mu_g(y) \tag{4.25}$$

がなりたつことがわかる．

ここで基本解の性質として，M と $\epsilon > 0$ にのみ依存してきまる定数 $c(M,\epsilon) > 0$ が存在して

$$H(x,y,\epsilon) \leqq c(M,\epsilon)$$

となることに注意すると(系A.4参照)，(4.25)より

$$e(u)(x,t) \leqq e^{2C\epsilon} c(M,\epsilon) E(u)(t-\epsilon)$$

がえられる．しかるに，命題4.4でみたように $E(u)(t)$ は単調減少関数であるから，結局

$$e(u)(x,t) \leqq e^{2C\epsilon} c(M,\epsilon) E(f)$$

がなりたつ．$C(M,\epsilon) = e^{2C\epsilon} c(M,\epsilon)$ とおいて，もとめる結果をえる．∎

命題4.13　$u \in C^{2,1}(M \times [0,T), N) \cap C^\infty(M \times (0,T), N)$ を(4.23)の解とする．N が非正曲率 $K_N \leqq 0$ ならば，任意の $(x,t) \in M \times [0,T)$ に対して

$$\left| \frac{\partial u}{\partial t}(x,t) \right| \leqq \sup_{x \in M} \left| \frac{\partial u}{\partial t}(x,0) \right|$$

がなりたつ．

［証明］　$u_t(x) = u(x,t)$ に対して，系4.3(2)より

$$L\kappa(u_t) = \left(\Delta - \frac{\partial}{\partial t}\right)\kappa(u_t) \geqq 0$$

がなりたつ．よって補題4.11より，もとめる結果をえる． ∎

命題4.12と命題4.13より，Nが非正曲率$K_N \leqq 0$ならば，初期値問題(4.23)の解uの増大度は，時間に関して一様に有界であることがわかる．すなわちつぎがえられる．

命題4.14　$u \in C^{2,1}(M\times[0,T),N)\cap C^\infty(M\times(0,T),N)$を(4.23)の解とする．$N$が非正曲率$K_N \leqq 0$ならば，任意の$0<\alpha<1$に対して，正数$C=C(M,N,f,\alpha)>0$が存在して

$$|u(\cdot,t)|_{C^{2+\alpha}(M,N)} + \left|\frac{\partial u}{\partial t}\right|_{C^\alpha(M,N)} \leqq C$$

がすべての$t\in[0,T)$についてなりたつ．ここに$C=C(M,N,f,\alpha)$はM, N, fおよびαにのみ依存してきまる定数である．

［証明］ §4.2において時間局所解の存在を証明したときと同様に，(N,h)は等長的うめこみ$\iota: N\to\mathbb{R}^q$によりq次元Euclid空間$\mathbb{R}^q$の部分多様体として実現されているとみなし，ベクトル値関数$u: M\to\mathbb{R}^q$は(4.14)の解であると考えよう．

このときuは，MのLaplace作用素Δに関して楕円型偏微分方程式系

$$\Delta u = \Pi(u)(du,du) + \frac{\partial u}{\partial t}$$

をみたすことになる．そこで命題4.12と命題4.13に注意すると，この式の右辺は$t\in[0,T)$によらずに有界，すなわち

$$\left|\Pi(u)(du,du)(\cdot,t) + \frac{\partial u}{\partial t}(\cdot,t)\right|_{L^\infty(M,\mathbb{R}^q)} \leqq c_1(M,N,f)$$

となることがわかる．またuの像はつねに有界集合$N\subset\mathbb{R}^q$に含まれているわけだから

$$|u(\cdot,t)|_{L^\infty(M,\mathbb{R}^q)} \leqq c_2(N).$$

したがって線形楕円型偏微分方程式の解に対するSchauderの評価式(付録§A.2(e)参照)より，任意の$t\in[0,T)$に対して

$$(4.26)\quad |u(\cdot,t)|_{C^{1+\alpha}(M,\mathbb{R}^q)} \leqq c_3(M,\alpha)\left(\sup_{t\in[0,T)}|\Delta u(\cdot,t)|_{L^\infty(M,\mathbb{R}^q)} + \sup_{t\in[0,T)}|u(\cdot,t)|_{L^\infty(M,\mathbb{R}^q)}\right) \leqq c_4(M,N,f,\alpha)$$

となることがわかる.

一方，u は M の熱作用素 $L=\Delta-\dfrac{\partial}{\partial t}$ に対して放物型偏微分方程式系

$$Lu=\Pi(u)(du,du)$$

の解でもある．ここで(4.26)に注意すれば，この式の右辺の C^α ノルムは $t\in[0,T)$ によらずに有界，すなわち

$$|\Pi(u)(du,du)(\cdot,t)|_{C^\alpha(M,N)} \leqq c_5(M,N,f,\alpha)$$

であることがわかる．よって線形放物型偏微分方程式の解に対する Schauder の評価式(付録§A.2(e)参照)から，任意の $t\in[0,T)$ に対して結局

$$\begin{aligned}|u(\cdot,t)|_{C^{2+\alpha}(M,\mathbb{R}^q)} &+ \left|\frac{\partial u}{\partial t}(\cdot,t)\right|_{C^\alpha(M,\mathbb{R}^q)} \\ &\leqq c_6(M,\alpha)\left(\sup_{t\in[0,T)}|Lu(\cdot,t)|_{C^\alpha(M,\mathbb{R}^q)} + \sup_{t\in[0,T)}|u(\cdot,t)|_{L^\infty(M,\mathbb{R}^q)}\right) \\ &\leqq c_7(M,N,f,\alpha)\end{aligned}$$

がなりたつことがわかる.　■

ここで放物的調和写像の方程式の初期値問題の解の一意性についてみておこう.

定理 4.15 (解の一意性)　(M,g) と (N,h) をコンパクトな Riemann 多様体とし，$u_1,u_2\in C^0(M\times[0,T),N)\cap C^{2,1}(M\times(0,T),N)$ はともに放物的調和写像の方程式

$$\frac{\partial u}{\partial t}(x,t)=\tau(u(x,t)),\qquad (x,t)\in M\times(0,T)$$

をみたすとする．このとき，$M\times\{0\}$ 上で $u_1=u_2$ ならば，$M\times[0,T)$ 上で $u_1=u_2$ がなりたつ.

［証明］　命題 4.14 の証明のときと同様に，u_1,u_2 をベクトル値関数 u_1,u_2:

$M\to\iota(N)\subset\mathbb{R}^q$ とみなし，u_1, u_2 を(4.14)の放物的調和写像の方程式の解と考えよう．そこで関数 $\varphi: M\times[0,T)\to\mathbb{R}$ を

$$\varphi(x,t)=|u_1(x,t)-u_2(x,t)|^2,\qquad (x,t)\in M\times[0,T)$$

で定める．このとき，φ は $M\times(0,T)$ 上で

$$\begin{aligned}\left(\Delta-\frac{\partial}{\partial t}\right)\varphi &= 2\langle u_1-u_2,\ \Pi(u_1)(du_1,du_1)-\Pi(u_2)(du_2,du_2)\rangle\\ &\quad +2|d(u_1-u_2)|^2\end{aligned}$$

をみたす．ここで

$$\begin{aligned}&\Pi(u_1)(du_1,du_1)-\Pi(u_2)(du_2,du_2)\\ &\quad=(\Pi(u_1)-\Pi(u_2))(du_1,du_1)+\Pi(u_2)(du_1-du_2,du_1)\\ &\qquad+\Pi(u_2)(du_2,du_1-du_2)\end{aligned}$$

と変形し，$\Pi(u_1)-\Pi(u_2)$ に平均値の定理をもちいることにより容易に

$$\begin{aligned}\left(\Delta-\frac{\partial}{\partial t}\right)\varphi &\geqq -c_8|u_1-u_2|(|u_1-u_2|+|d(u_1-u_2)|)\\ &\quad +2|d(u_1-u_2)|^2\\ &\geqq -c_9\varphi\end{aligned}$$

となることが確かめられる．ここで不等式 $ab\leqq \epsilon a^2+\epsilon^{-1}b^2$ $(a,b\geqq 0,\ \epsilon>0)$ を利用している．また c_8 と c_9 は $\iota(N)$ の管状近傍 $\widetilde{N}$ の射影 $\pi:\widetilde{N}\to\iota(N)$ の3階までの微分と，$M\times[0,T)$ における u_1, u_2 のエネルギー密度 $e(u_1)$, $e(u_2)$ の最大値に依存してきまる定数である．

さて仮定より $\varphi(x,0)=0$. よって熱方程式に対する最大値の原理(章末の演習問題4.8参照)より，$M\times[0,T)$ 上で $\varphi(x,t)=0$ すなわち $u_1\equiv u_2$ がなりたつ． ∎

以上の準備のもとに，放物的調和写像の方程式の初期値問題の時間大域解の存在に関してつぎが証明できる．

定理 4.16 (時間大域解の存在)　(M,g) と (N,h) をコンパクトな Riemann 多様体とし，N は非正曲率 $K_N\leqq 0$ であるとする．このとき，任意の $C^{2+\alpha}$ 級写像 $f\in C^{2+\alpha}(M,N)$ に対して，$u\in C^{2+\alpha,1+\alpha/2}(M\times[0,\infty),N)\cap C^\infty(M\times(0,\infty),N)$ が一意的に存在して

$$(4.27)\qquad \begin{cases} \dfrac{\partial u}{\partial t}(x,t) = \tau(u(x,t)), & (x,t)\in M\times(0,\infty) \\ u(x,0) = f(x) \end{cases}$$

をみたす．

［証明］　定理4.10より，正数$T=T(M,N,f,\alpha)>0$が存在して，Nの曲率のいかんにかかわらず，初期値問題(4.27)は$M\times[0,T]$において解$u\in C^{2+\alpha,1+\alpha/2}(M\times[0,T],N)\cap C^\infty(M\times(0,T),N)$をもつことがわかっている．したがって，とくに$N$が非正曲率$K_N\leqq 0$ならば，この解$u$が$M\times[0,\infty)$上に拡張されることをみればよい．そこで

$$T_0 = \sup\{t\in[0,\infty)\mid (4.27)\text{は}M\times[0,t]\text{において解をもつ}\}$$

とおき，$T_0=\infty$となることを示そう．

そのために，$T_0<\infty$と仮定し，$\{t_i\}$をT_0に収束する数列とする．命題4.14の証明のときと同様にして，Nをq次元Euclid空間$\mathbb{R}^q$の部分多様体と考え，各$u(\cdot,t_i)\in C^\infty(M,N)$をベクトル値関数$u\colon M\to\mathbb{R}^q$とみなそう．また簡単のために$\partial/\partial t$を$\partial_t$であらわすことにする．さて，正数$\alpha$と$\alpha'$を$0<\alpha<\alpha'<1$となるようにえらぼう．このとき命題4.14より，関数列

$$\{u(\cdot,t_i)\},\quad \{\partial_t u(\cdot,t_i)\}$$

はそれぞれ関数空間$C^{2+\alpha'}(M,\mathbb{R}^q)$および$C^{\alpha'}(M,\mathbb{R}^q)$において一様に有界な部分集合をなすことがわかる．したがって容易にわかるように，これらはそれぞれ関数空間$C^{2+\alpha}(M,\mathbb{R}^q)$および$C^{\alpha}(M,\mathbb{R}^q)$においては一様に有界かつ同程度連続な部分集合をなすことになる．よってAscoli–Arzelàの定理により，$\{t_i\}$の部分列$\{t_{i_k}\}$と関数

$$u(\cdot,T_0)\in C^{2+\alpha}(M,\mathbb{R}^q),\quad \partial_t u(\cdot,T_0)\in C^{\alpha}(M,\mathbb{R}^q)$$

が存在して，$t_{i_k}\to T_0$とするとき部分列

$$\{u(\cdot,t_{i_k})\},\quad \{\partial_t u(\cdot,t_{i_k})\}$$

がそれぞれ$u(\cdot,T_0)$および$\partial_t u(\cdot,T_0)$に一様収束することがわかる．しかるに各t_{i_k}に対して

$$\partial_t u(\cdot,t_{i_k}) = \tau(u(\cdot,t_{i_k}))$$

であるから，結局T_0においても

$$\partial_t u(\,\cdot\,, T_0) = \tau(u(\,\cdot\,, T_0))$$

がなりたち，(4.27)は $M\times[0,T_0]$ において解をもつことがわかる．

そこで $u(\,\cdot\,,T_0)$ を初期値として定理4.10を適用すれば，正数 $\epsilon>0$ が存在して，初期値問題

$$\begin{cases} \partial_t u(x,t) = \tau(u(x,t)), & (x,t)\in M\times(T_0, T_0+\epsilon) \\ u(x,0) = u(x,T_0) \end{cases}$$

は $M\times[T_0,T_0+\epsilon]$ において解 $u\in C^{2+\alpha,1+\alpha/2}(M\times[T_0,T_0+\epsilon],N)$ をもつことがわかる．この解とさきほどの $M\times[0,T_0]$ における解 u は，構成のしかたからあきらかなように $M\times\{T_0\}$ において一致し，初期値問題(4.27)の解 $u\in C^{2+\alpha,1+\alpha/2}(M\times[0,T_0+\epsilon],N)$ をあたえる．ここで定理4.10における解の微分可能性に関する議論に注意すれば，u は $M\times(0,T_0+\epsilon)$ において C^∞ 級であることがわかり，結局(4.27)は $M\times[0,T_0+\epsilon]$ において解をもつことになる．これは T_0 の定義に矛盾である．したがって $T_0=\infty$ でなければならないことがわかる．u の一意性は定理4.15からあきらかであろう．∎

§4.4　調和写像の存在と一意性

前節と同様に，(M,g) と (N,h) をそれぞれ m および n 次元のコンパクトな Riemann 多様体とする．$f\in C^{2+\alpha}(M,N)$ に対して，放物的調和写像の方程式の初期値問題

$$\begin{cases} \dfrac{\partial u}{\partial t}(x,t) = \tau(u(x,t)), & (x,t)\in M\times(0,\infty) \\ u(x,0) = f(x) \end{cases} \tag{4.28}$$

を考えよう．このとき定理4.16でみたように，N が非正曲率 $K_N\leqq 0$ ならば，(4.28)の時間大域解 $u\in C^{2+\alpha,1+\alpha/2}(M\times[0,\infty),N)\cap C^\infty(M\times(0,\infty),N)$ が一意的に存在する．この節では，この u が f と自由ホモトープな調和写像に収束することを確かめよう．

命題4.17　N は非正曲率 $K_N\leqq 0$ であるとする．初期値 $f\in C^{2+\alpha}(M,N)$ に対して，$u\in C^{2+\alpha,1+\alpha/2}(M\times[0,\infty),N)\cap C^\infty(M\times(0,\infty),N)$ を(4.28)の

時間大域解とする．このとき，$t_i \to \infty$ となる数列 $\{t_i\}$ が存在して，C^∞ 級写像の列 $\{u(\cdot, t_i)\}$ は f と自由ホモトープな調和写像 $u_\infty \in C^\infty(M, N)$ に一様収束する．

［証明］　定理 4.16 の証明でみたように，命題 4.14 により

$$\{u(\cdot, t) \mid t \in \mathbb{R}\}, \quad \{\partial_t u(\cdot, t) \mid t \in \mathbb{R}\}$$

はそれぞれ $C^{2+\alpha}(M, N)$ および $C^\alpha(M, N)$ において一様に有界かつ同程度連続な部分集合をなす．よって Ascoli–Arzelà の定理より，数列 $\{t_i\}$ と $u_\infty \in C^{2+\alpha}(M, N)$ が存在して，$t_i \to \infty$ のとき

$$\{u(\cdot, t_i)\}, \quad \{\partial_t u(\cdot, t_i)\}$$

はそれぞれ u_∞ および $\partial_t u_\infty$ に一様収束することがわかる．しかるに命題 4.4 において注意したように，このとき $\partial_t u_\infty = 0$ となるから

$$\tau(u(\cdot, t_i)) = \partial_t u(\cdot, t_i) \to \tau(u_\infty) = 0,$$

すなわち u_∞ は調和写像の方程式をみたすことがわかる．したがって定理 4.5 より，u_∞ は C^∞ 級かつ調和写像であることがわかる．

さて $u(\cdot, t_i)$ は u_∞ に一様収束しているから，十分大きい t_i に対して $u(\cdot, t_i)$ と u_∞ は自由ホモトープとなる．実際，M がコンパクトであることと，各 $x \in M$ に対して十分大きい t_i をえらべば $u(x, t_i)$ と $u_\infty(x)$ は N の同じ座標近傍に含まれることに注意すれば，このような自由ホモトピーを容易に構成することができる．一方，$u(\cdot, t)$ は t について連続であるから，$f = u(\cdot, 0)$ と $u(\cdot, t_i)$ は自由ホモトープ．よって f は u_∞ と自由ホモトープであることがわかる．∎

命題 4.17 により，われわれの目標であった Eells–Sampson による定理 4.1 は証明されたことになる．つぎに注意しておこう．

系 4.18　(M, g) と (N, h) をコンパクトな Riemann 多様体とし，N は非正曲率をもつとする．このとき任意の連続写像 $f \in C^0(M, N)$ は，調和写像 $u_\infty \in C^\infty(M, N)$ と自由ホモトープである．

［証明］　f に対して，C^∞ 級写像 $\tilde{f} \in C^\infty(M, N)$ で f とホモトープなものが存在する（章末の演習問題 4.9 参照）．そこで $\tilde{f}$ について定理 4.1 を適用すればよい．∎

じつはもうすこし詳しい議論をすると，命題4.17において数列$\{t_i\}$をえらばなくても，$t\to\infty$のとき$u(\cdot,t)$はu_∞に一様収束していることが証明できる．すなわちつぎがなりたつ．

定理4.19　Nは非正曲率$K_N\leqq 0$であるとする．初期値$f\in C^{2+\alpha}(M,N)$に対して，$u\in C^{2+\alpha,1+\alpha/2}(M\times[0,\infty),N)\cap C^\infty(M\times(0,\infty),N)$を(4.28)の時間大域解とし，$u_t(x)=u(x,t)$とおく．このとき，$u_t\in C^\infty(M,N)$は$f$と自由ホモトープな調和写像$u_\infty\in C^\infty(M,N)$に一様収束する．　□

この定理の証明の方針をHartman [5]にしたがって簡単にみておこう．まずつぎの補題に注意する．

補題4.20　Nは非正曲率$K_N\leqq 0$であるとし，$f\in C^{2+\alpha}(M\times[0,1],N)$とする．各$s\in[0,1]$に対して，$u(x,t,s)$を初期値問題

$$\begin{cases}\dfrac{\partial u}{\partial t}(x,t,s)=\tau(u(x,t,s)), & (x,t)\in M\times(0,T)\\ u(x,0,s)=f(x,s)\end{cases}$$

の解とする．このとき，つぎで定義される関数

$$v(t,s)=\sup_{x\in M}\left|\frac{\partial u}{\partial s}(x,t,s)\right|^2,\quad v(t)=\sup_{x\in M,\,s\in[0,1]}\left|\frac{\partial u}{\partial s}(x,t,s)\right|^2$$

はともにtに関して単調減少関数である．

［証明］　まず，この初期値問題の解$u(x,t,s)$は$s\in[0,1]$についてもC^2級となることがわかる(Hartman [5] 参照)．そこで

$$v(x,t,s)=\left|\frac{\partial u}{\partial s}(x,t,s)\right|^2=\sum_{\alpha,\beta=1}^{n}h_{\alpha\beta}(u)\frac{\partial u^\alpha}{\partial s}\frac{\partial u^\beta}{\partial s}$$

とおくと，命題4.2(2)の証明と同様の計算により，曲率の仮定$K_N\leqq 0$に注意して

$$(4.29)\quad \left(\Delta-\frac{\partial}{\partial t}\right)v=\left|\nabla\frac{\partial u}{\partial s}\right|^2-\sum_{i=1}^{m}\left\langle R^N\left(du(e_i),\frac{\partial u}{\partial s}\right)\frac{\partial u}{\partial s},du(e_i)\right\rangle \geqq 0$$

となることが確かめられる．ただしR^NはNの曲率テンソルであり，$\{e_i\}$は各$x\in M$における接空間T_xMの正規直交基底をあらわす．したがって熱方

程式に対する最大値の原理より，各 $s \in [0,1]$ と $0 \leqq t_1 \leqq t_2 < 1$ について

$$v(t_2, s) = \max_{x \in M} v(x, t_2, s) \leqq \max_{x \in M} v(x, t_1, s) \leqq v(t_1, s)$$

をえる．これより $v(t_2) \leqq v(t_1)$ もわかる．∎

補題 4.21　N は非正曲率 $K_N \leqq 0$ であるとし，$f \in C^{2+\alpha}(M \times [0,1], N)$ とする．$f_s(x) = f(x,s)$ を f により定義されるホモトピーとし，$\sigma(x,s)$ を $f_0(x)$ と $f_1(x)$ を結ぶ N の測地線とする．各 $s \in [0,1]$ に対して，$u(x,t,s)$ を初期値問題

$$\begin{cases} \dfrac{\partial u}{\partial t}(x,t,s) = \tau(u(x,t,s)), & (x,t) \in M \times (0,T) \\ u(x,0,s) = \sigma(x,s) & \end{cases}$$

の解とする．$\sigma(x,t,s)$ を $u(x,t,0)$ と $u(x,t,1)$ を結ぶ N の測地線で，曲線

$$\widetilde{f}(x,s) = \begin{cases} u(x,(1-3s)t,0), & 0 \leqq s \leqq 1/3 \\ \sigma(x,3s-1), & 1/3 \leqq s \leqq 2/3 \\ u(x,(3s-2)t,1), & 2/3 \leqq s \leqq 1 \end{cases}$$

とホモトープなものとし，その長さを $\widetilde{d}(u(x,t,0), u(x,t,1))$ とおく．このとき

$$\theta(t) = \sup_{x \in M} \widetilde{d}(u(x,t,0), u(x,t,1))$$

は t に関して単調減少関数である．

［証明］　まず N は非正曲率 $K_N \leqq 0$ なので，測地線 $\sigma(x,t,s)$ は一意的に定まることに注意しよう．$t=0$ のとき，各 $x \in M$ に対して曲線 $s \mapsto u(x,0,s) = \sigma(x,s)$ は測地線であるから，任意の $s^\circ \in [0,1]$ に対して

$$\widetilde{d}(u(x,0,0), u(x,0,1)) = \int_0^1 \left| \frac{\partial u}{\partial s}(x,0,s) \right| ds = \sqrt{v(x,0,s^\circ)}.$$

よって $\theta(0) = \sup_{x \in M} \sqrt{v(x,0,s^\circ)} = \sqrt{v(0)}$ をえる．一方，任意の $t \geqq 0$ に対して

$$\widetilde{d}(u(x,t,0),u(x,t,1)) = \int_0^1 \left|\frac{\partial\sigma}{\partial s}(x,t,s)\right| ds \leqq \int_0^1 \sqrt{v(x,t,s)}\,ds$$

であるから，補題 4.20 より

$$\theta(t) \leqq \int_0^1 \sqrt{v(t,s)}\,ds \leqq \sqrt{v(t)} \leqq \sqrt{v(0)} = \theta(0)$$

がわかる．一般の $0<t_1 \leqq t_2 < T$ に対しては，$t-t_1$ について同じ議論をすればよい． ∎

以上の準備のもとに，定理 4.19 はつぎのように証明される．補題 4.21 を $f_0=f$, $f_1=u_\infty$ として適用しよう．まず u_∞ は調和写像であるから $\tau(u(x,0,1)) = \tau(u_\infty(x))=0$．したがって任意の t に対して $u(x,t,1)=u_\infty(x)$ となることに注意．一方，$u(x,0,0)=f(x)$ であるから定義より $u(x,t,0)=u(x,t)$．よって補題 4.21 より

$$d(u_t,u_\infty) = \sup_{x\in M} \widetilde{d}(u(x,t),u_\infty(x)) = \sup_{x\in M} \widetilde{d}(u(x,t,0),u(x,t,1))$$

は t について単調減少関数となる．しかるに命題 4.17 より，$t_i\to\infty$ となる数列 $\{t_i\}$ が存在して

$$d(u(\,\cdot\,,t_i),u_\infty) \to 0 \quad (t_i\to\infty)$$

であるから，結局

$$d(u_t,u_\infty) \to 0 \quad (t\to\infty)$$

となることがわかる．

さて，調和写像の存在，すなわち調和写像の方程式の解の存在が証明されれば，つぎにはその解が一意的であるかどうかが問題となる．もちろん，調和写像が定値写像である場合には一意性はなりたたない．また図 4.2 にあるように，調和写像の像が閉測地線になる場合にも一意性がなりたたないことも容易にわかる．

しかし，このような場合をのぞけば Eells–Sampson の定理において解の一意性がなりたつことがわかる．すなわちつぎが証明できる．

定理 4.22 (Hartman)　(M,g) と (N,h) をコンパクトな Riemann 多様体とし，N は非正曲率をもつとする．このときつぎがなりたつ．

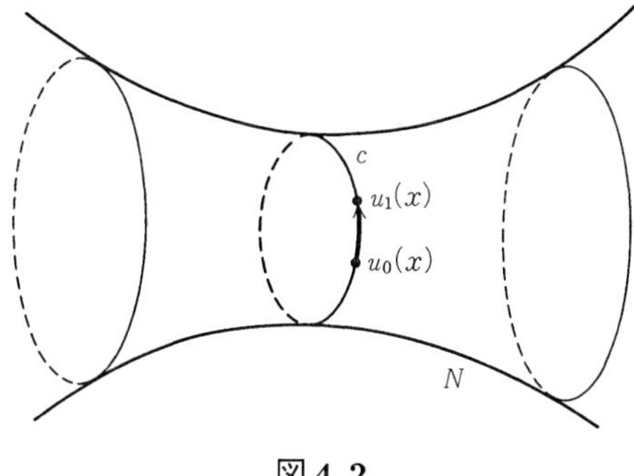

図 4.2

（1） $u_0, u_1 \in C^\infty(M,N)$ を自由ホモトープな調和写像とするとき，u_0 と u_1 は調和写像の族 $\{u_s \mid s \in [0,1]\} \subset C^\infty(M,N)$ を通して自由ホモトープである．すなわち u_0 と自由ホモトープな調和写像のなす集合は連結である．

（2） とくに N は負曲率 $K_N < 0$ であるとき，つぎの意味で調和写像の一意性がなりたつ．すなわち $u_0, u_1 \in C^\infty(M,N)$ を自由ホモトープな調和写像とするとき，つぎの (i), (ii) の場合をのぞいて $u_0 = u_1$ となる．

（i） u_0 が定値写像のとき．このとき u_1 も定値写像である．

（ii） u_0 の像 $u_0(M)$ が N のある閉測地線 c の像と一致するとき．このとき u_1 の像 $u_1(M)$ も c の像と一致し，かつ任意の $x \in M$ に対し $u_1(x)$ は $u_0(x)$ を c の像に沿って同じ方向に一定距離ずらすことによってえられる．

［証明の方針］（1）調和写像の族によるホモトピー $\{u_s \mid s \in [0,1]\}$ はつぎのようにして構成される．調和写像 u_0, u_1 に対し，$f: M \times [0,1] \to N$ を u_0 と u_1 の間の C^∞ 級のホモトピーとしよう．各 $s \in [0,1]$ を固定して，初期値問題

$$\begin{cases} \dfrac{\partial u}{\partial t}(x,t,s) = \tau(u(x,t,s)), & (x,t) \in M \times (0,\infty) \\ u(x,0,s) = f(x,s) \end{cases}$$

を考える．N は非正曲率 $K_N \leqq 0$ であるから，定理 4.16 より，この初期値

問題は時間大域解 $u\in C^{2,1}(M\times[0,\infty),N)\cap C^\infty(M\times(0,\infty),N)$ をもつ．また定理4.19より，この解 $u(x,t,s)$ は $t\to\infty$ とするとき調和写像に一様収束する．このとき，$u_s(x)=\lim_{t\to\infty}u(x,t,s)$ がもとめる調和写像の族によるホモトピーをあたえる．

じつはさらにつよく，つぎが証明できる．すなわち，このようにしてえられるホモトピー u_s を修正して，u_0 と u_1 の間の調和写像の族による C^∞ 級のホモトピー u_s^* を，各 $x\in M$ に対して曲線 $c^*:s\mapsto u_s^*(x)$ は N の測地線であり，かつその長さは $x\in M$ によらずに一定となるようにとることができる．

（2）u_0 から u_1 へのホモトピー $f(x,s)$ を，各 $f(\cdot,s)\in C^\infty(M,N)$ は調和写像であり，かつ $f(x,\cdot)$ は $u_0(x)$ と $u_1(x)$ を結ぶ測地線であるようにとる．この $f(x,s)$ に対して補題4.20をもちいると，(4.29)式と $v(x,t,s)$ が定数となることから

$$\left\langle R^N\left(df(e_i),\frac{\partial f}{\partial s}\right)\frac{\partial f}{\partial s},\, df(e_i)\right\rangle=0,\quad 1\leqq i\leqq m$$

をえる．しかるに $K_N<0$ であるから，これより $\dfrac{\partial f}{\partial s}\equiv 0$ となるか，各 s に対して $df(T_xM)$ は $T_{f(x)}N$ の高々1次元の部分空間となることがわかる．$\dfrac{\partial f}{\partial s}\equiv 0$ であれば，$u_0=u_1$ となり一意性がなりたつ．そうでない場合は，(i), (ii)のいずれかがなりたつことが容易に確かめられる(命題4.24参照)．

以上の証明の細部については，直接原論文 Hartman [5] を参照するとよい．

§4.5　Riemann 幾何への応用

第3章でみたように，測地線や極小部分多様体，また等長的微分同相写像や正則写像などは調和写像の典型的な例である．したがって，調和写像の存在やその性質をもちいて Riemann 多様体や Kähler 多様体の構造を調べることができる．この節では，そのような調和写像の応用について考えてみよう．

以下，とくに断らないかぎり (M,g) と (N,h) をそれぞれ m および n 次元の Riemann 多様体とする．まず調和写像のエネルギー密度に対する Weitzenböck の公式について注意しておこう．

補題 4.23　$u: M \to N$ を調和写像とする．このとき，u のエネルギー密度 $e(u)$ に対してつぎがなりたつ．

$$\Delta e(u) = |\nabla du|^2 + Q(du). \tag{4.30}$$

ただし

$$Q(du) = \sum_{i=1}^{m} \left\langle du\left(\sum_{j=1}^{m} \mathrm{Ric}^M(e_i, e_j)e_j\right),\ du(e_i)\right\rangle$$
$$- \sum_{i,j=1}^{m} \langle R^N(du(e_i), du(e_j))du(e_j),\ du(e_i)\rangle.$$

ここに，Δ は M の Laplace 作用素であり，Ric^M と R^N はそれぞれ M の Ricci テンソルと N の曲率テンソルである．また $\{e_i\}$ は各 $x \in M$ における接空間 T_xM の正規直交基底をあらわし，$\langle\ ,\ \rangle$ は $u^{-1}TN$ の自然なファイバー計量をあらわす．　□

証明は命題 4.2 の場合と同じであるので，各自試みられたい．この補題より，容易につぎがわかる．

命題 4.24　M をコンパクトな Riemann 多様体とする．また M の Ricci テンソルは半正定値すなわち $\mathrm{Ric}^M \geqq 0$ であるとし，かつ N は非正曲率 $K_N \leqq 0$ であるとする．このとき，調和写像 $u: M \to N$ に対してつぎがなりたつ．

（1）　$\nabla du = 0$，すなわち u は全測地的な写像である（章末の演習問題 4.5 参照）．また $e(u)$ は定数となる．

（2）　M の Ricci テンソルが，ある点 $x \in M$ で正定値すなわち $\mathrm{Ric}^M(x) > 0$ ならば，u は定値写像である．

（3）　N が負曲率 $K_N < 0$ であるならば，u は定値写像であるか，または u の像は N のある閉測地線の像と一致する．

［証明］（1）　Green の定理より

$$\int_M \Delta e(u) d\mu_g = 0$$

であるから，(4.30)式の右辺の積分も 0 となる．一方，曲率に関する仮定より $\mathrm{Ric}^M \geqq 0$ かつ $K_N \leqq 0$ であるから，(4.30)式の右辺の各項は非負．したがって，それぞれが各点で 0 でなければならない．よって $\nabla du = 0$ およ

び $Q(du)=0$ をえる．これより $\Delta e(u)=0$ となるから，$e(u)$ はコンパクトな Riemann 多様体 M 上の調和関数であることがわかる．よって $e(u)$ は定数でなければならない．

（2）（1）より $Q(du)=0$ であるから，$\{e_i\}$ を $x\in M$ における接空間 T_xM の正規直交基底として

$$\sum_{i=1}^{m}\left\langle du\left(\sum_{j=1}^{m}\mathrm{Ric}^M(e_i,e_j)e_j\right),\ du(e_i)\right\rangle=0$$

となることがわかる．したがって $\mathrm{Ric}^M(x)>0$ であれば，点 x における u の微分 du_x について $du_x=0$ でなければならない．これより $e(u)(x)=0$ となるが，$e(u)$ は定数であるから結局 $e(u)\equiv 0$．よって u は定値写像である．

（3）$Q(du)=0$ であるから，各点 $x\in M$ において接空間 T_xM の正規直交基底 $\{e_i\}$ に対して

$$\langle R^N(du(e_i),du(e_j))du(e_j),\ du(e_i)\rangle,\qquad 1\leqq i,j\leqq m$$

となることがわかる．一方，仮定より $K_N<0$ であるから，T_xM の任意の 2 次元部分空間 $\sigma\subset T_xM$ に対して断面曲率 $K(\sigma)$ は <0．したがって $du(e_i)$ と $du(e_j)$ が 1 次独立となることはない．よって各 $x\in M$ に対して

$$d(x)=\dim du_x(T_xM)\leqq 1$$

となる．ある x で $d(x)=0$ となれば $e(u)\equiv 0$ であり，u は定値写像である．そうでない場合は $d(x)\equiv 1$ となり，u が全測地的な写像であることに注意すれば容易に u の像は N のある閉測地線の像と一致することがわかる．∎

第 2 章において，断面曲率がつねに正であるコンパクトな Riemann 多様体 M の基本群 $\pi_1(M)$ は有限群であることをみた．すなわち M が正曲率 $K_M>0$ ならば，その基本群は‘小さい’群であることがわかる．これに対して，負曲率をもつコンパクトな Riemann 多様体 M の基本群は‘大きい’群となることが知られている．ここで調和写像の応用として，このような M の基本群 $\pi_1(M)$ の可換な部分群は無限巡回群となることを確かめてみよう．すなわちつぎがなりたつ．

定理 4.25（Preissmann）　(M,g) をコンパクトで連結な Riemann 多様体とし，M の断面曲率 K_M はつねに $K_M<0$ であるとする．このとき，M の

基本群 $\pi_1(M)$ の自明でない可換部分群はつねに無限巡回群となる.

［証明］ $\pi_1(M, x_0)$ を $x_0 \in M$ を基点とする M の基本群とし, $\pi_1(M, x_0)$ の2つの元 a, b が可換, すなわち $ab=ba$ であるとしよう. 定義より a, b は x_0 を基点とするループのホモトピー類であるから, a, b を代表するループも同じ記号であらわすとき, ループ $a \cdot b \colon [0,1] \to M$ と $b \cdot a \colon [0,1] \to M$ の間にホモトピー $f \colon [0,1] \times [0,1] \to M$ が存在する. ここで, このホモトピー f は $a \cdot b = f(\cdot, 0)$ から $b \cdot a = f(\cdot, 1)$ まで変形する間につねに基点 x_0 を止めている, すなわち

$$f(0, s) = f(1, s), \qquad s \in [0,1]$$

であることに注意すると, 図4.3から容易にわかるように, f は2次元トーラス T^2 から M への連続写像 $\widehat{f} \colon T^2 \to M$ を定義することになる.

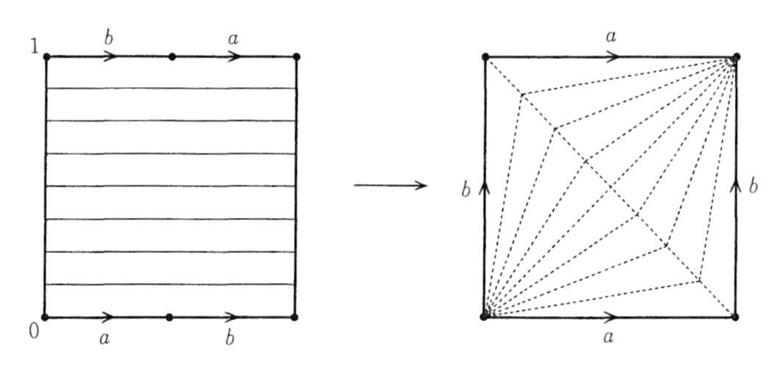

図4.3

そこで系4.18を $\widehat{f}$ にもちいると, $\widehat{f}$ は調和写像 $u \colon T^2 \to M$ へ自由ホモトープに変形できることがわかる. このときループ $a \cdot b$ および $b \cdot a$ も自由ホモトープに変形されるが, 基点 x_0 はかならずしも固定されないものの, 変形の各段階において $a \cdot b$ および $b \cdot a$ に対応するループはともに同じ基点をもつことに注意しよう.

さて仮定より M は負曲率 $K_M < 0$ であるから, 命題4.24より, u は定値写像であるか, あるいは u の像 $u(T^2)$ は M のある点 $x_1 \in M$ を通る閉測地線 c の像と一致することがわかる. したがって u が定値写像でなければ, x_1 を基点とする M の基本群 $\pi_1(M, x_1)$ において, $a \cdot b$ および $b \cdot a$ に対応するルー

プはともに c の定めるループを何重かに覆うことになり，ab と ba は c の生成する無限巡回部分群に含まれることになる．よって ab と ba も $\pi_1(M,x_0)$ において，ある無限巡回部分群に含まれることがわかる．

以上の議論より，M の基本群 $\pi_1(M,x_0)$ の自明でない可換部分群はつねに無限巡回群となることが容易にわかる．∎

同様の考え方で，調和写像の一意性から，負曲率をもつコンパクトな Riemann 多様体の等長的微分同相写像は‘小さい’群をなすことがわかる．すなわち，一般にコンパクトな Riemann 多様体 M の等長的微分同相写像の全体がなす群はコンパクトな Lie 群となることが知られているが，$K_M<0$ ならばこの群はとくに有限群になることがわかる．すなわちつぎがなりたつ．

定理 4.26　(M,g) をコンパクトで連結な Riemann 多様体とし，M の断面曲率 K_M はつねに $K_M<0$ であるとする．このとき，M の等長的微分同相写像の全体のなす群 G は有限群となる．

［証明］　まず，$K_M<0$ ならば，M の等長的微分同相写像で恒等写像にホモトープなものは恒等写像にかぎることに注意しよう．実際，f をそのような微分同相写像とすると，f は調和写像であるから Hartman の定理 4.22 より，恒等写像に一致しなければならない．これより容易に，G の各元は離散的であることがわかり，G はコンパクトであるから，有限群となることがわかる．∎

一方，Kähler 多様体の間の正則写像が調和写像であることに注目すると，たとえば容易につぎがわかる．

定理 4.27　Kähler 多様体 N の任意の複素部分多様体 M は極小部分多様体である．

［証明］　M は Kähler 多様体 N の複素部分多様体だから，定義より M から N への正則なはめこみ $u: M\to N$ が存在し，M は N からの誘導計量に関して Kähler 多様体となる．このとき u は M から N への調和写像にほかならない．一方，例 3.15 でみたように，等長的はめこみ $u: M\to N$ が調和写像であることと，M が N の極小部分多様体となることは同値である．よって結論をえる．∎

複素多様体の間の正則写像の存在問題は複素解析学における重要な研究課題である．とくに Kähler 多様体の間の正則写像は調和写像でもあるから，調和写像の立場からその存在問題を研究することができる．実際，このような立場からの研究も多く，たとえば Eells–Sampson の定理の応用として，1980 年に Siu [23] によりつぎの定理が証明されている．

定理 4.28 (Siu)　N を既約な有界対称領域の商多様体としてえられる Kähler 多様体で，コンパクトかつ複素次元が 2 以上のものとする．M をコンパクトな Kähler 多様体とし，M は N と同じホモトピー型をもつとする．このとき，M は N と正則同型または反正則同型である．□

この定理は，既約な有界対称領域の商多様体としてえられるコンパクトな Kähler 多様体 N の複素構造が，複素 1 次元の場合をのぞき，多様体のホモトピー型だけで決定されることを主張するもので，このような Kähler 多様体に対する「強剛性定理」とよばれている．証明の本質的な部分は，Kähler 多様体の場合の Weitzenböck の公式の改良と Eells–Sampson による調和写像の存在定理である．実際，M が N と同じホモトピー型をもつとすれば，M から N にホモトピー同値写像が存在するが，もとめる正則あるいは反正則微分同相写像は，このホモトピー同値写像を調和写像まで変形することによりえられる．Siu によるこの「強剛性定理」は，調和写像の理論の応用のなかで最も成功したものの 1 つといえる．

《要約》

4.1　エネルギー汎関数 E の臨界点をもとめるための熱流の方法とその考え方．

4.2　放物的調和写像の方程式の初期値問題の時間局所解の存在．解の増大度と曲率との関係およびそれを評価するための Weitzenböck の公式の役割．

4.3　放物的調和写像の方程式の初期値問題の時間大域解の存在と調和写像への収束．

4.4　Eells–Sampson の定理より，コンパクトな Riemann 多様体から非正曲率をもつコンパクトな Riemann 多様体への任意の連続写像は調和写像へ自由ホモトープに変形することができる.

4.5　調和写像の一意性に関する Hartman の定理. 負曲率をもつコンパクトな Riemann 多様体の基本群に関する Preissmann の定理.

演習問題

4.1　(M,g) と (N,h) をそれぞれ m および n 次元 Riemann 多様体とし，$u\in C^\infty(M,N)$ を M から N への C^∞ 級写像とする. M の余接ベクトル束 TM^* と u により N の接ベクトル束 TN から M 上に誘導されるベクトル束 $u^{-1}TN$ のテンソル積 $TM^*\otimes u^{-1}TN$ を考える. ∇ を $TM^*\otimes u^{-1}TN$ 上の自然なファイバー計量 $\langle\ ,\ \rangle$ と両立する接続とするとき，つぎを証明せよ.

（1）$T\in\Gamma(TM^*\otimes u^{-1}TN)$ の 2 階共変微分 $\nabla\nabla T\in\Gamma(TM^*\otimes TM^*\otimes TM^*\otimes u^{-1}TN)$ は，誘導束 $u^{-1}TN$ に値をとる M 上の $(0,3)$ 型テンソル場であり，$X,Y,Z\in\Gamma(TM)$ に対して

$$\nabla\nabla T(X,Y,Z)=(\nabla_X(\nabla_Y T))(Z)-(\nabla_{\nabla_X Y}T)(Z)$$

がなりたつ.

（2）$TM^*\otimes u^{-1}TN$ 上の接続 ∇ と $u^{-1}TN$ 上の誘導接続 $'\nabla$ に対して

$$R^\nabla(X,Y)=\nabla_X\nabla_Y-\nabla_Y\nabla_X-\nabla_{[X,Y]},$$
$$R'^\nabla(X,Y)={}'\nabla_X{}'\nabla_Y-{}'\nabla_Y{}'\nabla_X-{}'\nabla_{[X,Y]}$$

とおき，M と N の曲率テンソルを R^M, R^N とする. このとき，$T\in\Gamma(TM^*\otimes u^{-1}TN)$ と $X,Y,Z\in\Gamma(TM)$ に対して

$$(R^\nabla(X,Y)T)(Z)=R'^\nabla(X,Y)(T(Z))-T(R^M(X,Y)Z)$$

がなりたつ.

（3）M と N の局所座標系 (x^i), (y^α) に関して，T, $\nabla\nabla T$ を

$$T=\sum_{i=1}^m\sum_{\alpha=1}^n T_i{}^\alpha dx^i\otimes\frac{\partial}{\partial y^\alpha}\circ u,$$

$$\nabla\nabla T=\sum_{i,j,k=1}^m\sum_{\alpha=1}^n \nabla_i\nabla_j T_k{}^\alpha dx^i\otimes dx^j\otimes dx^k\otimes\frac{\partial}{\partial y^\alpha}\circ u$$

とあらわすとき

$$\nabla_i \nabla_j T_k{}^{\alpha} - \nabla_j \nabla_i T_k{}^{\alpha} = -\sum_{l=1}^{m} R^M{}_{ijk}{}^l T_l^{\alpha} + \sum_{\beta,\gamma,\delta=1}^{n} R^N{}_{\beta\gamma\delta}{}^{\alpha} \frac{\partial u^{\beta}}{\partial x^i} \frac{\partial u^{\gamma}}{\partial x^j} T_k^{\delta}$$

がなりたつ．ただし $R^M{}_{ijk}{}^l$, $R^N{}_{\beta\gamma\delta}{}^{\alpha}$ は R^M と R^N の (x^i), (y^{α}) に関する成分である．この関係式を **Ricci の恒等式**という．

4.2 (M, g) と (N, h) を m および n 次元 Riemann 多様体とする．$u: M \times [0, T) \to N$ を放物的調和写像の方程式

$$\frac{\partial u}{\partial t}(x, t) = \tau(u(x, t)), \qquad (x, t) \in M \times (0, T)$$

の解とし，$u_t(x) = u(x, t)$ とおく．このとき $\kappa(u_t) = \dfrac{1}{2}\left|\dfrac{\partial u_t}{\partial t}\right|^2$ に対する Weitzenböck の公式

$$\frac{\partial \kappa(u_t)}{\partial t} = \Delta\kappa(u_t) - \left|\nabla \frac{\partial u_t}{\partial t}\right|^2 + \sum_{i=1}^{m} \left\langle R^N\left(du(e_i), \frac{\partial u_t}{\partial t}\right)\frac{\partial u_t}{\partial t}, du(e_i)\right\rangle$$

を証明せよ．ただし R^N は N の曲率テンソルであり，$\{e_i\}$ は各 $x \in M$ における接空間 T_xM の正規直交基底をあらわす．

4.3 M を Riemann 多様体 N のコンパクトな部分多様体とし，M の法ベクトル束 $TM^{\perp}$ に対して，長さが ϵ より小さい法ベクトル全体からなる $TM^{\perp}$ の開集合を $\mathcal{U}$ とする．このとき，十分小さい正数 $\epsilon > 0$ に対して，M の指数写像 exp を $\mathcal{U}$ に制限してえられる写像

$$\exp : \mathcal{U} \to N$$

は，$\mathcal{U}$ から N の部分多様体 $U = \exp(\mathcal{U})$ への微分同相写像となることを示せ．この U を M の N における**管状近傍**という．

4.4 M_1, M_2, M_3 を Riemann 多様体とし，$f_1: M_1 \to M_2$ と $f_2: M_2 \to M_3$ を C^2 級写像とする．このとき，合成写像 $f_2 \circ f_1$ の第 2 基本形式 $\nabla d(f_2 \circ f_1)$ とテンション場 $\tau(f_2 \circ f_1)$ について

$$\nabla d(f_2 \circ f_1) = \nabla df_2(df_1, df_1) + df_2(\nabla df_1),$$
$$\tau(f_2 \circ f_1) = \operatorname{trace} \nabla df_2(df_1, df_1) + df_2(\tau(f_1))$$

がなりたつ．

4.5 Riemann 多様体 M と N の間の C^{∞} 級写像 $u: M \to N$ に対して，つぎは同値であることを証明せよ．

(i) u の第 2 基本形式について $\nabla du = 0$ となる．

(ii) u は M の任意の測地線 c を N の測地線 $u \circ c$ にうつす．また c のアフィンパラメーターは $u \circ c$ のアフィンパラメーターでもある．

このことから，$\nabla du=0$ となるとき u は**全測地的**な写像であるという.

4.6　M をコンパクトな Riemann 多様体とし，$0<\alpha<1$ とする．このとき，Hölder 空間 $C^{\alpha,\alpha/2}(M\times[0,T],\mathbb{R}^q)$ および $C^{2+\alpha,1+\alpha/2}(M\times[0,T],\mathbb{R}^q)$ は，(4.16)におけるノルムに関して Banach 空間となることを証明せよ.

4.7　M をコンパクトな Riemann 多様体とし，$Q=M\times[0,1]$ とおく．$0<\alpha'<\alpha<1$ とし，正数 ϵ $(0<\epsilon<1/2)$ に対して C^∞ 級関数 $\zeta:\mathbb{R}\to\mathbb{R}$ を

$$\zeta(t)=1 \ (t\leqq\epsilon),\ \ \zeta(t)=0 \ (t\geqq 2\epsilon);\ \ 0\leqq\zeta(t)\leqq 1,\ \ |\zeta'(t)|\leqq 2/\epsilon \ (t\in\mathbb{R})$$

となるようにえらぶ．このとき，$w(x,0)=0$ である任意の $w\in C^{\alpha,\alpha/2}(Q,\mathbb{R}^q)$ に対して，ϵ と w によらない定数 $C>0$ が存在して

$$|\zeta w|_Q^{(\alpha',\alpha'/2)}\leqq C\epsilon^{(\alpha-\alpha')/2}|w|_Q^{(\alpha,\alpha/2)}$$

がなりたつことを証明せよ.

4.8　M をコンパクトな Riemann 多様体とし，$u\in C^0(M\times[0,T))\cap C^{2,1}(M\times(0,T))$ とする．C を定数とし，u は $M\times(0,T)$ 上で不等式

$$\frac{\partial u}{\partial t}\leqq\Delta u+Cu$$

をみたすとする．このとき，$M\times\{0\}$ 上で $u\leqq 0$ ならば，$M\times[0,T)$ 上でつねに $u\leqq 0$ となることを証明せよ.

4.9　M と N をコンパクトな C^∞ 級多様体とし，$f:M\to N$ を連続写像とする．このとき，f と自由ホモトープな C^∞ 級写像 $\tilde{f}:M\to N$ が存在することを示せ.

4.10　M を非正曲率 $K_M\leqq 0$ をもつコンパクトな Riemann 多様体とする．このとき M の k 次元ホモトピー群 $\pi_k(M)$ について

$$\pi_k(M)=0,\quad k\geqq 2$$

がなりたつことを示せ.

付 録 多様体論と関数解析の基礎

本書を読むための予備知識として，多様体論と関数解析学からいくつかの基礎的事項を仮定した．多様体については，C^∞ 級多様体とその接ベクトル束の定義や多様体間の写像の微分，1 の分割などである．また関数解析からは，Banach 空間での逆関数定理や熱方程式の基本解，線形楕円型偏微分方程式および線形放物型偏微分方程式の解に対する Schauder の評価式などをもちいた．多様体についてはある程度とりあつかいに慣れている必要があるが，関数解析に関する部分はあまり細かいことを気にしないで読んでさしつかえない．これらについて解説した良書は多く参照するのは容易であるが，読者の便宜のために付録としてまとめておく．

§A.1 多様体に関する基礎事項

(a) C^∞ 級多様体

M を第2可算公理をみたす Hausdorff 位相空間とする．M の開集合 U_α と U_α から m 次元数空間 $\mathbb{R}^m$ への写像 $\phi_\alpha\colon U_\alpha \to \mathbb{R}^m$ との組 (U_α, ϕ_α) からなる族 $\{(U_\alpha, \phi_\alpha)\}_{\alpha\in A}$（$A$ は適当な添字集合である）があたえられて，つぎの条件 (i), (ii), (iii) をみたすとき，M を m 次元 C^∞ **級多様体**あるいは**滑らかな多様体**という．

（i） $\{U_\alpha\}_{\alpha\in A}$ は M の開被覆である，すなわち $M = \bigcup_{\alpha\in A} U_\alpha$ がなりたつ．

（ii） 各 $\alpha\in A$ について ϕ_α の像 $\phi_\alpha(U_\alpha)$ は $\mathbb{R}^m$ の開集合であり，ϕ_α は U_α から $\phi_\alpha(U_\alpha)$ への同相写像である．

(iii)　$U_\alpha \cap U_\beta \neq \varnothing$ であるような任意の $\alpha, \beta \in A$ について，写像

$$\phi_\beta \circ \phi_\alpha^{-1} : \phi_\alpha(U_\alpha \cap U_\beta) \to \phi_\beta(U_\alpha \cap U_\beta)$$

は $\mathbb{R}^m$ の開集合 $\phi_\alpha(U_\alpha \cap U_\beta)$ から $\phi_\beta(U_\alpha \cap U_\beta)$ への C^∞ 級写像である．

このとき $\{(U_\alpha, \phi_\alpha)\}_{\alpha \in A}$ を M の C^∞ **級座標近傍系**とよび，各 (U_α, ϕ_α) を**座標近傍**という．座標近傍 (U_α, ϕ_α) の点 p に対し，$\phi_\alpha(p)$ は $\mathbb{R}^m$ の点であるから，$\mathbb{R}^m$ の座標関数 $(x^1, \cdots, x^m)$ に対して $x_\alpha^i = x^i \circ \phi_\alpha$ $(i=1, \cdots, m)$ とおけば

$$\phi_\alpha(p) = (x_\alpha^1(p), \cdots, x_\alpha^m(p))$$

とかける．$(x_\alpha^1(p), \cdots, x_\alpha^m(p))$ を座標近傍 (U_α, ϕ_α) における p の**局所座標**という．また各 $x_\alpha^i = x^i \circ \phi_\alpha$ を U_α における**座標関数**とよび，U_α 上の m 個の座標関数の組 $(x_\alpha^1, \cdots, x_\alpha^m)$ を (U_α, ϕ_α) における**局所座標系**という．

C^∞ 級多様体の定義の条件(iii)は，$p \in U_\alpha \cap U_\beta$ の局所座標を2通りに

$$\phi_\alpha(p) = (x_\alpha^1(p), \cdots, x_\alpha^m(p)), \quad \phi_\beta(p) = (x_\beta^1(p), \cdots, x_\beta^m(p))$$

とあらわすとき，座標変換

$$\phi_\beta \circ \phi_\alpha^{-1}(x_\alpha^1(p), \cdots, x_\alpha^m(p)) = (x_\beta^1(p), \cdots, x_\beta^m(p)), \quad p \in U_\alpha \cap U_\beta$$

が C^∞ 級写像となることを意味している．

C^∞ 級多様体 M の開集合 U に対し，M の C^∞ 級座標近傍系 $\{(U_\alpha, \phi_\alpha)\}_{\alpha \in A}$ の U への制限 $\{(U_\alpha \cap U, \phi_\alpha|(U_\alpha \cap U))\}_{\alpha \in A}$ を考えると，U も C^∞ 級多様体になる．この U を M の**開部分多様体**とよぶ．

M を m 次元 C^∞ 級多様体とし，N を n 次元 C^∞ 級多様体とする．それぞれの C^∞ 級座標近傍系を $\{(U_\alpha, \phi_\alpha)\}_{\alpha \in A}$，$\{(V_\beta, \psi_\beta)\}_{\beta \in B}$ とし，写像 $\phi_\alpha \times \psi_\beta$: $U_\alpha \times V_\beta \to \mathbb{R}^m \times \mathbb{R}^n$ を

$$\phi_\alpha \times \psi_\beta(p, q) = (\phi_\alpha(p), \psi_\beta(q)), \quad (p, q) \in U_\alpha \times V_\beta$$

と定義すると，$\{(U_\alpha \times V_\beta, \phi_\alpha \times \psi_\beta)\}_{(\alpha, \beta) \in A \times B}$ は直積位相空間 $M \times N$ の C^∞ 級座標近傍系をあたえる．よって $M \times N$ は C^∞ 級多様体になる．これを M と N の**積多様体**とよぶ．

(b) 接空間

C^∞ 級多様体 M の開集合 U 上で定義された関数 $f: U \to \mathbb{R}$ が C^r **級関数** $(1 \leqq r \leqq \infty)$であるとは，$U \cap U_\alpha \neq \varnothing$ となる任意の座標近傍 (U_α, ϕ_α) につい

て，$\mathbb{R}^m$ の開集合 $\phi_\alpha(U\cap U_\alpha)$ で定義された関数

$$f\circ\phi_\alpha^{-1}:\ \phi_\alpha(U\cap U_\alpha)\to\mathbb{R}$$

が C^r 級関数となるときをいう．

m 次元 C^∞ 級多様体 M の1点 $p\in M$ に対し，p のある開近傍上で定義された C^∞ 級関数全体のなす集合を $C^\infty(p)$ とあらわそう．$f_1,f_2\in C^\infty(p)$ の定義域をそれぞれ U_1, U_2 とするとき，f_1 と f_2 の和と積 f_1+f_2, $f_1f_2\in C^\infty(p)$ を $U_1\cap U_2$ で定義された関数として，また $a\in\mathbb{R}$ に対してスカラー積 $af_1\in C^\infty(p)$ を U_1 上の関数として自然に考えることができる．このとき，$f\in C^\infty(p)$ に実数 $v(f)$ を対応させる写像 $v\colon C^\infty(p)\to\mathbb{R}$ で，つぎの条件 (i), (ii) をみたすものを点 p における M の**接ベクトル**という．

（i）　$v(af_1+bf_2)=av(f_1)+bv(f_2)$　　（線形性）

（ii）　$v(f_1f_2)=v(f_1)f_2(p)+f_1(p)v(f_2)$　　（Leibniz 則）

ここに $f_1,f_2\in C^\infty(p)$, $a,b\in\mathbb{R}$ である．定義からわかるように，C^∞ 級多様体の接ベクトルとは，Euclid 空間における C^∞ 級関数の方向微分を一般化したものである．

v_1,v_2 を点 p における M の接ベクトルとし，v_1 と v_2 の和 v_1+v_2 および $a\in\mathbb{R}$ とのスカラー積 av_1 を

$$(v_1+v_2)(f)=v_1(f)+v_2(f),\quad (av_1)(f)=av_1(f),\quad f\in C^\infty(p)$$

により定義すると，p における M の接ベクトルの全体の集合は自然に $\mathbb{R}$ 上のベクトル空間になる．このベクトル空間を T_pM であらわし，点 $p\in M$ における M の**接ベクトル空間**あるいは単に**接空間**とよぶ．

(U_α,ϕ_α) を p を含む座標近傍とし，$(x_\alpha^1,\cdots,x_\alpha^m)$ を (U_α,ϕ_α) における局所座標系としよう．p のまわりで定義された関数 $f\in C^\infty(p)$ に対して，$f\circ\phi_\alpha^{-1}$ は点 $\phi_\alpha(p)\in\mathbb{R}^m$ のまわりで定義された C^∞ 級関数であるから，$\mathbb{R}^m$ の座標関数 x^i に関する偏微分係数 $(\partial(f\circ\phi_\alpha^{-1})/\partial x^i)(\phi_\alpha(p))$ を考えることができる．このとき

$$\left(\frac{\partial}{\partial x_\alpha^i}\right)_p(f)=\frac{\partial(f\circ\phi_\alpha^{-1})}{\partial x^i}(\phi_\alpha(p))$$

とおいてえられる写像

$$\left(\frac{\partial}{\partial x_\alpha^i}\right)_p : C^\infty(p) \to \mathbb{R}, \quad 1 \leqq i \leqq m$$

は点 p における M の接ベクトルを定義する．さらに

$$\left\{\left(\frac{\partial}{\partial x_\alpha^1}\right)_p, \cdots, \left(\frac{\partial}{\partial x_\alpha^m}\right)_p\right\} \tag{A.1}$$

は T_pM の元として1次独立であり，任意の $v \in T_pM$ がこれらの1次結合として

$$v = \sum_{i=1}^m v(x_\alpha^i)\left(\frac{\partial}{\partial x_\alpha^i}\right)_p$$

とあらわせることも，接ベクトルの条件 (i), (ii) から確かめられる．したがって M の接空間 T_pM は m 次元ベクトル空間であり，(A.1)は T_pM の基底をなす．接ベクトル $v \in T_pM$ に対して $\xi^i = v(x_\alpha^i)$ とおき，m 次元数ベクトル $(\xi^1, \cdots, \xi^m)$ を局所座標系 $(x_\alpha^1, \cdots, x_\alpha^m)$ に関する v の**成分**という．

また点 p のまわりで定義された C^∞ 級関数 $f \in C^\infty(p)$ に対して

$$df_p(v) = v(f), \quad v \in T_pM$$

と定義すると，df_p は接空間 T_pM 上の線形形式 $df_p : T_pM \to \mathbb{R}$ となる．すなわち df_p は T_pM の双対空間 T_pM^* の元である．この df_p を関数 f の p における**微分**という．

とくに p を含む座標近傍 (U_α, ϕ_α) における各座標関数 x_α^i の微分を考えると

$$(dx_\alpha^i)_p\left(\left(\frac{\partial}{\partial x_\alpha^j}\right)_p\right) = \left(\frac{\partial x^i}{\partial x^j}\right)(\phi_\alpha(p)) = \delta_j^i, \quad 1 \leqq i, j \leqq m$$

となるから

$$\{(dx_\alpha^1)_p, \cdots, (dx_\alpha^m)_p\}$$

は T_pM の基底(A.1)に双対な T_pM^* の基底をあたえる．

(c)　写像の微分

m 次元 C^∞ 級多様体 M から n 次元 C^∞ 級多様体 N への連続写像 $\varphi : M \to N$ が C^r **級写像** $(1 \leqq r \leqq \infty)$ であるとは，N の任意の開集合 V と V 上で定

義された任意の C^r 級関数 $f: V \to \mathbb{R}$ について，$f \circ \varphi$ が M の開集合 $\varphi^{-1}(V)$ 上の C^r 級関数となるときをいう．このことは，任意の $p \in M$ に対して，$p \in U_\alpha$ かつ $\varphi(U_\alpha) \subset V_\lambda$ となる M と N の座標近傍 (U_α, ϕ_α), $(V_\lambda, \psi_\lambda)$ をとるとき

$$\psi_\lambda \circ \varphi \circ \phi_\alpha^{-1} : \phi_\alpha(U_\alpha) \to \psi_\lambda(V_\lambda)$$

が $\mathbb{R}^m$ の開集合 $\phi_\alpha(U_\alpha)$ から $\mathbb{R}^n$ の開集合 $\psi_\lambda(V_\lambda)$ への C^r 級写像となることと同値である．とくに C^∞ 級写像 $\varphi: M \to N$ が全単射であり，φ の逆写像 $\varphi^{-1}: N \to M$ も C^∞ 級写像なるとき，φ を M から N への C^∞ **級微分同相写像**とよぶ．M から N への C^∞ 級微分同相写像が存在するとき，M と N はたがいに C^∞ **級微分同相**あるいは単に**微分同相**であるという．微分同相な C^∞ 級多様体はたがいに次元が等しい．

$\varphi: M \to N$ を C^∞ 級多様体 M から N への C^∞ 級写像とし，$p \in M$ とする．$\varphi(p) \in N$ のまわりで定義された任意の C^∞ 級関数 f に対して，合成関数 $f \circ \varphi$ は p のまわりで定義された C^∞ 級関数となる．そこで $v \in T_pM$ に対して

$$d\varphi_p(v)(f) = v(f \circ \varphi), \quad f \in C^\infty(\varphi(p))$$

とおくと，$d\varphi_p(v)$ は点 $\varphi(p)$ における N の接ベクトルとなり，接空間 T_pM から $T_{\varphi(p)}N$ への線形写像

$$d\varphi_p : T_pM \to T_{\varphi(p)}N$$

がえられる．この $d\varphi_p$ を写像 $\varphi: M \to N$ の p における**微分**とよぶ．

$(x_\alpha^1, \cdots, x_\alpha^m)$ を p の座標近傍 (U_α, ϕ_α) における局所座標系，$(y_\lambda^1, \cdots, y_\lambda^n)$ を $\varphi(p)$ の座標近傍 $(V_\lambda, \psi_\lambda)$ における局所座標系とするとき，定義より

$$d\varphi_p\left(\left(\frac{\partial}{\partial x_\alpha^i}\right)_p\right) = \sum_{j=1}^n \frac{\partial(y^j \circ \varphi)}{\partial x^i}(p)\left(\frac{\partial}{\partial y_\lambda^j}\right)_{\varphi(p)}, \quad 1 \leqq i \leqq m$$

がなりたつ．すなわち $d\varphi_p$ は，T_pM と $T_{\varphi(p)}N$ の基底

$$\left\{\left(\frac{\partial}{\partial x_\alpha^1}\right)_p, \cdots, \left(\frac{\partial}{\partial x_\alpha^m}\right)_p\right\}, \quad \left\{\left(\frac{\partial}{\partial y_\lambda^1}\right)_{\varphi(p)}, \cdots, \left(\frac{\partial}{\partial y_\lambda^n}\right)_{\varphi(p)}\right\}$$

に関して，Jacobi 行列

$$J(\varphi)(p) = \left(\frac{\partial(y^j \circ \varphi)}{\partial x^i}(p)\right), \quad 1 \leqq i \leqq m,\ 1 \leqq j \leqq n$$

であたえられる線形写像にほかならない．

C^∞ 級写像 $\varphi: M \to N$ に対して，φ の微分 $d\varphi_p: T_pM \to T_{\varphi(p)}N$ が M の各点 p において単射であるとき，φ を**はめこみ**(immersion)という．M から N へのはめこみ φ が存在するとき，M を N の**はめこまれた部分多様体**という．とくに，はめこみ φ が M から N の中の相対位相をもつ部分集合 $\varphi(M)$ への写像として同相写像であるとき，φ を**うめこみ**(imbedding)といい，このとき M を N の**うめこまれた部分多様体**あるいは単に**部分多様体**とよぶ．

M_1, M_2, M_3 を C^∞ 級多様体とし，$\varphi_1: M_1 \to M_2$，$\varphi_2: M_2 \to M_3$ をそれぞれ C^∞ 級写像とするとき，合成写像 $\varphi_2 \circ \varphi_1: M_1 \to M_3$ は M_1 から M_3 への C^∞ 級写像であり，$p \in M_1$ における微分について合成則

$$d(\varphi_2 \circ \varphi_1)_p = (d\varphi_2)_{\varphi_1(p)} \circ (d\varphi_1)_p$$

がなりたつ．これは Jacobi 行列に関する積公式

$$J(\varphi_2 \circ \varphi_1)(p) = J(\varphi_2)(\varphi_1(p)) \cdot J(\varphi_1)(p)$$

にほかならない．

(d)　1の分割

M を C^∞ 級多様体とする．M の開被覆 $\{U_\alpha\}_{\alpha \in A}$ が**局所有限**であるとは，M の任意の点 $p \in M$ に対して p の近傍 W が存在して $W \cap U_\alpha \neq \varnothing$ となる $\alpha \in A$ は有限個にかぎるときをいう．$\{U_\alpha\}_{\alpha \in A}$ と $\{V_\beta\}_{\beta \in B}$ を M の2つの開被覆とするとき，$\{V_\beta\}_{\beta \in B}$ が $\{U_\alpha\}_{\alpha \in A}$ の**細分**であるとは，任意の $\beta \in B$ に対して $V_\beta \subset U_\alpha$ となるような $\alpha \in A$ が存在することをいう．一般に Hausdorff 位相空間が任意の開被覆に対して局所有限な細分をもつとき**パラコンパクト**であるといわれる．とくにコンパクトな Hausdorff 位相空間はパラコンパクトである．第2可算公理をみたす C^∞ 級多様体 M はパラコンパクトであることがわかる．

M 上の関数 f に対し，M の部分集合 $\{p \in M \mid f(p) \neq 0\}$ の閉包を f の**台**とよぶ．M の局所有限な開被覆 $\{U_\alpha\}_{\alpha \in A}$ に対し，M 上の C^∞ 級関数の族 $\{f_\alpha\}_{\alpha \in A}$ が存在して，つぎの条件(i), (ii), (iii)をみたすとき，$\{f_\alpha\}_{\alpha \in A}$ を開被覆 $\{U_\alpha\}_{\alpha \in A}$ に従属した**1の分割**という．

(i)　各 α について $0 \leqq f_\alpha(p) \leqq 1$　$(p \in M)$．

(ii)　各 α について f_α の台は U_α に含まれる.

(iii)　M の各点 p に対して　$\sum_{\alpha\in A} f_\alpha(p)=1$.

ここで(iii)において，条件(ii)と $\{U_\alpha\}_{\alpha\in A}$ の局所有限性から有限個の α を除いて $f_\alpha=0$ となり，左辺の和は実は有限和であることに注意.

このときつぎが知られている.

定理 A.1 (1 の分割の存在)　パラコンパクトな C^∞ 級多様体 M の局所有限な開被覆 $\{U_\alpha\}_{\alpha\in A}$ に対して，各 U_α の閉包 $\overline{U}_\alpha$ がコンパクトならば，$\{U_\alpha\}_{\alpha\in A}$ に従属する 1 の分割 $\{f_\alpha\}_{\alpha\in A}$ が存在する.　□

証明の基本となるのはつぎの事実である. C^∞ 級多様体 M のコンパクト集合 K と K を含む開集合 U に対して，M 上の C^∞ 級関数 f で，(i)　$0\leqq f(p)\leqq 1$ $(p\in M)$，(ii)　$f(p)=1$ $(p\in K)$，(iii)　$f(p)=0$ $(p\in M\setminus U)$ をみたすものが存在する. この関数は C^∞ 級多様体上の幾何構造を'切り張り'するのによく利用される.

(e)　接ベクトル束

M を m 次元 C^∞ 級多様体とする. M の各点 p における接空間 T_pM の全体のなす集合を TM であらわす. すなわち

$$TM=\{(p,v)\mid p\in M,\ v\in T_pM\}$$

とおく. $\pi: TM\to M$ を TM から M への標準的射影

$$\pi(p,v)=p,\quad (p,v)\in TM$$

とする. このとき，TM は自然に $2m$ 次元 C^∞ 級多様体となり，π は TM から M への C^∞ 級写像となることがわかる. この C^∞ 級多様体 TM を M の**接ベクトル束**とよび，π を TM から M への**射影**という.

TM の C^∞ 級多様体の構造はつぎのように定義される.　$\{(U_\alpha,\phi_\alpha)\}_{\alpha\in A}$ を M の C^∞ 級座標近傍系とし，(U_α,ϕ_α) における局所座標系を $(x_\alpha^1,\cdots,x_\alpha^m)$ とする. 写像 $\widetilde{\phi}_\alpha: \pi^{-1}(U_\alpha)\to\mathbb{R}^{2m}$ を $(p,v)\in\pi^{-1}(U_\alpha)$ に対して

$$\widetilde{\phi}_\alpha(p,v)=(\phi_\alpha(p),d\phi_\alpha(v))=(x_\alpha^1(p),\cdots,x_\alpha^m(p),dx_\alpha^1(v),\cdots,dx_\alpha^m(v))$$

で定義する. あきらかに $\widetilde{\phi}_\alpha$ は $\pi^{-1}(U_\alpha)$ から $\mathbb{R}^{2m}$ の開集合 $\widetilde{\phi}_\alpha(\pi^{-1}(U_\alpha))$ への全単射写像である. また $(p,v)\in\pi^{-1}(U_\alpha)\cap\pi^{-1}(U_\beta)$ に対して

$$\widetilde{\phi}_\beta \circ \widetilde{\phi}_\alpha^{-1}(\phi_\alpha(p), d\phi_\alpha(v)) = (\phi_\beta \circ \phi_\alpha^{-1}(\phi_\alpha(p)), d(\phi_\beta \circ \phi_\alpha^{-1})(d\phi_\alpha(v)))$$

がなりたつが，$\phi_\beta \circ \phi_\alpha^{-1}$ が C^∞ 級なので $d(\phi_\beta \circ \phi_\alpha^{-1})$ も C^∞ 級である．これらより，(i) 各 $\alpha \in A$ に対して $\pi^{-1}(U_\alpha)$ が TM の開集合になり，かつ (ii) $\widetilde{\phi}_\alpha$ が $\pi^{-1}(U_\alpha)$ から $\widetilde{\phi}_\alpha(\pi^{-1}(U_\alpha))$ への同相写像となるような位相が一意的に定まり，TM は第2可算公理をみたす Hausdorff 位相空間になること，および (iii) $\left\{(\pi^{-1}(U_\alpha), \widetilde{\phi}_\alpha)\right\}_{\alpha \in A}$ は TM の C^∞ 級座標近傍系を定めることが容易に確かめられる．また定義より π は TM から M への C^∞ 級写像になる．

M の各点 p において接空間 T_pM のかわりに T_pM の双対空間 T_pM^* をとり，その全体のなす集合 TM^* を考えると，TM^* も自然に $2m$ 次元多様体となることがわかる．この C^∞ 級多様体 TM^* を M の**余接ベクトル束**という．

$\varphi: M \to N$ を C^∞ 級多様体 M から N への C^∞ 級写像とするとき，M の各点 p における φ の微分 $d\varphi_p$ に対して $d\varphi(p, v) = (\varphi(p), d\varphi_p(v))$ とおくと，M の接ベクトル束 TM から N の接ベクトル束 TN への写像

$$d\varphi:\ TM \to TN$$

が定義される．このとき $d\varphi$ は TM から TN への C^∞ 級写像となる．

U を C^∞ 級多様体 M の開集合とする．U から M の接ベクトル束 TM への C^∞ 級写像 $X: U \to TM$ で，任意の $p \in U$ に対して

$$\pi \circ X(p) = p$$

となるものを，U における M の C^∞ **級ベクトル場**という．とくに $U = M$ のとき，X を M の C^∞ 級ベクトル場とよぶ．定義より $X(p) \in \pi^{-1}(p) = T_pM$ であるから，U における M のベクトル場 X とは，U の各点 p にその点における M の接ベクトル $X(p)$ を対応させる対応にほかならない．したがって $(x_\alpha^1, \cdots, x_\alpha^m)$ を M の座標近傍 (U_α, ϕ_α) における局所座標系とするとき，$U \cap U_\alpha$ の各点 p において

$$X(p) = \sum_{i=1}^m \xi^i(p) \left(\frac{\partial}{\partial x_\alpha^i} \right)_p \tag{A.2}$$

とあらわすことができる．$U \cap U_\alpha$ 上の m 個の関数 ξ^i $(1 \leqq i \leqq m)$ を局所座標系 $(x_\alpha^1, \cdots, x_\alpha^m)$ に関する X の**成分**という．X が C^∞ 級ベクトル場であるということは，X の各成分 ξ^i が C^∞ 級関数であることを意味する．

開区間(a,b)で定義されたMのC^∞級曲線$c\colon(a,b)\to M$に対して，(a,b)からMの接ベクトル束TMへのC^∞級写像$X\colon(a,b)\to TM$で，$\pi\circ X=c$となるものを，曲線cに沿ったC^∞級ベクトル場という．定義より各$t\in(a,b)$に対して$X(t)\in T_{c(t)}M$であるから，曲線cに沿ったベクトル場Xとは，cの各点$c(t)$にその点におけるMの接ベクトル$X(c(t))$を対応させる対応にほかならない．たとえばC^∞級曲線cの接ベクトル

$$c'(t)=dc_t\Bigl(\Bigl(\frac{d}{dt}\Bigr)_t\Bigr),\quad t\in(a,b)$$

はcに沿ったベクトル場$c'\colon(a,b)\to TM$を定める．またMのC^∞級ベクトル場$X\colon M\to TM$に対して，$X\circ c\colon(a,b)\to TM$は$c$に沿ったベクトル場をあたえる．これを$X$を$c$に制限してえられるベクトル場という．

MのC^∞級ベクトル場Xに対して，C^∞級曲線$c\colon(a,b)\to M$が存在して$c'=X\circ c$となるとき，cをXの**積分曲線**という．(U_α,ϕ_α)を$p=c(t)$を含む座標近傍とし$c^i=x_\alpha^i\circ c$ $(1\leqq i\leqq m)$とおくと，$c'(t)$は

$$c'(t)=\sum_{i=1}^m\Bigl(\frac{dc^i}{dt}\Bigr)(t)\Bigl(\frac{\partial}{\partial x_\alpha^i}\Bigr)_{c(t)}$$

とあらわされる．よって(A.2)と比較して，$c'=X\circ c$となるためには，$c^i(t)$が連立線形常微分方程式系

$$\frac{dc^i}{dt}=\xi^i(c^1,\cdots,c^m),\quad 1\leqq i\leqq m$$

をみたせばよいことがわかる．この連立線形常微分方程式系の解の存在と一意性より，任意の$p\in U_\alpha$について，十分小さい$\epsilon>0$に対して$c_p(0)=p$となるXの積分曲線$c_p\colon(-\epsilon,\epsilon)\to U_\alpha$が一意的に存在することがみちびかれる．また解のパラメーターに関する微分可能性より，$c_p(t)$はtとpにC^∞級に依存することもわかる．

見方をかえて，$t\in(-\epsilon,\epsilon)$を固定して$\varphi_t(p)=c_p(t)$とおけば，φ_tはU_αからMの開集合$\varphi_t(U_\alpha)$の上への微分同相写像を定め，$\varphi_t\circ\varphi_s=\varphi_{t+s}$が両辺の定義域の共通部分でなりたつ．すなわち，$C^\infty$級ベクトル場$X$は$M$の局所微分同相写像の**局所1パラメーター変換群**を生成することになる．とく

に M がコンパクトならば，任意の C^∞ 級ベクトル場 X に対して φ_t は M 全体で定義された微分同相写像となり，$\varphi_t\circ\varphi_s=\varphi_{t+s}$ がすべての $t,s\in\mathbb{R}$ に対してなりたつ．したがって X は M の微分同相写像の **1 パラメーター変換群** $\{\varphi_t\}_{t\in\mathbb{R}}$ を定義する．

接ベクトル束 TM や余接ベクトル束 TM^* は，多様体上のベクトル束とよばれるものの典型的な例である．一般に C^∞ 級多様体 M に対して，つぎの条件 (i), (ii) をみたす C^∞ 級多様体 E と C^∞ 級写像 $\pi: E\to M$ があたえられたとき，E を M 上の(C^∞ 級)**ベクトル束**といい，π を E から M への**射影**という．

（i）　各点 $p\in M$ の逆像 $E_p=\pi^{-1}(p)$ は $\mathbb{R}$ 上の r 次元ベクトル空間の構造をもつ．

（ii）　各点 $p\in M$ に対し，p の開近傍 U と C^∞ 級微分同相写像 $\phi: \pi^{-1}(U)\to U\times\mathbb{R}^r$ が存在してつぎがなりたつ：U の各点 $q\in U$ について $\phi(E_q)=\{q\}\times\mathbb{R}^r$ であり，かつ ϕ の E_q への制限

$$\phi|E_q:\ E_q\to\{q\}\times\mathbb{R}^r=\mathbb{R}^r$$

は線形同型写像である．

$E_p=\pi^{-1}(p)$ をベクトル束 E の p 上の**ファイバー**といい，E_p の次元 r を E の**階数**あるいは**次元**とよぶ．また条件 (ii) をベクトル束の**局所自明性**という．TM と TM^* が M 上のベクトル束であることはあきらかであろう．

E と F を M 上の 2 つのベクトル束とするとき，つぎの条件 (i), (ii) をみたす C^∞ 級写像 $\theta: E\to F$ を E から F への**準同型写像**という．

（i）　各点 $p\in M$ に対し，$\theta(E_p)\subset F_p$.

（ii）　各点 $p\in M$ に対し，θ の E_p への制限は E_p から F_p への線形写像である．

とくに準同型写像 $\theta: E\to F$ で C^∞ 級微分同相写像であるものを**同型写像**とよび，E から F への同型写像が存在するとき E と F は同型であるという．容易にわかるように，準同型写像 $\theta: E\to F$ が単射写像であれば，θ の像 $\theta(E)$ は自然に M 上のベクトル束としての構造をもち，$\theta: E\to\theta(E)$ は同型写像となる．このとき $\theta(E)$ を F の**部分ベクトル束**という．

M 上のベクトル束 E と M の開集合 U に対して，C^∞ 級写像 $s: U \to E$ で各 $p \in U$ について $\pi \circ s(p) = p$ となるものを，E の U 上の C^∞ **級断面**という．定義より $s(p) \in E_p$ $(p \in U)$ であるから，E の U 上の C^∞ 級断面とは，U の各点 p に p 上のファイバー E_p の元 $s(p)$ を滑らかに対応させる対応にほかならない．たとえば M の接ベクトル束 TM の U 上の C^∞ 級断面は，M の C^∞ 級ベクトル場にほかならない．

ベクトル束 E の U 上の C^∞ 級断面全体のなす集合を $\Gamma(E|U)$ であらわす．とくに $U = M$ のときは単に $\Gamma(E)$ とかく．また U 上の C^∞ 級実数値関数全体のなす集合を $C^\infty(U)$ であらわす．$C^\infty(U)$ は関数の和と積について可換環をなす．$s_1, s_2 \in \Gamma(E|U)$ と $a, b \in \mathbb{R}$ に対して

$$(as_1 + bs_2)(p) = as_1(p) + bs_2(p)$$

と定義すると，$as_1 + bs_2 \in \Gamma(E|U)$ であり，$\Gamma(E|U)$ はこの演算に関して $\mathbb{R}$ 上のベクトル空間となる．また $s \in \Gamma(E|U)$ と $f \in C^\infty(U)$ に対して

$$(fs)(p) = f(p)s(p), \quad p \in U$$

と定義すると，$fs \in \Gamma(E|U)$ であり

$$f(s_1 + s_2) = fs_1 + fs_2, \quad (f_1 + f_2)s = f_1 s + f_2 s, \quad (f_1 f_2)s = f_1(f_2 s)$$

が $s, s_1, s_2 \in \Gamma(E|U)$ と $f, f_1, f_2 \in C^\infty(U)$ に対してなりたつ．よって $\Gamma(E|U)$ は $C^\infty(U)$ 上の加群をなす．たとえば M の C^∞ 級ベクトル場全体のなす集合 $\Gamma(TM)$ は $C^\infty(M)$ 加群となる．

M 上のベクトル束 E の各ファイバー $E_p = \pi^{-1}(p)$ に内積 g_p があたえられていて，任意の $s_1, s_2 \in \Gamma(E)$ に対して対応

$$M \ni p \mapsto g_p(s_1(p), s_2(p)) \in \mathbb{R}$$

が M 上の C^∞ 級関数となるとき，$g = \{g_p\}_{p \in M}$ を E の**ファイバー計量**という．とくに接ベクトル束 TM のファイバー計量 g を M の **Riemann 計量**とよぶ．

F を C^∞ 級多様体 N 上のベクトル束とし，$\pi: F \to N$ をその射影とする．C^∞ 級多様体 M から N への C^∞ 級写像 $\varphi: M \to N$ に対し，M と F の積多様体 $M \times F$ の部分集合 $\varphi^{-1}F$ を

$$\varphi^{-1}F = \{(p, v) \mid \varphi(p) = \pi(v)\}$$

で定義する．このとき，$M\times F$ から M への標準的射影を $\varphi^{-1}F$ に制限したものを ϖ とすると，$\varphi^{-1}F$ は $\varpi^{-1}(p)\cong F_{\varphi(p)}$ を $p\in M$ 上のファイバーとする M 上のベクトル束になることが容易に確かめられる．この $\varphi^{-1}F$ を φ により F から M 上に**誘導されるベクトル束**という．ベクトル束 $\varphi^{-1}F$ の M 上の C^∞ 級断面 s とは，定義より M の各点 p に $\varphi(p)$ 上の F のファイバー $F_{\varphi(p)}$ の元 $s(p)$ を滑らかに対応させる対応にほかならない．たとえば M の C^∞ 級曲線 $c\colon (a,b)\to M$ に沿った C^∞ 級ベクトル場は，c により M の接ベクトル束 TM から開区間 (a,b) 上に誘導されるベクトル束 $c^{-1}TM$ の C^∞ 級断面にほかならない．

E と F を C^∞ 級多様体 M 上のベクトル束とするとき，E の**双対ベクトル束** E^*，E と F の**直和** $E\oplus F$，E と F の**テンソル積** $E\otimes F$，E と F からえられる**準同型束** $\mathrm{Hom}(E,F)$ などが自然に定義される．E と F の $p\in M$ 上のファイバーをそれぞれ E_p, F_p とするとき，これらのベクトル束は E_p の双対ベクトル空間 E_p^*，E_p と F_p の直和 $E_p\oplus F_p$，E_p と F_p のテンソル積 $E_p\otimes F_p$，E_p から F_p への線形写像全体のなすベクトル空間 $\mathrm{Hom}(E_p,F_p)$ をそれぞれ p 上のファイバーとするベクトル束である．準同型束 $\mathrm{Hom}(E,F)$ はテンソル積 $E^*\otimes F$ と同型になる．ベクトル束 E のファイバー計量 g は $E^*\otimes E^*$ の対称かつ正定値な C^∞ 級断面にほかならない．

§A.2　関数解析からの基礎事項

(a)　逆関数定理

$\mathcal{V}$ を $\mathbb{R}$ 上のベクトル空間とする．$\mathcal{V}$ の各元 x に対して実数 $\|x\|$ を対応させる写像 $\|\ \|\colon\mathcal{V}\to\mathbb{R}$ で，つぎの条件をみたすものを $\mathcal{V}$ の**ノルム**という．

（i）　$\|x\|\geqq 0$ かつ $\|x\|=0 \iff x=0$.

（ii）　$\lambda\in\mathbb{R}$ に対して $\|\lambda x\| = |\lambda|\|x\|$.

（iii）　$\|x+y\| \leqq \|x\|+\|y\|$.

$\mathcal{V}$ にノルム $\|\ \|$ が1つあたえられたとき，$\mathcal{V}$ と $\|\ \|$ の組 $(\mathcal{V},\|\ \|)$ あるいは単に $\mathcal{V}$ を**ノルム空間**という．

ノルム空間$\mathcal{V}$は，距離$\rho(x,y)=\|x-y\|$のもとで距離空間となる．よって$\|x_n-x\|\to 0$となるとき$x_n\to x$と定めることにより，$\mathcal{V}$に収束の概念が自然に定義される．$\mathcal{V}$の元の列$\{x_n\}$で，$m,n\to\infty$のとき$\|x_n-x_m\|\to 0$となるものをCauchy列という．任意のCauchy列$\{x_n\}$が収束するとき，すなわち$\{x_n\}$に対して$x_n\to x$となる$x\in\mathcal{V}$が存在するとき，$\mathcal{V}$は完備であるという．完備なノルム空間$\mathcal{V}$は**Banach空間**とよばれる．またBanach空間$\mathcal{V}$の各元x,yと$\lambda\in\mathbb{R}$に対して

（i） $(x,y)=(y,x)$,

（ii） $(\lambda_1x_1+\lambda_2x_2,y)=\lambda_1(x_1,y)+\lambda_2(x_2,y)$,

（iii） $\|x\|^2=(x,x)$

をみたす実数(x,y)を対応できるとき，$\mathcal{V}$を**Hilbert空間**という．このとき，Schwarzの不等式$|(x,y)|\leqq\|x\|\|y\|$がなりたつ．

$\mathcal{V}$と$\mathcal{W}$をBanach空間とする．$\mathcal{V}$の部分空間$D(T)$を定義域とし，$\mathcal{W}$に値をとる線形写像Tを線形作用素という．線形作用素Tに対して，$x_n\to x$ならば$Tx_n\to Tx$となるとき，Tを連続作用素という．また$\|x\|\leqq 1$ならば$\|Tx\|$も有界となるとき，Tを有界作用素という．$D(T)=\mathcal{V}$であれば，Tが連続作用素であることと有界作用素であることは同値であり，このときTを**有界線形作用素**という．有界線形作用素Tに対して，$\|T\|=\sup\{\|Tx\|\,|\,x\in\mathcal{V},\ \|x\|\leqq 1\}$で定義される実数$\|T\|$を$T$の(作用素)ノルムという．$\mathcal{V}$から$\mathcal{W}$への有界線形作用素の全体$\mathcal{L}(\mathcal{V},\mathcal{W})$はこのノルムに関してBanach空間となる．

Uを$\mathcal{V}$の開集合とし，$f:U\to\mathcal{W}$をUから$\mathcal{W}$への写像とする．$x_0\in U$に対して

$$\lim_{x\to x_0}\|f(x)-f(x_0)-T(x-x_0)\|/\|x-x_0\|=0$$

となる$T\in\mathcal{L}(\mathcal{V},\mathcal{W})$が存在するとき，$f$は$x_0$において**Fréchet微分可能**であるという．Tを$f'(x_0)$とかきfの$x=x_0$におけるFréchet微分あるいは単に微分とよぶ．Uの各点でFréchet微分可能のとき，fはUでFréchet微分可能であるという．

一方，$x_0 \in U$ において任意の $y \in \mathcal{V}$ に対して

$$\lim_{t\to 0} (f(x_0+ty)-f(x_0))/t = df(x_0, y)$$

が存在するとき，f は x_0 において **Gâteaux 微分可能**という．$df(x_0,y)$ を $x=x_0$ における f の y 方向への Gâteaux 微分とよぶ．U の各点で Gâteaux 微分可能のとき，f は U で Gâteaux 微分可能であるという．f が U で Fréchet 微分可能であるための必要十分条件は，f が U で Gâteaux 微分可能であり，Gâteaux 微分 $df(x_0,h)$ が h について線形であり，$df(x_0,h)=df(x_0)h$ とかくとき，対応 $x_0 \mapsto df(x_0)$ が U の各点から $\mathcal{L}(\mathcal{V},\mathcal{W})$ への連続写像となることである．このとき f の Fréchet 微分 $f'(x_0)$ は $df(x_0)$ と一致する．

つぎの定理は有限次元空間における逆関数定理を Banach 空間へ一般化したものであり，大変有用な定理である．

定理 A.2（逆関数定理）　$\mathcal{V}$ と $\mathcal{W}$ を Banach 空間とする．U を $0 \in \mathcal{V}$ の開近傍とし，$f: U \to \mathcal{W}$ を U から $\mathcal{W}$ への写像でつぎの条件をみたすものとする．

（i）　$f(0)=0$ かつ f は U で Fréchet 微分可能である．

（ii）　f は C^1 級，すなわち x に対し f の Fréchet 微分 $f'(x)$ を対応させる対応は U から $\mathcal{L}(\mathcal{V},\mathcal{W})$ への連続写像である．

（iii）　$f'(0): \mathcal{V} \to \mathcal{W}$ は同相写像，すなわち $f'(0)$ は全単射かつ $f'(0)$ およびその逆写像 $f'(0)^{-1}$ はともに有界線形作用素である．

このとき，$0 \in \mathcal{V}$ の開近傍 $V \subset U$ が存在して f は V から $0 \in \mathcal{W}$ の開近傍 $f(V)$ への同相写像となる．□

Banach 空間における逆関数定理については，Lang [10] および Schwarz [22] をみるとよい．

(b)　関数空間と微分作用素

$\Omega \subset \mathbb{R}^m$ を有界かつ連結な開集合とし，$0<\alpha<1$ とする．関数 $u: \Omega \to \mathbb{R}$ に対して

$$\langle u\rangle_{\Omega}^{\alpha}=\sup_{\substack{x,y\in\Omega\\x\neq y}}\frac{|u(x)-u(y)|}{|x-y|^{\alpha}}<\infty$$

となるとき，u を指数 α の **Hölder 連続関数**あるいは **α–Hölder 連続関数**という．α–Hölder 連続な関数の典型的な例は，$\mathbb{R}^m$ の原点を含む有界集合 Ω 上で定義された関数 $u(x)=|x|^{\alpha}$ である．

非負整数 k と $0<\alpha<1$ に対して，C^k 級関数 $u:\Omega\to\mathbb{R}$ でその k 階の偏導関数がすべて α–Hölder 連続となるもの全体のなす集合を $C^{k+\alpha}(\overline{\Omega})$ であらわし，**Hölder 空間**という．Hölder 空間 $C^{k+\alpha}(\overline{\Omega})$ は，ノルム

$$|u|_{\Omega}^{k+\alpha}=\sum_{|\beta|\leqq k}\sup_{\Omega}|D^{\beta}u|+\sum_{|\beta|=k}\langle D^{\beta}u\rangle_{\Omega}^{\alpha}$$

のもとに Banach 空間になる．ただし，$\beta=(\beta_1,\cdots,\beta_m)$ は m 個の非負整数 β_i からなる多重指数であり，$|\beta|=\beta_1+\cdots+\beta_m$ はその長さ，また $D^{\beta}u$ は

$$D^{\beta}u=D_1^{\beta_1}D_2^{\beta_2}\cdots D_m^{\beta_m}u,\quad D_i=\frac{\partial}{\partial x^i},\quad 1\leqq i\leqq m$$

をあらわす．また

$$C^{k+\alpha}(\Omega)=\{u\in C^k(\Omega)\mid \overline{\Omega}'\subset\Omega \text{ となる各開集合 } \Omega' \text{ 上で } |u|_{\Omega'}^{k+\alpha}<\infty\}$$

と定義し，$C^{\alpha}(\overline{\Omega})=C^{0+\alpha}(\overline{\Omega})$ および $C^{\alpha}(\Omega)=C^{0+\alpha}(\Omega)$ とおく．

C^{∞} 級多様体 M に対しても，1 の分割をもちいて Hölder 空間 $C^{k+\alpha}(M)$ を同様にして定義することができる．このとき，$0<\alpha<\alpha'<1$ ならば包含関係 $C^{k+\alpha'}(M)\hookrightarrow C^{k+\alpha}(M)$ がなりたち，Ascoli–Arzelà の定理よりこの包含写像はコンパクトな写像である．すなわち $C^{k+\alpha'}(M)$ の任意の有界な部分集合 A は $C^{k+\alpha}(M)$ において相対コンパクトな集合となることが容易に確かめられる．

一般に，$\mathbb{R}^m$ の開集合 Ω 上で定義されたベクトル値関数 $u:\Omega\to\mathbb{R}^q$ に対して作用する微分作用素で

$$P(x,D)=\sum_{|\beta|\leqq k}a_{\beta}(x)D^{\beta}\tag{A.3}$$

の形にかけるものを**線形偏微分作用素**といい，$a_{\beta}\neq 0$ となる最大の整数 $|\beta|$

を $P(x,D)$ の**階数**とよぶ．k 階の $P(x,D)$ に対して

$$P_k(x,D) = \sum_{|\beta|=k} a_\beta(x) D^\beta$$

を $P(x,D)$ の主要部といい，$\xi=(\xi_1,\cdots,\xi_m)\in\mathbb{R}^m$ に関する多項式

$$P_k(x,\xi) = \sum_{|\beta|=k} a_\beta(x)\xi^\beta, \qquad \xi^\beta = \xi_1^{\beta_1}\cdots\xi_m^{\beta_m}$$

を**特性多項式**という．

特性多項式 $P_k(x,\xi)$ が各 $x\in\Omega$ において $\xi=0$ 以外の零点をもたないとき，偏微分作用素 $P(x,D)$ は**楕円型**であるという．また楕円型偏微分作用素 $P(x,D)$ に対し

$$P(x,D)-\frac{\partial}{\partial t}, \qquad (x,t)\in\Omega\times(0,T)$$

の形の偏微分作用素を**放物型**であるという．楕円型偏微分作用素の典型的例は Laplace 作用素 $\Delta=D_1^2+\cdots+D_m^2$ であり，放物型偏微分作用素の典型的例は熱作用素 $\Delta-\partial/\partial t$ である．

E と F を C^∞ 級多様体 M 上のベクトル束とするとき，E と F の C^∞ 級断面のなす空間 $\Gamma(E)$ から $\Gamma(F)$ への線形写像 $P:\Gamma(E)\to\Gamma(F)$ が k 階の線形偏微分作用素であるとは，P が局所的に k 階の偏微分作用素として(A.3)の形にかけるときをいう．

(c) 熱方程式と基本解

(M,g) を m 次元 Riemann 多様体とし，Δ を M の Laplace 作用素とする．$M\times(0,\infty)$ 上の関数 $u(x,t)$ で $C^{2,1}$ 級であるもの，すなわち $x\in M$ について C^2 級かつ $t\in(0,\infty)$ について C^1 級であるものに作用する線形偏微分作用素

$$L = \Delta - \frac{\partial}{\partial t}$$

を M の**熱作用素**といい，放物型線形偏微分方程式

$$Lu = 0$$

を M 上の**熱方程式**とよぶ．

熱方程式の名前の由来はつぎの事実にもとづく．$\Omega\subset M$ を滑らかな境界 $\partial\Omega$ をもつ M 上の領域とし，ν を $\partial\Omega$ の外向き単位法ベクトルとしよう．Ω が熱の伝導に関して均質で等方的な媒質でみたされているとし，$u(x,t)$ は点 $x\in\Omega$ での時刻 t における温度をあらわすと考えると，Ω に外部から熱を加えたり(吸収したり)しなければ，熱量の保存則より，Ω における総熱量の時刻 t における変化率は境界 $\partial\Omega$ から流出(流入)する総熱量に等しい．すなわち

$$\frac{\partial}{\partial t}\left(\int_{\Omega}u(x,t)d\mu_g(x)\right)=\int_{\partial\Omega}\frac{\partial u}{\partial\nu}(w,t)d\sigma_g(w)$$

がなりたつことになる．ここに σ_g は $\partial\Omega$ に μ_g から自然に誘導される測度をあらわす．この式は Green の定理より

$$\int_{\Omega}\frac{\partial u}{\partial t}(x,t)d\mu_g(x)=\int_{\Omega}\Delta u(x,t)d\mu_g(x)$$

に等しいから，各領域 Ω でこの関係式がなりたてば熱の伝導をあらわす方程式として $Lu=0$ をえることになる．

熱方程式 $Lu=0$ に対し，$M\times M\times(0,\infty)$ 上の関数 $H(x,y,t)$ で $x\in M$ に関して C^2 級かつ $t\in(0,\infty)$ に関して C^1 級であり，M 上の任意の有界な連続関数 f に対して

$$u(x,t)=\int_{M}H(x,y,t)f(y)d\mu_g(y)$$

が $Lu=0$ をみたし，かつ

$$\lim_{t\downarrow 0}\int_{M}H(x,y,t)f(y)d\mu_g(y)=f(x)$$

となるものを M 上の熱方程式の**基本解**という．

基本解の意味はつぎのように考えると理解しやすい．すなわち，$H(x,y,t)$ は時刻 $t=0$ において点 $y\in M$ に単位熱量が凝集しているときに，y から $x\in M$ まで t 秒間に伝達される熱量をあらわすと考える．このとき $t=0$ のときの初期温度分布が $f(y)$ ならば，y から x まで t 秒間に伝達される熱量は $H(x,y,t)f(y)$ に等しくなるから，結局 x における t 秒後の温度 $u(x,t)$ は

$$u(x,t) = \int_M H(x,y,t)f(y)d\mu_g(y)$$

であたえられ，熱方程式 $Lu=0$ の解がえられるというわけである．

M が Euclid 空間 $\mathbb{E}^m$ のとき，基本解 $H(x,y,t)$ は

$$H(x,y,t) = (4\pi t)^{-m/2}e^{-|x-y|^2/4t}$$

であたえられることが容易に確かめられる．M がコンパクトな Riemann 多様体ならば，M 上の L^2 関数のなす Hilbert 空間 $L^2(M)$ の完全正規直交基底 $\{\phi_i\}$ を M の Laplace 作用素 Δ の固有関数

$$\Delta\phi_i+\lambda_i\phi_i = 0, \quad 0 = \lambda_0 < \lambda_1 \leqq \lambda_2 \leqq \cdots \uparrow \infty$$

としてえらぶとき，基本解 $H(x,y,t)$ は

$$H(x,y,t) = \sum_{i=0}^{\infty} e^{-\lambda_i t}\phi_i(x)\phi_i(y)$$

であたえられ，任意の $x,y\in M$ と $t,s>0$ に対して

(i)　$H(x,y,t) = H(y,x,t)$　　(対称性)

(ii)　$\int_M H(x,z,t)H(y,z,s)d\mu_g(z) = H(x,y,t+s)$　　(半群性)

(iii)　$\int_M H(x,y,t)d\mu_g(y) = 1$　　(保存則)

をみたすことが知られている．

補題 A.3　(M,g) をコンパクトな m 次元 Riemann 多様体とし，$H(x,y,t)$ を M 上の熱方程式の基本解とする．このとき，任意の $x\in M$ と $t>0$ に対して

$$H(x,x,2t) \leqq 1/V + c(M)t^{-m/2}$$

がなりたつ．ここに $c(M)>0$ は M にのみ依存してきまる定数であり，V は M の体積をあらわす．

[証明]　基本解 $H(x,y,t)$ に対する上の性質(i),(ii),(iii)より

$$H(x,x,2t)-1/V = \int_M (H(x,y,t)-1/V)^2 d\mu_g(y) \tag{A.4}$$

をえる．また $\int_M (H(x,y,t)-1/V)d\mu_g(y) = 0$ だから，Sobolev の不等式([3])より，M にのみ依存してきまる定数 $c_1(M)>0$ が存在して

$$\left(\int_M (H(x,y,t)-1/V)^{\frac{2m}{m-2}}d\mu_g(y)\right)^{\frac{m-2}{m}} \leqq c_1(M)\int_M |D_yH(x,y,t)|^2 d\mu_g(y)$$

がなりたつ．ここで Hölder の不等式([3])より

$$\left(\int_M f^2 d\mu_g\right)^{\frac{m+2}{m}} \leqq \left(\int_M |f| d\mu_g\right)^{\frac{4}{m}}\left(\int_M |f|^{\frac{2m}{m-2}}d\mu_g\right)^{\frac{m-2}{m}}$$

がなりたつことと

$$\int_M |H(x,y,t)-1/V|d\mu_g(y) \leqq \int_M |H(x,y,t)|d\mu_g(y)+1=2$$

に注意し，(A.4)を微分すれば

$$\begin{aligned}
&\frac{\partial}{\partial t}\int_M (H(x,y,t)-1/V)^2 d\mu_g(y)\\
&\quad = 2\int_M (H(x,y,t)-1/V)\frac{\partial}{\partial t}H(x,y,t)d\mu_g(y)\\
&\quad = 2\int_M (H(x,y,t)-1/V)\Delta_y H(x,y,t)d\mu_g(y)\\
&\quad = -2\int_M |D_yH(x,y,t)|^2 d\mu_g(y)\\
&\quad \leqq -2c_1(M)^{-1}\left(\int_M (H(x,y,t)-1/V)^{\frac{2m}{m-2}}d\mu_g(y)\right)^{\frac{m-2}{m}}\\
&\quad \leqq -2c_1(M)^{-1}\cdot 2^{-4/m}\left(\int_M (H(x,y,t)-1/V)^2 d\mu_g(y)\right)^{\frac{m+2}{m}}
\end{aligned}$$

をえる．$t\to 0$ のとき $H(x,x,2t)\to\infty$ となることに注意して，この式を積分することにより

$$\int_M (H(x,y,t)-1/V)^2 d\mu_g(y) \leqq 4\left(\frac{4c_1(M)^{-1}t}{m}\right)^{-m/2}.$$

これより結論をえる． ∎

系 A.4 (M,g) をコンパクトな m 次元 Riemann 多様体とし，$H(x,y,t)$ を M 上の熱方程式の基本解とする．このとき，任意の $x,y\in M$ と $t>0$ に対して

$$H(x,y,t) \leqq c(M,t)$$

がなりたつ．ここに $c(M,t)>0$ は M と t にのみ依存してきまる定数である．

［証明］　補題 A.3 と Schwarz の不等式より

$$\begin{aligned} H(x,y,2t)-1/V &= \int_M (H(x,z,t)-1/V)(H(y,z,t)-1/V)d\mu_g(z) \\ &\leqq \left(\int_M (H(x,z,t)-1/V)^2 d\mu_g(z)\right)^{1/2} \\ &\quad \times\left(\int_M (H(y,z,t)-1/V)^2 d\mu_g(z)\right)^{1/2} \\ &\leqq 4(4c_1(M)^{-1}t/m)^{-m/2} \end{aligned}$$

をえる． ∎

(d)　解の微分可能性

楕円型偏微分方程式と放物型偏微分方程式の解は，基本的にそれらの方程式の係数とあたえられたデータが許す最大限の微分可能性をもつことが知られている．

すなわち $\Omega\subset\mathbb{R}^m$ を有界かつ連結な開集合とし，P を Ω 上の線形楕円型偏微分作用素

$$P=\sum_{i,j=1}^m a^{ij}(x)\frac{\partial^2}{\partial x^i\partial x^j}+\sum_{i=1}^m b^i(x)\frac{\partial}{\partial x^i}+d(x)$$

とするとき，つぎがなりたつ．

定理 A.5　(1)　$0<\alpha<1$ に対して，$a^{ij}, b^i, d, f\in C^\alpha(\Omega)$ とする．このとき $u\in C^2(\Omega)$ が線形楕円型偏微分方程式

$$Pu(x)=f(x)$$

をみたすならば，$u\in C^{2+\alpha}(\Omega)$ となる．

(2)　さらに $k\geqq 1$ に対して $a^{ij}, b^i, d, f\in C^{k+\alpha}(\Omega)$ ならば，(1)の解 u は $u\in C^{k+2+\alpha}(\Omega)$ となる．とくに $a^{ij}, b^i, d, f\in C^\infty(\Omega)$ ならば，$u\in C^\infty(\Omega)$ である． □

線形放物型偏微分方程式の場合は，つぎのようにのべられる．$T>0$ に対して，$Q=\Omega\times(0,T)$ とおく．関数 $u:Q\to\mathbb{R}$ に対して

$$\langle u\rangle_x^\alpha = \sup_{\substack{(x,t),(x',t)\in Q\\ x\neq x'}} \frac{|u(x,t)-u(x',t)|}{|x-x'|^\alpha},$$

$$\langle u\rangle_t^\alpha = \sup_{\substack{(x,t),(x,t')\in Q\\ t\neq t'}} \frac{|u(x,t)-u(x,t')|}{|t-t'|^\alpha}$$

とおき，ノルム $|u|_Q^{(\alpha,\alpha/2)}$ および $|u|_Q^{(2+\alpha,1+\alpha/2)}$ を第4章の(4.16)と同様に定義する．これらのノルムに関して関数空間

$$C^{\alpha,\alpha/2}(\bar{Q}),\quad C^{2+\alpha,1+\alpha/2}(\bar{Q})\quad \text{および}\quad C^{\alpha,\alpha/2}(Q),\quad C^{2+\alpha,1+\alpha/2}(Q)$$

を§A.2(b)と同様にして定めるとき，つぎがなりたつ．

定理 A.6　(1)　$0<\alpha<1$ に対して，a^{ij}, b^i, $d\in C^\alpha(\Omega)$ かつ $f\in C^{\alpha,\alpha/2}(Q)$ とする．このとき $u\in C^{2,1}(Q)$ が線形放物型偏微分方程式

$$\left(P-\frac{\partial}{\partial t}\right)u(x,t) = f(x,t)$$

をみたすならば，$u\in C^{2+\alpha,1+\alpha/2}(Q)$ となる．

(2)　さらに p,q を非負整数とし，$|\beta|\leqq p$, $|\beta|+2k\leqq k$, $k\leqq q$ となる任意の β,k に対して $D_x^\beta a^{ij}$, $D_x^\beta b^i$, $D_x^\beta d\in C^\alpha(\Omega)$ かつ $D_x^\beta D_t^k f\in C^{\alpha,\alpha/2}(Q)$ であるとする．このとき(1)の解 u は，$|\beta|+2k\leqq p+2$, $k\leqq q+1$ となる任意の β,k に対して，$D_x^\beta D_t^k u\in C^{\alpha,\alpha/2}(Q)$ である．とくに a^{ij}, b^i, $d\in C^\infty(\Omega)$ かつ $f\in C^\infty(Q)$ ならば，$u\in C^\infty(Q)$ である．　□

以上の結果については，村田・倉田[28]，Gilbarg–Trudinger [3]をみるとよい．

(e)　Schauder の評価式

§4.3 でもちいた，線形楕円型偏微分方程式および線形放物型偏微分方程式の解に対する **Schauder の評価式**についてまとめておこう．

$r>0$ とし，$B(0,r)=\{x\in\mathbb{R}^m \mid |x|<r\}$ とおく．$0<\alpha<1$ に対して

$$a^{ij},\ b^i,\ d\in C^\alpha(B(0,r)),\quad 1\leqq i,j\leqq m$$

とし，定数 $0<\lambda\leqq\Lambda<\infty$ が存在して

$$\lambda|\xi|^2 \leqq \sum_{i,j=1}^{m} a^{ij}(x)\xi_i\xi_j \leqq \Lambda|\xi|^2$$

が任意の $x\in B(0,r)$ と $\xi\in\mathbb{R}^m$ に対してなりたつとする．このとき線形楕円型偏微分作用素

$$P = \sum_{i,j=1}^{m} a^{ij}(x)\frac{\partial^2}{\partial x^i\partial x^j} + \sum_{i=1}^{m} b^i(x)\frac{\partial}{\partial x^i} + d(x)$$

と線形放物型偏微分作用素

$$L = P - \frac{\partial}{\partial t}$$

に対して，つぎがなりたつ．

定理 A.7 （1） $f\in C^\alpha(B(0,r))$ および $u\in C^2(B(0,r))$ が

$$Pu(x) = f(x)$$

をみたすならば，$u\in C^{2+\alpha}(B(0,r))$ であり

$$|u|_{C^{1+\alpha}(B(0,r/2))} \leqq C(|f|_{L^\infty(B(0,r))} + |u|_{L^\infty(B(0,r))}),$$
$$|u|_{C^{2+\alpha}(B(0,r/2))} \leqq C(|f|_{C^\alpha(B(0,r))} + |u|_{L^\infty(B(0,r))})$$

がなりたつ．ここに，C は m, α, Λ/λ, $|a^{ij}|_{C^\alpha(B(0,r))}$, $|b^i|_{C^\alpha(B(0,r))}$, $|d|_{C^\alpha(B(0,r))}$ にのみ依存してきまる定数である．

（2） $0\leqq t\leqq T$ とする．$f(\cdot,t)\in C^\alpha(B(0,r))$ および $u(\cdot,t)\in C^2(B(0,r))$ が

$$Lu(x,t) = f(x,t)$$

をみたすならば，$u(\cdot,t)\in C^{2+\alpha}(B(0,r))$ であり

$$|u(\cdot,t)|_{C^\alpha(B(0,r/2))} \leqq C\left(\sup_{t\in[0,T]}|f(\cdot,t)|_{L^\infty(B(0,r))} + \sup_{t\in[0,T]}|u(\cdot,t)|_{L^\infty(B(0,r))}\right),$$

$$|u(\cdot,t)|_{C^{2+\alpha}(B(0,r/2))} + \left|\frac{\partial u}{\partial t}(\cdot,t)\right|_{C^\alpha(B(0,r/2))} \leqq C\left(\sup_{t\in[0,T]}|f(\cdot,t)|_{C^\alpha(B(0,r))} + \sup_{t\in[0,T]}|u(\cdot,t)|_{L^\infty(B(0,r))}\right)$$

がなりたつ．ここに，C は m, α, Λ/λ, $|a^{ij}|_{C^\alpha(B(0,r))}$，$|b^i|_{C^\alpha(B(0,r))}$，$|d|_{C^\alpha(B(0,r))}$ にのみ依存してきまる定数である．　□

以上の結果については，村田・倉田[28]，Gilbarg–Trudinger [3]をみるとよい．

現代数学への展望

本書は，曲線の長さとエネルギーに関する変分問題と写像のエネルギーに関する変分問題を題材に，幾何学的変分問題の入り口までの道案内を目的としたものである．また，それぞれの変分問題の解である測地線と調和写像の存在と性質を調べる道すじで Riemann 多様体に関する最小限の知識がえられ，微分幾何学への入門ともなることを目指した．当初の予定では，測地線に関連して Jacobi 場の比較定理と Morse の指数定理に触れるつもりであったが，原稿の分量が予定の紙数をはるかに超えてしまったので果たせなかった．この部分については Milnor [12]を読まれることを勧める．

まえがきでも述べたように，幾何学的変分問題とは，測地線や調和写像をはじめとして多様体の幾何学の研究にあらわれる変分問題を，大域解析学の立場から研究する分野であるということができる．本書でもみたように，一般に多様体上で定義される変分問題の解は，非線形偏微分方程式の解として特徴づけられる．したがって，幾何学的変分問題とは多様体上の非線形偏微分方程式によって記述される幾何学的現象を研究する分野であるということもできる．

このような意味での幾何学的変分問題の研究が活発になったのは，比較的最近のことで 1950 年代以降のことである．そのなかで，Riemann 多様体のスカラー曲率の変形に関する「山辺の問題」や，Einstein–Kähler 計量の存在に関する「Calabi 予想」は，それぞれ非線形楕円型偏微分方程式および複素 Monge–Ampère 方程式の問題として定式化され，つねにこの分野の研究に刺激と原動力をあたえ続けてきた．これらについては，落合卓四郎氏と小畠守生氏が企画された研究集会 Surveys in Geometry の報告集である Reports on Global Analysis のシリーズを読まれることを是非勧めたい．とくに Kazdan [7]による講義録は，この方面への入門書として最適である．

山辺の問題は 1984 年に R. Schoen によって，また Calabi 予想は 1977 年に T. Aubin と S. -T. Yau によって一応の解決があたえられた．

山辺の問題や Calabi 予想以外にも，極小曲面の存在に関する Plateau 問題や，Riemann 多様体の Ricci 曲率の変形に関する Hamilton の問題など，多くの問題が現在も活発に研究されている．とくに Ricci 曲率の変形問題は，2002 年に発表された G. Perelman の研究を契機として，Poincaré 予想の解決を導くものとして現在最も注目を集めているといえる．また最近の微分幾何学は，空間としての多様体の構造や性質だけでなく，空間全体のなす集合の構造や性質の研究へとその研究対象を拡大し，たとえばファイバー束の接続の理論が数理物理学のゲージ理論と結びつき，ゲージ場の幾何学が幾何学的変分問題の立場からも盛んに研究されるようになった．

調和写像の研究についていえば，Eells–Sampson による存在定理が 1975 年に Hamilton [4] により境界付きのコンパクトな Riemann 多様体の場合へ拡張された．彼は Eells–Sampson の定理と同じ曲率条件のもとに，熱流の方法を Dirichlet および Neumann 境界値問題の場合に適用し，Sobolev 空間 $W^{k,p}$ における解析をもちいて調和写像の存在を証明している．

閉測地線の存在問題の研究から，無限次元多様体上の Morse 理論が 1960 年代に Palais [17] と Smale [21] により確立された．しかし，この理論を調和写像の存在問題に適用しようとするとき，エネルギー汎関数は現在 Palais–Smale の条件 (C) とよばれている条件を一般にみたさない．この困難を避けるため，Eells–Sampson は彼らの定理の証明に熱流の方法をもちいたわけである．しかし，Uhlenbeck [20] はエネルギー汎関数の定義を Palais–Smale の条件 (C) をみたす形に修正することにより，無限次元多様体上の Morse 理論の立場から調和写像の存在問題を研究し，Sacks と共同で 2 次元ホモトピー群 $\pi_2(M)$ の調和球面による表現定理を証明した．その際，2 次元における調和写像の存在問題に特有の現象として ‘bubbling up’ とよばれるエネルギーの凝集現象が起こる．このエネルギーの凝集現象は，ゲージ場に関する幾何学的変分問題の場合にも発生する重要な現象であるが，残念ながら本書で解説することはできなかった．これについては直接原論文を参照されたい．

第4章の最後に触れたKähler多様体の強剛性定理については，1960年にCalabiとVesentiniにより複素構造の変形理論の観点から，既約な有界対称領域のコンパクトな商多様体で複素次元が2以上のものは局所剛性をもつ，すなわち複素構造の自明でない無限小変形を許容しないことが知られていた．Siu [23]による強剛性定理は，1970年に証明されたコンパクトな局所対称Riemann多様体に対するMostowの強剛性定理に対応するもので，調和写像の理論が複素幾何学においても本質的に有用であることを示したものである．同様の考えで調和写像をもちいて，西川–志賀[16]は負曲率なKähler多様体上の有界領域の同値問題を取り扱っている．

1964年のEells–Sampsonの論文以来，コンパクトなRiemann多様体間の調和写像の存在問題については多くの研究があるが，非コンパクトなRiemann多様体間の調和写像の存在問題についてはあまり系統的な研究がなされていず，幾何学的変分問題における最も重要な今後の研究課題であるといえる．

とくに，一般にHadamard多様体とよばれる非正曲率をもつ完備かつ単連結なRiemann多様体に対しては，漸近する測地線が同じ無限遠点を定めていると考えることにより，無限遠点のなす集合として幾何学的な理想境界が自然に定義される．このとき調和写像の無限遠境界値問題，すなわち理想境界の間にあたえられた写像がこのような多様体間の調和写像に拡張できるかどうかは，大変興味深い問題である．

この問題に関して，まず負の定曲率空間(実双曲型空間形)の場合が，1990年から1992年にかけてP. Li–L. F. TamやM. Gromovおよび芥川和雄によって解決された．この場合，調和写像の無限遠境界値問題の解の一意性は一般にはなりたたず，境界付きのコンパクトなRiemann多様体に対するDirichlet境界値問題の場合とは著しく状況が異なっている．その後1993年にH. Donnellyにより，複素双曲型空間形を含む階数1の非コンパクト型対称空間の場合に同様の問題が取り扱われ，最近それらの結果は西川と上野慶介により，より一般の負曲率等質空間の間の調和写像の無限遠境界値問題に対して拡張された．

これらの研究で，調和写像は負曲率等質空間(領域)における幾何学や解析学と，その理想境界(無限遠点)における幾何学や解析学を結びつける役割を本質的に果たす写像であることがあきらかになってきた．このように調和写像の無限遠境界値問題は，幾何学と解析学の相互作用が端的にあらわれる大変興味深い問題であるが，その研究はまだ緒についたばかりの段階であり，多くを今後の研究に俟たなければならないといえる．

参考文献

[1] J. Eells, Jr. and J. H. Sampson, Harmonic mappings of Riemannian manifolds, *Amer. J. Math.*, **86**(1964), 109–160.

[2] J. Eells and J. C. Wood, Restrictions on harmonic maps, *Topology*, **15**(1976), 263–266.

[3] D. Gilbarg and N. S. Trudinger, *Elliptic partial differential equations of second order*, Grundlehren der mathematischen Wissenschaften 224, 2nd edition, Springer-Verlag, 1983.

[4] R. S. Hamilton, *Harmonic maps of manifolds with boundary*, Lecture Notes in Mathematics 471, Springer-Verlag, 1975.

[5] P. Hartman, On homotopic harmonic maps, *Canad. J. Math.*, **19**(1967), 673–687.

[6] H. Hopf and W. Rinow, Ueber den Begriff der vollständigen differentialgeometrischen Flächen, *Comm. Math. Helv.*, **3**(1931), 209–225.

[7] J. Kazdan, Some applications of partial differential equations to problems in geometry, Reports on Global Analysis VI, 1–130, セミナー刊行会, 1984.

[8] W. Klingenberg, *Lectures on closed geodesics*, Grundlehren der mathematischen Wissenschaften 230, Springer-Verlag, 1978.

[9] O. A. Ladyženskaya, V. A. Solonnikov and N. H. Ural'ceva, *Linear and quasilinear equations of parabolic type*, Translations of Mathematical Monographs 23, Amer. Math. Soc., 1968.

[10] S. Lang, *Introduction to differentiable manifolds*, Interscience, 1962.

[11] T. Levi-Civita, Notione di parallelismo in una varietà qualunque e consequente specificazione geometrica della curvatura Riemanniana, *Rend. Circ. Mat. Palermo*, **42**(1917), 173–204.

[12] J. Milnor, *Morse theory*, Annals of Mathematics Studies 51, Princeton Univ. Press, 1963.

[13] M. J. Micallef and J. D. Moore, Minimal two-spheres and the topology of manifolds with positive curvature on totally isotropic two-planes, *Ann. of Math.*, **127**(1988), 199–227.

[14] S. B. Myers, Riemannian manifolds with positive mean curvature, *Duke Math. J.*, **8**(1941), 401–404.

[15] J. Nash, The imbedding problem for Riemannian manifolds, *Ann. of Math.*, **63**(1956), 20–63.

[16] S. Nishikawa and K. Shiga, On the holomorphic equivalence of bounded domains in complete Kähler manifolds of nonpositive curvature, *J. Math. Soc. Japan*, **35**(1983), 273–278.

[17] R. S. Palais, Morse theory on Hilbert manifolds, *Topology*, **2**(1963), 299–340.

[18] R. S. Palais and S. Smale, A generalized Morse theory, *Bull. Amer. Math. Soc.*, **70**(1964), 165–172.

[19] A. Preissmann, Quelques propriétés globales des espaces de Riemann, *Comm. Math. Helv.*, **15**(1943), 175–216.

[20] J. Sacks and K. Uhlenbeck, The existence of minimal immersions of 2-spheres, *Ann. of Math.*, **113**(1981), 1–24.

[21] S. Smale, Morse theory and a non-linear generalization of the Dirichlet problem, *Ann. of Math.*, **80**(1964), 382–392.

[22] J. T. Schwarz, *Nonlinear functional analysis*, Gordon & Breach, 1969.

[23] Y.-T. Siu, The complex-analyticity of harmonic maps and the strong rigidity of compact Kähler manifolds, *Ann. of Math.*, **112**(1980), 73–111; Strong rigidity of compact quotients of exceptional bounded symmetric domains, *Duke Math. J.*, **48**(1981), 857–871.

[24] Y.-T. Siu and S.-T. Yau, Compact Kähler manifolds of positive bisectional curvature, *Invent. Math.*, **59**(1980), 189–204.

[25] J. L. Synge, On the connectivity of spaces of positive curvature, *Quart. J. Math.*, **7**(1936), 316–320.

[26] 小林昭七，複素幾何，岩波書店，2005.

[27] 松本幸夫，Morse 理論の基礎，岩波書店，2005.

[28] 村田實・倉田和浩，楕円型・放物型偏微分方程式，岩波書店，2006.

[29] 長野正，大域変分法，共立講座「現代の数学」，共立出版，1971.
[30] 浦川肇，変分法と調和写像，裳華房，1990.
[31] 高橋陽一郎，力学と常微分方程式(現代数学への入門)，岩波書店，2004.

参考書

1. T. Aubin, *Nonlinear analysis on manifolds. Monge-Ampère equations*, Springer-Verlag, 1982.
微分幾何学にあらわれる非線形問題への本格的な入門書. どちらかといえば, 解析学を最初に学んだ人に Riemann 多様体上の非線形解析を解説することを目的としている. とくに「山辺の問題」や「Calabi 予想」の解法に詳しい.
2. J. Eells and L. Lemaire, A report on harmonic maps, *Bull. London Math. Soc.*, **10**(1978), 1–68; *Selected topics in harmonic maps*, C. B. M. S. Regional Conference Series 50, Amer. Math. Soc., 1983; Another report on harmonic maps, *Bull. London Math. Soc.*, **20**(1988), 385–524.
調和写像に関する総合報告. 調和写像の研究の歴史と最近の研究成果を概観するのに, この三部作は最適である.
3. R. S. Hamilton, *Harmonic maps of manifolds with boundary*, Lecture Notes in Mathematics 471, Springer-Verlag, 1975.
境界付きのコンパクトな Riemann 多様体の間の調和写像に関する Dirichlet 境界値問題と Neumann 境界値問題を, Eells–Sampson の定理と同じ曲率条件のもとで解決している.
4. J. Jost, *Harmonic mappings between Riemannian manifolds*, Proceedings of the Centre for Mathematical Analysis 4, Australian National Univ., 1983; *Nonlinear methods in Riemannian and Kählerian geometry*, DMV Seminar 10, Birkhäuser, 1986.
調和写像の方程式の弱解の微分可能性の問題や, Yang–Mills 接続に対する熱流の方法についても解説されている.
5. R. Schoen and S.-T. Yau, *Lectures on harmonic maps*, International Press, 1997.
Riemann 面の間の調和写像の存在問題, 調和写像の理論の「位相的球面定理」や「Frankel 予想」への応用, 特異点をもつ空間への調和写像の存在問題などが解説されている講義録.

6. R. Schoen and S.-T. Yau, *Lectures on differential geometry*, International Press, 1994.

解析的な方法による微分幾何学の研究への本格的な入門書. 微分幾何学の問題にあらわれる非線形偏微分方程式を題材に, Riemann 多様体上の非線形解析を独自の立場で解説した講義録. 巻末に「微分幾何学の未解決問題」が集められている.

7. 落合卓四郎編, 微分幾何における非線型問題, Reports on Global Analysis I, セミナー刊行会, 1979; 西川青季・落合卓四郎, Harmonic maps の存在と応用, Reports on Global Analysis II, セミナー刊行会, 1980.

I では,「Kazdan–Warner の問題」,「山辺の問題」,「Minkowski の問題」,「Calabi 予想」などが解説されている. II では, 極小曲面に対する「Plateau 問題」の解説や, Sobolev 空間 $W^{k,p}$ における評価式をもちいた Eells–Sampson の定理の証明が紹介されている.

8. 落合卓四郎編, *Minimal surfaces*, Reports on Global Analysis IV, セミナー刊行会, 1982.

極小曲面の微分幾何的側面(第1巻), 極小曲面の応用(第2巻), 極小曲面の解析的曲面(第3巻)の三部作. 第3巻には極小曲面の存在に関する Douglas–Radó–Morrey の解とその性質が詳しく解説されている.

9. 落合卓四郎編, Reports on Global Analysis VI, XIII, セミナー刊行会, 1984, 1989.

J. L. Kazdan, Some applications of partial differential equations to problems in geometry; 西川青季, 非線形楕円型方程式系の弱解の連続性について I, II; 立川篤, 変分問題の解の微分可能性について, などが収録されている. とくに Kazdan の講義録はこの方面への入門に最適である.

10. 酒井隆, リーマン幾何学, 裳華房, 1992.

リーマン多様体の曲率と位相構造の関係, とくに比較定理とよばれる手法とその応用について詳しく解説されている.

11. 浦川肇, 変分法と調和写像, 裳華房, 1990.

変分法の一般論と調和写像の理論を基礎から解説した好著. 無限次元多様体上の Morse 理論の立場からの, Uhlenbeck による Eells–Sampson の定理の証明が紹介されている.

演習問題解答

第1章

1.1　定義より容易.

1.2　M の開被覆 $\{V_\beta\}$ を，各 V_β が M の座標近傍で $\overline{V}_\beta$ はコンパクトであるようにとる．第2可算公理をみたす M はパラコンパクトだから，$\{V_\beta\}$ の局所有限な細分 $\{U_\alpha\}$ と，$\{U_\alpha\}$ に従属する1の分割 $\{f_\alpha\}$ が存在する．U_α は局所座標系により $\mathbb{R}^m$ の開集合と同一視できるから，Riemann 計量 g^α をもつ．そこで M の各点 x において，T_xM の内積 g_x を

$$g_x(v,w)=\sum{}' f_\alpha(x)g_x^\alpha(v,w),\quad v,w\in T_xM$$

で定義する．ここに $\sum'$ は $x\in U_\alpha$ となる α について和をとることをあらわす．このとき $g=\{g_x\}$ がもとめる Riemann 計量をあたえる.

あるいは，任意のパラコンパクトな m 次元 C^∞ 級多様体は $2m+1$ 次元 Euclid 空間にうめこめる(Whitney の定理)ことに注意して，例1.2のように考えればよい.

1.3　(1.13)式から(1.14)式をみちびくときと同様.

1.4　(1)　自然標構の変換式

$$\frac{\partial}{\partial\bar{x}^j}=\sum_{q=1}^m\frac{\partial x^q}{\partial\bar{x}^j}\frac{\partial}{\partial x^q},\qquad \frac{\partial}{\partial\bar{x}^k}=\sum_{r=1}^m\frac{\partial x^r}{\partial\bar{x}^k}\frac{\partial}{\partial x^r}$$

と(1.23)式から

$$\nabla_{\frac{\partial}{\partial\bar{x}^j}}\frac{\partial}{\partial\bar{x}^k}=\sum_{p=1}^m\left\{\sum_{q=1}^m\frac{\partial x^q}{\partial\bar{x}^j}\left(\frac{\partial^2x^p}{\partial x^q\partial\bar{x}^k}+\sum_{q=1}^m\Gamma_{qr}^p\frac{\partial x^r}{\partial\bar{x}^k}\right)\right\}\frac{\partial}{\partial x^p}$$

をえる．これに変換式

$$\frac{\partial}{\partial x^p}=\sum_{i=1}^m\frac{\partial\bar{x}^i}{\partial x^p}\frac{\partial}{\partial\bar{x}^i}$$

を代入して，(1.22)式とくらべればよい.

(2)　各座標近傍上で(1.23)式で ∇_XY を定義すれば，(1)の変換則よりこれらがつなぎあわせられることが確かめられて，M の線形接続 ∇ がえられる.

1.5　(1)　第2式については，$[X,[Y,Z]]=[X,YZ-ZY]=XYZ-XZY-YZX+ZYX$ において，$X\to Y\to Z\to X$ と順次おきかえて加えればよい.

(2)　(1)の第1式により，Lie 微分 $L_X Y$ はつぎの規則をみたすことがわかる．すなわち，(i) $L_X(Y+Z)=L_XY+L_XZ$，(ii) $L_X(fY)=(Xf)Y+fL_XY$，(iii) $L_{X+Y}Z=L_XZ+L_YZ$，(iv) $L_{fX}Y=fL_XY-(Yf)X$．このうち(iv)が共変微分の場合の規則 $\nabla_{fX}Y=f\nabla_XY$ と異なる．このことは1点 x における Lie 微分の値 $L_XY(x)$ が本質的に x のまわりの Y と X の双方の振る舞いに依存して定まり，共変微分の値 $\nabla_XY(x)$ のように x のまわりの Y の振る舞いと x における X の値 $X(x)$ のみに依存して定まるのではないことを意味する．すなわち Lie 微分 L_X は微分する方向 $X(x)$ だけで決まる作用素ではない．

また，(1)の第2式から，Lie 微分について関係式 $L_XL_Y-L_YL_X=L_{[X,Y]}$ がえられるが，共変微分については関係式 $\nabla_X\nabla_Y-\nabla_Y\nabla_X=\nabla_{[X,Y]}$ は一般になりたたない．これがなりたつのは Riemann 多様体が平坦な場合(曲率テンソル $R=0$)にかぎられる(§2.1参照)．

1.6　$\{e_1,\cdots,e_m\}$ を T_xM の基底とし，$E_i(t)=P_te_i$ $(1\leqq i\leqq m)$ とおく．各 t に対して $\{E_1(t),\cdots,E_m(t)\}$ は $T_{c(t)}M$ の基底であるから

$$Y_{c(t)}=\sum_{i=1}^m Y^i(t)E_i(t),\quad Y^i\in C^\infty([0,l])$$

とかける．このとき線形接続の性質と E_i が平行であることより

$$\nabla_vY=\sum_{i=1}^m\frac{dY^i}{dt}(0)e_i=\frac{d}{dt}\left(\sum_{i=1}^m Y^i(t)\,e_i\right)\bigg|_{t=0}=\frac{d}{dt}P_t^{-1}Y_{c(t)}\bigg|_{t=0}$$

をえる．

1.7　題意のベクトル場 Φ が存在したとすれば，その積分曲線 $\varphi(t)=(c(t),c'(t))$ は(1.30)式の解となるから一意的である．存在については，ベクトル場 Φ を局所的に(1.30)式によって定義すればよい．一意性より Φ は大域的に定まる．

1.8　(1)　必要性は定義からあきらか．十分性は測地線の初期条件に関する一意性による．(2)　(1)より容易．

1.9　よく知られているように連結な C^∞ 級多様体は弧状連結であるから，p と q を結ぶ連続曲線 $c\colon[a,b]\to M$ が存在する．コンパクト集合 $c([a,b])\subset M$ を有限個の座標近傍 U_α で覆い，各 U_α において c を C^∞ 級曲線にとりかえればよい．

1.10　$p\in M$ に対して $\epsilon>0$ を十分小さくとると，$B_\epsilon(0)=\{v\in T_pM\mid |v|<\epsilon\}$ に対して $\exp_p B_\epsilon(0)=\{q\in M\mid d(p,q)<\epsilon\}$ がなりたつ．$\exp_p$ は局所的に同相写像であり，$\exp_p B_\epsilon(0)$ は点 p の近傍系の基底をなす．したがって d の定義する位相は多様体 M の位相と一致する．

第2章

2.1 定義より容易.

2.2 T_xM 上の $(1,s)$ 型のテンソル

$$T=\sum T_{i_1\cdots i_s}{}^j(dx^{i_1})_x\otimes\cdots\otimes(dx^{i_s})_x\otimes\left(\frac{\partial}{\partial x^j}\right)_x$$

に $T_xM\times\cdots\times T_xM$ から T_xM への s 重線形写像

$$T\left(\left(\frac{\partial}{\partial x^{i_1}}\right)_x,\cdots,\left(\frac{\partial}{\partial x^{i_s}}\right)_x\right)=\sum_j T_{i_1\cdots i_s}{}^j\left(\frac{\partial}{\partial x^j}\right)_x$$

が対応する.

2.3 一般に $\nabla(X,fY)=(Xf)Y+f\nabla_XY\neq f\nabla(X,Y)$ だから.

2.4 $[\partial/\partial x^i,\partial/\partial x^j]=0$ であるから，定義より

$$\begin{aligned}R\left(\frac{\partial}{\partial x^i},\frac{\partial}{\partial x^j}\right)\frac{\partial}{\partial x^k}&=\nabla_{\frac{\partial}{\partial x^i}}\nabla_{\frac{\partial}{\partial x^j}}\frac{\partial}{\partial x^k}-\nabla_{\frac{\partial}{\partial x^j}}\nabla_{\frac{\partial}{\partial x^i}}\frac{\partial}{\partial x^k}\\&=\sum_{l=1}^m\left\{\frac{\partial}{\partial x^i}\Gamma_{jk}^l-\frac{\partial}{\partial x^j}\Gamma_{ik}^l+\sum_{r=1}^m(\Gamma_{ir}^l\Gamma_{jk}^r-\Gamma_{jr}^l\Gamma_{ik}^r)\right\}\frac{\partial}{\partial x^l}.\end{aligned}$$

2.5 σ の正規直交基底 $\{v',w'\}$ が，Gram–Schmidt の直交化により

$$v'=\frac{v}{|v|},\quad w'=\frac{w-g_x(v,w)v'}{|w-g_x(v,w)v'|}$$

であたえられることと，命題 2.11 の R の性質に注意すれば容易.

2.6 任意の $u,v\in T_xM$ に対して $R(u,v,v,u)$ が既知のとき，任意の $u,v,w,t\in T_xM$ に対して $R(u,v,w,t)$ が決定できることをみればよい．まず関係式

$$R(u+t,v,v,u+t)=R(u,v,v,u)+R(t,v,v,t)+2R(u,v,v,t)$$

より，$R(u,v,v,t)$ も既知となることがわかる．これと関係式

$$R(u,v+w,v+w,t)=R(u,v,v,t)+R(u,w,w,t)+R(u,v,w,t)+R(u,w,v,t)$$

より，既知の項の和を $(*)$ とかけば

$$R(u,v,w,t)+R(u,w,v,t)=(*)$$

となる．Bianchi の第1恒等式を第2項にもちいると

$$2R(u,v,w,t)-R(w,v,u,t)=(*).$$

ここで u と w を入れ換えると

$$2R(w,v,u,t)-R(u,v,w,t)=(*).$$

以上2式より，結局 $R(u,v,w,t)=(*)$ となり，$R(u,v,w,t)$ が決定できることがわかる.

2.7 $\mathbb{R}^2$ の開集合

$$O = \{(t,s) \mid -\epsilon < t < 1+\epsilon,\ -\epsilon < s < \epsilon\} \quad (\epsilon > 0)$$

から M への C^∞ 級写像 $u: O \to M$ で $u(0,s)=u(0,0)$ $(-\epsilon<s<\epsilon)$ となるものを考える．$v \in T_xM$ に対し u に沿った C^∞ 級ベクトル場 V を，$V(0,s)=v$ かつ $t \neq 0$ に対して $V(t,s)$ は v を各 C^∞ 級曲線 $t \to u(t,s)$ に沿って平行移動したものとして定義する．このとき補題 2.15 より

$$\frac{D}{\partial s}\frac{D}{\partial t}V = 0 = \frac{D}{\partial t}\frac{D}{\partial s}V + R\Big(\frac{\partial u}{\partial s}, \frac{\partial u}{\partial t}\Big)V.$$

仮定より平行移動は曲線のえらび方によらないから，$V(1,s)$ は $V(1,0)$ を C^∞ 級曲線 $s \to u(1,s)$ に沿って平行移動したものでもある．したがって $\dfrac{D}{\partial s}V(1,0)=0$．よって上式より

$$R\Big(\frac{\partial u}{\partial s}(1,0), \frac{\partial u}{\partial t}(1,0)\Big)V(1,0) = 0.$$

ここで u と v の任意性に注意して，もとめる結論をえる．

2.8 ${}'\nabla_X Y = d\varphi^{-1}(\nabla'_{d\varphi(X)}d\varphi(Y))$ とおくと，${}'\nabla$ は M の線形接続を定義し，定理 1.12 の条件(i)，(ii)をみたすことがわかる．したがって Levi-Civita 接続の一意性より $\nabla = {}'\nabla$．よって(1)がなりたつ．(2)は(1)から容易．

2.9 (1)については $\tilde{g} = \varpi^* g$ と定義すればよい．(2)については問題 2.8 の(2)に注意すれば容易．

2.10 M が向き付け可能ならば，定理 2.26 より M は単連結．M が向き付け可能でなければ，M の向き付け可能な 2 重被覆空間 $\widetilde{M}$ について定理 2.26 を適用すればよい．

第3章

3.1 f の台はコンパクトであるから，右辺の和は有限和である．$\{V_\beta, \psi_\beta\}_{\beta\in B}$ と $\{\sigma_\beta\}_{\beta\in B}$ を別の座標近傍系と 1 の分割とする．このとき，$p \in U_\alpha \cap V_\beta$ において

$$\sqrt{\det(g^\beta_{kl})}\,(p) = |\det J(\phi_\alpha \circ \psi_\beta^{-1})(\psi_\beta(p))|\sqrt{\det(g^\alpha_{ij})}\,(p)$$

がなりたつことに注意すれば，$\mathbb{R}^m$ での積分の変数変換公式より容易に

$$\sum_\beta \int_{\psi_\beta(V_\beta)} \Big(\sigma_\beta f \sqrt{\det(g^\beta_{kl})}\Big) \circ \psi_\beta^{-1} dx^1_\beta \cdots dx^m_\beta$$

$$= \sum_{\alpha,\beta} \int_{\psi_\beta(V_\beta \cap U_\alpha)} \left(\sigma_\beta \rho_\alpha f \sqrt{\det(g^\beta_{kl})}\right) \circ \psi_\beta^{-1} dx_\beta^1 \cdots dx_\beta^m$$

$$= \sum_{\alpha,\beta} \int_{\psi_\beta(V_\beta \cap U_\alpha)} \left(\sigma_\beta \rho_\alpha f \sqrt{\det(g^\alpha_{ij})}\right) \circ \psi_\beta^{-1} |\det J(\phi_\alpha \circ \psi_\beta^{-1})|\, dx_\beta^1 \cdots dx_\beta^m$$

$$= \sum_{\alpha,\beta} \int_{\phi_\alpha(V_\beta \cap U_\alpha)} \left(\sigma_\beta \rho_\alpha f \sqrt{\det(g^\alpha_{ij})}\right) \circ \phi_\alpha^{-1} dx_\alpha^1 \cdots dx_\alpha^m$$

$$= \sum_{\alpha} \int_{\phi_\alpha(U_\alpha)} \left(\rho_\alpha f \sqrt{\det(g^\alpha_{ij})}\right) \circ \phi_\alpha^{-1} dx_\alpha^1 \cdots dx_\alpha^m$$

がわかる．μ_g が正値であること，すなわち非負関数 f に対して $\mu_g(f) \geqq 0$ となることは定義よりあきらか．また μ_g が M 上の Radon 測度であること，すなわち $C_0(M)$ 上の有界線形汎関数となることをいうには，M の任意のコンパクト集合 K と K に台をもつ任意の連続関数 f に対して，定数 c_K が存在して

$$|\mu_g(f)| \leqq c_K \sup_{p \in M} |f(p)|$$

がなりたつことをみればよいが，これも定義よりあきらか．

3.2　$x \in M$ の座標近傍 U と $u(x) \in N$ の座標近傍 V を $u(U) \subset V$ となるようにえらび，V における局所座標系を (y^α) とする．$\{(\partial/\partial y^\alpha) \circ u\}$ $(1 \leqq \alpha \leqq n)$ は各 $x \in U$ において $u^{-1}TN$ の x 上のファイバー $T_{u(x)}N$ の基底をあたえるから，U 上で $u^{-1}TN$ の断面 η は $\eta = \sum_\alpha \eta^\alpha (\partial/\partial y^\alpha) \circ u$ とあらわされる．題意の線形接続 ${}'\nabla$ が存在したとすると，接続の性質より

$${}'\nabla_v \eta = \sum_\alpha \left\{ v(\eta^\alpha) \frac{\partial}{\partial y^\alpha} \circ u + \eta^\alpha \nabla'_{du_x(v)} \frac{\partial}{\partial y^\alpha} \right\}$$

でなければならないから一意的である．存在については上式で ${}'\nabla$ を定義すればよい．定義が座標系のえらび方によらず，${}'\nabla$ は線形接続を定めることが容易に確かめられる．

3.3　いずれも定義から直接確かめることができる．(2)については，問題 3.4 の解答を参照.

3.4　$\{\varphi_t\}$ を X の生成する 1 パラメーター変換群とする．(x^i) を座標近傍 (U, ϕ) における局所座標系とするとき，φ_t により g を引き戻した $\varphi_t^* g$ から定まる測度は

$$d\mu_{\varphi_t^* g} = \sqrt{\det\left(\sum_{k,l} g_{kl} \circ \varphi_t \frac{\partial \varphi_t^k}{\partial x^i} \frac{\partial \varphi_t^l}{\partial x^j}\right)}\, dx^1 \cdots dx^m$$

であたえられる．したがって

$$\left.\frac{d}{dt}\right|_{t=0} d\mu_{\varphi_t^* g} = \operatorname{div} X \cdot d\mu_g$$

がなりたつ．実際，一般に $(a_{ij}(t))$ を t に関して微分可能な正則行列とするとき行列式の微分は $(a^{ij}(t))$ を $(a_{ij}(t))$ の逆行列として

$$\frac{d}{dt}\det(a_{ij}(t)) = \det(a_{ij}(t))\sum_{k,l} a^{kl}(t)\frac{d}{dt}a_{kl}(t)$$

であたえられ，$X=\sum_i X^i\partial/\partial x^i$ とかくとき，$d/dt|_{t=0}(\partial\varphi_t^k/\partial x^i)=\partial X^k/\partial x^i$，かつ $\partial\varphi_0^k/\partial x^i=\delta_i^k$ であるから

$$\begin{aligned}
\text{左辺} &= \left\{\frac{X\det(g_{ij})}{2\sqrt{\det(g_{ij})}} + \sqrt{\det(g_{ij})}\left.\frac{d}{dt}\right|_{t=0}\det\left(\frac{\partial\varphi_t^k}{\partial x^i}\right)\right\}dx^1\cdots dx^m \\
&= \left\{\frac{1}{2}\sum_{k,l} g^{kl}\left(\sum_i X^i\frac{\partial g_{kl}}{\partial x^i}\right) + \sum_i\frac{\partial X^i}{\partial x^i}\right\}\sqrt{\det(g_{ij})}\,dx^1\cdots dx^m \\
&= \left(\sum_i \nabla_i X^i\right)\sqrt{\det(g_{ij})}\,dx^1\cdots dx^m = \text{右辺}
\end{aligned}$$

となる．ところで各 φ_t は M の微分同相写像であるから，定義より容易に

$$\int_M d\mu_{\varphi_t^* g} = \int_M d\mu_g$$

となることがわかる．したがって，1 の分割をもちいて上の結果を局所的に適用して和をとることにより

$$0 = \left.\frac{d}{dt}\right|_{t=0}\int_M d\mu_{\varphi_t^* g} = \int_M \operatorname{div} X\, d\mu_g$$

がえられる．

3.5 (1) 定義より容易．∇T が $(r, s+1)$ 型のテンソル場となることは，たとえば ∇T が $C^\infty(M)$ 加群 $\Gamma(TM)$, $\Gamma(TM^*)$ に関して $C^\infty(M)$-線形性をもつこと，すなわち

$$\begin{aligned}
&\nabla T(fX, f_1X_1, \cdots, f_sX_s, h_1\omega_1, \cdots, h_r\omega_r) \\
&\quad = ff_1\cdots f_s h_1\cdots h_r \nabla T(X, X_1, \cdots, X_s, \omega_1, \cdots, \omega_r)
\end{aligned}$$

がなりたつことに注意すればよい．

(2) (3.16), (3.26) に注意して補題 3.4 と同様に計算すればよい．

3.6 問題 3.5 より，∇R は

$$\begin{aligned}\nabla R(X,Y,Z,V,\omega) &= X\cdot R(Y,Z,V,\omega)-R(\nabla_X Y,Z,V,\omega)\\ &\quad -R(Y,\nabla_X Z,V,\omega)-R(Y,Z,\nabla_X V,\omega)\\ &\quad -R(Y,Z,V,\nabla^*_X\omega)\end{aligned}$$

で定義される．ここで $R(Y,Z,V,\omega)=\omega(R(Y,Z)V)$ および $\nabla^*_X\omega(Y)=X\omega(Y)-\omega(\nabla_X Y)$ に注意すれば

$$\begin{aligned}\nabla R(X,Y,Z,V,\omega) &= \omega(\nabla_X\cdot R(Y,Z)V-R(\nabla_X Y,Z)V\\ &\qquad -R(Y,\nabla_X Z)V-R(Y,Z)\nabla_X V)\end{aligned}$$

となる．したがって

$$\begin{aligned}&\nabla_X\cdot R(Y,Z)V-R(\nabla_X Y,Z)V-R(Y,\nabla_X Z)V-R(Y,Z)\nabla_X V\\ &\quad=[\nabla_X,R(Y,Z)]V-R(\nabla_X Y,Z)V-R(Y,\nabla_X Z)V\end{aligned}$$

の X,Y,Z に関する巡回和が 0 となることをみればよい．ここで $\nabla_X Y-\nabla_Y X=[X,Y]$ および $R(X,Y)Z=[\nabla_X,\nabla_Y]-\nabla_{[X,Y]}$ に注意すれば

$$\begin{aligned}&[\nabla_X,R(Y,Z)]V-R(\nabla_X Y,Z)V-R(Y,\nabla_X Z)V\\ &+[\nabla_Y,R(Z,X)]V-R(\nabla_Y Z,X)Y-R(Z,\nabla_Y X)V\\ &+[\nabla_Z,R(X,Y)]V-R(\nabla_Z X,Y)V-R(X,\nabla_Z Y)V\\ =\ &[\nabla_X,R(Y,Z)]V+[\nabla_Y,R(Z,X)]V+[\nabla_Z,R(X,Y)]V\\ &-R([X,Y],Z)V-R([Y,Z],X)V-R([Z,X],Y)V\\ =\ &([\nabla_X,[\nabla_Y,\nabla_Z]]+[\nabla_Y,[\nabla_Z,\nabla_X]]+[\nabla_Z,[\nabla_X,\nabla_Y]])V\\ &+(\nabla_{[[X,Y],Z]}+\nabla_{[[Y,Z],X]}+\nabla_{[[Z,X],Y]})V\end{aligned}$$

をえる．よって演算子とベクトル場に対する Jacobi の恒等式より結論がわかる．

3.7 (1), (2) 定義より容易．

(3) Levi-Civita 接続の定義式(1.26)と(1), (2)をもちいればよい．

3.8 ϕ が調和写像の方程式をみたすことを直接計算で確かめてもよいが，ϕ: $S^3\to S^2$ は Riemann しずめこみであり，各 $y\in S^2$ に対して $\phi^{-1}(y)$ は S^3 の測地線(大円)となることに注意すれば，命題3.17より調和写像であることがわかる．

3.9 $\varphi^*g=e^{2\rho}g$ であるから，g の局所座標系に関する成分について

$$\sum_{k,l}g_{kl}(\varphi)\frac{\partial\varphi^k}{\partial x^i}\frac{\partial\varphi^l}{\partial x^j}=e^{2\rho}g_{ij},\quad \sum_{i,j}g^{ij}\frac{\partial\varphi^k}{\partial x^i}\frac{\partial\varphi^l}{\partial x^j}=e^{-2\rho}g^{kl}(\varphi)$$

がなりたつ．これより

$$e(u\circ\varphi)=\sum_{i,j,k,l}\sum_{\alpha,\beta}g^{ij}h_{\alpha\beta}(u\circ\varphi)\frac{\partial u^\alpha}{\partial x^k}\frac{\partial\varphi^k}{\partial x^i}\frac{\partial u^\beta}{\partial x^l}\frac{\partial\varphi^l}{\partial x^j}$$

$$=e^{-2\rho}\sum_{k,l}\sum_{\alpha,\beta}g^{kl}(\varphi)h_{\alpha\beta}(u\circ\varphi)\frac{\partial u^\alpha}{\partial x^k}\frac{\partial u^\beta}{\partial x^l}=e^{-2\rho}e(u)(\varphi)$$

$$\varphi^*(d\mu_g)=\sqrt{\det\left(\sum_{k,l}g_{kl}(\varphi)\frac{\partial\varphi^k}{\partial x^i}\frac{\partial\varphi^l}{\partial x^j}\right)}dx^1dx^2=e^{2\rho}d\mu_g$$

がえられ，$E(u\circ\varphi)=E(u)$ がわかる．

一方，ベクトル束 $\varphi^{-1}TM$ 上の誘導接続 $'\nabla$ はファイバー計量 φ^*g と両立する接続であることと，$\varphi^*g=e^{2\rho}g$ および(1.26)式に注意すれば，$X,Y\in\Gamma(TM)$ に対して

$$'\nabla_X d\varphi(Y)=d\varphi(\nabla_XY)+(X\rho)Y+(Y\rho)X-g(X,Y)\,\mathrm{grad}\,\rho$$

となることが簡単な計算で確かめられる．したがって，一般に $\dim M=m$ として，テンション場の定義と補題3.3より $\tau(\varphi)=(2-m)\,\mathrm{grad}\,\rho$ がえられる．よって $m=2$ のとき，φ は調和写像である．

3.10 u による h からの誘導計量を $\widetilde{h}=u^*h$ とおき，$\widetilde{h}$ の成分を $\widetilde{h}_{ij}$ とかく．このとき，同型 $TM^*\otimes TM^*\cong TM^*\otimes TM$ のもとで M の $(0,2)$ 型テンソル場 $\widetilde{h}$ に対応する $(1,1)$ 型テンソル場の成分を $\widetilde{h}_j{}^i$ とすれば，$\widetilde{h}_j{}^i=\sum_k\widetilde{h}_{jk}g^{ki}$ となる．一方，$(2,2)$ 型行列 $(\widetilde{h}_j{}^i)$ に対して

$$\sqrt{\det(\widetilde{h}_j{}^i)}\leqq\frac{1}{2}\mathrm{trace}(\widetilde{h}_j{}^i)$$

がなりたち，等号がなりたつのは $\widetilde{h}_j{}^i=\lambda\delta_j{}^i$ となる正数 λ が存在するとき，すなわち $\widetilde{h}_{ij}=\lambda g_{ij}$ となるときにかぎることがわかる．これより容易．

第4章

4.1 (1) $T\in\Gamma(TM^*\otimes u^{-1}TN)$ と $X,Y,Z\in\Gamma(TM)$ に対して

$$\begin{aligned}(\nabla\nabla T)(X,Y,Z)&=(\nabla_X\nabla T)(Y,Z)\\&=\nabla_X(\nabla T(Y,Z))-\nabla T(\nabla_XY,Z)-\nabla T(Y,\nabla_XZ)\\&=\nabla_X((\nabla_YT)(Z))-(\nabla_{\nabla_XY}T)(Z)-(\nabla_YT)(\nabla_XZ)\\&=(\nabla_X(\nabla_YT))(Z)-(\nabla_{\nabla_XY}T)(Z).\end{aligned}$$

(2) $TM^*\otimes u^{-1}TN$ 上の接続 ∇ の定義より

$$'\nabla_Y(T(Z)) = (\nabla_Y T)(Z) + T(\nabla_Y Z),$$
$$'\nabla_X{}'\nabla_Y(T(Z)) = (\nabla_X\nabla_Y T)(Z) + (\nabla_Y T)(\nabla_X Z) + (\nabla_X T)(\nabla_Y Z) + T(\nabla_X\nabla_Y Z).$$

同様に $-'\nabla_Y{}'\nabla_X(T(Z))$ と $-'\nabla_{[X,Y]}(T(Z))$ を計算して加えることにより

$$R^{'\nabla}(X,Y)(T(Z)) = (R^{\nabla}(X,Y)T)(Z) + T(R^M(X,Y)Z).$$

(3)　(2)の関係式と誘導接続 $'\nabla$ の定義より

$$\begin{aligned}&\left(R^{\nabla}\left(\frac{\partial}{\partial x^i},\frac{\partial}{\partial x^j}\right)T\right)\left(\frac{\partial}{\partial x^k}\right)\\ &= R^{'\nabla}\left(\frac{\partial}{\partial x^i},\frac{\partial}{\partial x^j}\right)\left(T\left(\frac{\partial}{\partial x^k}\right)\right) - T\left(R^M\left(\frac{\partial}{\partial x^i},\frac{\partial}{\partial x^j}\right)\frac{\partial}{\partial x^k}\right)\\ &= \sum_{\alpha}\left(\sum_{\beta,\gamma,\delta} R^N{}_{\beta\gamma\delta}{}^{\alpha}\frac{\partial u^{\beta}}{\partial x^i}\frac{\partial u^{\gamma}}{\partial x^j}T_k^{\ \delta} - \sum_l R^M{}_{ijk}{}^{l}T_l^{\ \alpha}\right)\frac{\partial}{\partial y^{\alpha}}\circ u\end{aligned}$$

をえる．一方

$$\nabla\nabla T\left(\frac{\partial}{\partial x^i},\frac{\partial}{\partial x^j},\frac{\partial}{\partial x^k}\right) = \sum_{\alpha}\nabla_i\nabla_j T_k^{\ \alpha}\frac{\partial}{\partial y^{\alpha}}\circ u$$

であるから，R^{∇} の定義より結論がしたがう．

4.2　$e(u_t)$ に対する Weitzenböck の公式の場合と同様の方針で証明することができる．まず $\kappa(u_t)$ の定義より

$$\frac{\partial\kappa(u_t)}{\partial t} = \sum_{\alpha,\beta} h_{\alpha\beta}(u_t)\nabla_t\frac{\partial u_t^{\alpha}}{\partial t}\frac{\partial u_t^{\beta}}{\partial t}$$

一方，$\nabla_l\dfrac{\partial u_t^{\alpha}}{\partial t} = \nabla_t\nabla_l u_t^{\alpha}$ に注意して

$$\Delta\kappa(u_t) = \sum_{k,l}\sum_{\alpha,\beta} g^{kl}h_{\alpha\beta}(u_t)\nabla_k\nabla_t\nabla_l u_t^{\alpha}\frac{\partial u_t^{\beta}}{\partial t} + \left|\nabla\frac{\partial u_t}{\partial t}\right|^2$$

をえる．ここで $T(M\times(0,T))^*\otimes u^{-1}TN$ 上の接続 ∇ に対する Ricci の恒等式より

$$\begin{aligned}&\nabla_k\nabla_t\nabla_l u_t^{\alpha} - \nabla_t\nabla_k\nabla_l u_t^{\alpha}\\ &\quad - \sum_r R^{M\times(0,T)}{}_{ktl}{}^{r}\frac{\partial u_t^{\alpha}}{\partial x^r} + \sum_{\gamma,\delta,\varepsilon} R^N{}_{\gamma\delta\varepsilon}{}^{\alpha}\frac{\partial u_t^{\gamma}}{\partial x^k}\frac{\partial u_t^{\delta}}{\partial t}\frac{\partial u_t^{\varepsilon}}{\partial x^l}\end{aligned}$$

をえるが，$M\times(0,T)$ は Riemann 多様体の積であることに注意すれば，曲率テンソルの定義より容易に $R^{M\times(0,t)}{}_{ktl}{}^{r} = 0$ となることが確かめられる．よって Ricci の恒等式を上式に代入し，u が放物的調和写像の方程式の解であることに注意して，もとめる結果をえる．

4.3　定理 1.24 と定理 1.25 の証明を参考に，写像 exp: $\mathcal{U}\to N$ の $(p,0)\in$

$TM^{\perp}$ における微分 $d\exp_{(p,0)}$ を考えると，自然な座標系のもとでその行列表示が

$$\begin{pmatrix} I & 0 \\ 0 & I \end{pmatrix}$$

となることがわかる．よって逆写像定理より，M がコンパクトであることに注意して，題意の $\epsilon>0$ の存在がわかる．

4.4 補題3.3と誘導接続の定義に注意して，$X, Y \in \Gamma(TM_1)$ に対して

$$\begin{aligned}\nabla d(f_2\circ f_1)(X,Y) &= \nabla_X(df_2\circ df_1(Y)) - d(f_2\circ f_1)(\nabla_X Y)\\ &= (\nabla_{df_1(X)}df_2)(df_1(Y)) + df_2(\nabla_X(df_1(Y))) - df_2\circ df_1(\nabla_X Y)\\ &= \nabla df_2(df_1(X), df_1(Y)) + df_2(\nabla df_1(X,Y))\end{aligned}$$

をえる．これより第1式がわかる．第2式は第1式より容易．

4.5 $\nabla du=0$ ならば，問題4.4の合成写像に対する第2基本形式の関係式より，任意の測地線 $c: I\to M$ に対して

$$\nabla_{d/dt}\frac{d(u\circ c)}{dt} = du\Big(\nabla_{d/dt}\frac{dc}{dt}\Big) + \nabla du\Big(\frac{dc}{dt}, \frac{dc}{dt}\Big) = 0.$$

これより(i)⇒(ii)がわかる．逆に(ii)がなりたてば，測地線 c の接ベクトル dc/dt に対して $\nabla du(dc/dt, dc/dt)=0$ をえる．各点 $x\in M$ において $dc/dt(0)$ は任意の接ベクトル $v\in T_xM$ にとれるから，結局 $\nabla du=0$ がなりたつ．

4.6 $Q=M\times[0,T]$ とおく．たとえば $C^{2+\alpha,1+\alpha/2}(Q,\mathbb{R}^q)$ が Banach 空間となることについては，$\{u_k\}$ を $C^{2+\alpha,1+\alpha/2}(Q,\mathbb{R}^q)$ の Cauchy 列とするとき，$\{u_k\}$ は $C^{2,1}(Q,\mathbb{R}^q)$ において一様有界かつ同等連続な族をなすから，Ascoli–Arzelà の定理より $\{u_k\}$ の部分列 $\{u_{k'}\}$ が存在して，ある u に $C^{2,1}(Q,\mathbb{R}^q)$ において収束することがわかる．この u が $C^{2+\alpha,1+\alpha/2}(Q,\mathbb{R}^q)$ の元となることと，$\{u_k\}$ が $C^{2+\alpha,1+\alpha/2}(Q,\mathbb{R}^q)$ において u に収束することをみればよい．いずれもノルム $|u|_Q^{(2+\alpha,1+\alpha/2)}$ の定義から直接確かめられる．

4.7 ノルムの定義より $|\zeta w|_Q^{(\alpha',\alpha'/2)} = |\zeta w|_Q + \langle\zeta w\rangle_x^{(\alpha')} + \langle\zeta w\rangle_t^{(\alpha'/2)}$ であるから，$|\zeta w|_Q$, $\langle\zeta w\rangle_x^{(\alpha')}$, $\langle\zeta w\rangle_t^{(\alpha'/2)}$ をそれぞれ評価すればよい．仮定より $w\in C^{\alpha,\alpha/2}(Q,\mathbb{R}^q)$ かつ $w(x,0)=0$ であるから，まず $|\zeta w|_Q \leqq C_1\epsilon^{\alpha/2}|w|_Q^{(\alpha,\alpha/2)}$ がわかる．同様にして $\langle\zeta w\rangle_x^{(\alpha')} \leqq C_2\epsilon^{(\alpha-\alpha')/2}|w|_Q^{(\alpha,\alpha/2)}$ となることも容易に確かめられる．（たとえば，$d(x,x')\geqq\epsilon^{1/2}$ のときと $d(x,x')\leqq\epsilon^{1/2}$ のときにわけて考えればよい．）

一方，$\langle\zeta w\rangle_t^{(\alpha/2)}$ については，たとえば $0\leqq t<t'\leqq 2\epsilon$ に対して

$$
\begin{aligned}
&|\zeta(t)w(x,t)-\zeta(t')w(x,t')| \\
&\quad \leqq |\zeta(t)(w(x,t)-w(x,t'))|+|(\zeta(t)-\zeta(t'))(w(x,t)-w(x,0))| \\
&\quad \leqq |\zeta(t)||w|_Q^{(\alpha,\alpha/2)}|t-t'|^{\alpha/2}+2\epsilon^{-1}|t-t'||w|^{(\alpha,\alpha/2)}|t'|^{\alpha/2}
\end{aligned}
$$

となるから，この式を $|t-t'|^{\alpha'/2}$ で割って

$$
\begin{aligned}
&|\zeta(t)w(x,t)-\zeta(t')w(x,t')||t-t'|^{-\alpha'/2} \\
&\quad \leqq |w|_Q^{(\alpha,\alpha/2)}(2\epsilon)^{(\alpha-\alpha')/2}+2\epsilon^{-1}(2\epsilon)^{1-\alpha'/2}|w|_Q^{(\alpha,\alpha/2)}(2\epsilon)^{\alpha/2} \\
&\quad \leqq C_3\epsilon^{(\alpha-\alpha')/2}|w|_Q^{(\alpha,\alpha/2)}
\end{aligned}
$$

をえる．これより $\langle\zeta w\rangle_t^{(\alpha'/2)} \leqq C_3\epsilon^{(\alpha-\alpha')/2}|w|_Q^{(\alpha,\alpha/2)}$ がわかる．

4.8 定数 C と $\epsilon>0$ に対して

$$
\widehat{u}=e^{-(C+1)t}u, \quad Q=M\times[0,T-\epsilon]
$$

とおく．定義より $\widehat{u}$ は u と同符号であり，$M\times(0,T)$ 上で不等式

$$
\partial_t\widehat{u} \leqq \Delta\widehat{u}-\widehat{u}
$$

をみたす．$\widehat{u}$ は Q 上の連続関数であるから，ある $(x^\circ,t^\circ)\in Q$ において最大値をとる．$\widehat{u}(x^\circ,t^\circ)>0$ と仮定して矛盾をみちびけばよい．このとき，u に対する仮定より $\widehat{u}(\cdot,0)\leqq 0$ であるから $t^\circ>0$ となるが，これは $\widehat{u}$ に対する不等式に矛盾することが，補題 4.11 の証明と同様にして容易に確かめられる．$\epsilon>0$ は任意でよいから結論をえる．

4.9 M に Riemann 計量 g を 1 つあたえ，m 次元 Riemann 多様体であると考える．M はコンパクトであるので，測地球体 $B_r(x_1),\cdots,B_r(x_k)$ からなる M の有限被覆を，各 $i=1,\cdots,k$ に対して $f(B_{3r}(x_i))$ は N の 1 つの座標近傍に含まれているようにえらぶことができる．$s>0$ を十分小さくとり，$B_{2r}(x_1)$ 上で

$$
f_1(x)=\int_0^s\int_{B_{2r}(x_1)}(4\pi t)^{-m/2}\exp(-d(x,y)^2/4t)f(y)d\mu_g(y)dt
$$

と定義する．C^∞ 級関数 $\varphi_i:M\to\mathbb{R}$ を

$$
0\leqq\varphi_i\leqq 1, \quad \varphi_i(x)=1 \ (x\in B_r(x_i)), \quad \varphi_i(x)=0 \ (x\notin B_{3r/2}(x_i))
$$

となるようにとり，$\widetilde{f}_1=\varphi_1f_1+(1-\varphi_1)f$ とおくと，$\widetilde{f}_1$ は M 全体で定義された写像となる．以下，f_i を順次

$$
f_i(x)=\int_0^s\int_{B_{2r}(x_i)}(4\pi t)^{-m/2}\exp(-d(x,y)^2/4t)\widetilde{f}_{i-1}(y)d\mu_g(y)dt
$$

で定義し，$\widetilde{f}_i=\varphi_if_i+(1-\varphi_i)\widetilde{f}_{i-1}$ とおく．このとき $\widetilde{f}_k$ がもとめる C^∞ 級写像 $\widetilde{f}$ を

あたえる. $s\to 0$ のとき, $\tilde{f}$ が f と自由ホモトープであることが容易に確かめられる.

4.10 $\pi_k(M)$ の元 α は k 次元球面 S^k から M への連続写像 $f:S^k\to M$ のホモトピー類にほかならない. $K_M\leqq 0$ であるから系 4.18 より, f は調和写像 $u:S^k\to M$ と自由ホモトープとなる. このとき命題 4.24 より, $k\geqq 2$ ならば u は定値写像でなければならない. よって結論をえる.

欧文索引

和文索引

ア 行

カ 行

サ 行

タ 行

ナ 行

ハ 行

マ 行

ヤ 行

ラ 行

■岩波オンデマンドブックス■

幾何学的変分問題

2006年4月5日 第1刷発行
2016年11月10日 オンデマンド版発行

著 者 西川青季（にしかわせいき）

発行者 岡本 厚

発行所 株式会社 岩波書店
〒101-8002 東京都千代田区一ツ橋2-5-5
電話案内 03-5210-4000
http://www.iwanami.co.jp/

印刷／製本・法令印刷

ISBN 978-4-00-730535-1 Printed in Japan